湖北省林业有害生物名录

主　编　罗治建
副主编　黄贤斌
编　委　（按姓氏笔画排序）

王　君	王少明	王成伟	邓文川	叶中亚
冯春莲	吕　华	吕光林	华　祥	刘千稳
祁大勇	孙德全	吴　锋	邱映天	何昌文
余红波	汪国军	陈　亮	陈　肆	邵红梅
罗　祥	罗智勇	周　鹏	周席华	郑京津
胡小龙	敖吉权	唐尚成	黄大勇	谢新国
雷　莉	熊　琰	戴　丽

中国·武汉

图书在版编目(CIP)数据

湖北省林业有害生物名录/罗治建主编．—武汉：华中科技大学出版社，2021.5
ISBN 978-7-5680-6854-3

I.①湖… Ⅱ.①罗… Ⅲ.①森林害虫-湖北-名录 Ⅳ.①S763.3-62

中国版本图书馆 CIP 数据核字(2021)第 088728 号

湖北省林业有害生物名录
Hubei Sheng Linye Youhai Shengwu Minglu

罗治建　主编

策划编辑：	江　畅
责任编辑：	李曜男
封面设计：	孢　子
责任监印：	朱　玢
出版发行：	华中科技大学出版社(中国·武汉)　　电话：(027)81321913
	武汉市东湖新技术开发区华工科技园　　邮编：430223
印　　刷：	武汉科源印刷设计有限公司
开　　本：	880 mm×1230 mm　1/16
印　　张：	15.5
字　　数：	300 千字
版　　次：	2021 年 5 月第 1 版第 1 次印刷
定　　价：	56.00 元

本书若有印装质量问题,请向出版社营销中心调换
全国免费服务热线：400-6679-118　竭诚为您服务
版权所有　侵权必究

前言

林业有害生物灾害是我国重大自然、生态灾害之一，不仅破坏林业资源，威胁生态安全，还影响经贸发展和群众安居生活。林业有害生物防治工作肩负着保护林业资源、维护生态安全、巩固生态文明建设成果、助力民生建设的重要使命。

掌握林业有害生物本底资料，是科学、有效开展林业有害生物防治工作的前提。1982年至2016年，湖北省先后开展了三次全省林业有害生物普查，取得了大量翔实资料。将这些历史资料进行整理并编撰出版，可为我省林业有害生物科研、教学及其科学监测和防治提供基础依据。

鉴此，湖北省林业有害生物防治检疫总站以2014—2016年第三次全省林业有害生物普查成果为主要资料，结合赵升平、罗治建等1992年主编的《湖北省森林昆虫名录》，雷朝亮、周志伯1998年主编的《湖北省昆虫名录》，以及近年我省科研和生产中新发现的林业有害生物种类，着手整理了这本《湖北省林业有害生物名录》。该名录包括昆虫纲11目187科3051种（其中收录了部分天敌昆虫）、蛛形纲1目3科27种、病害281种、有害植物29种、鼠兔害6种。

第三次林业有害生物普查中，全省各市州、县森防机构600余人参与了普查工作，国家林业和草原局森林和草原病虫害防治总站崔振强高工、孝感市野生动物和森林植物保护站丁强教授级高工、湖北生态工程职业技术学院江建国教授、华中农业大学王满囷教授、长江大学李传仁教授、湖北师范大学陈亮教授、顾勇教授、湖北工程学院李国元教授、王立华博士、黄冈师范学院肖云丽教授先后参与并指导开展普查，丁强教授级高工、江建国教授为普查成果后期整理及本书出版付出了大量心血，在此一并表示感谢。

由于编者水平有限，加之时间仓促，难免存在遗漏、谬误之处，敬请读者指正。

编者
2020年6月

编写说明

1. 本名录涉及林业有害生物 3191 种、天敌 203 种。

2. 本名录中将林业有害生物分为 6 大类,在各类中借鉴国际上最新的分类体系进行了分类,病害的分类由过去一半按寄主分类,改为按病原物所属的生物类别进行分类。

3. 分布的排序按林业行业专用软件及《森林资源代码 林业行政区划》,以市州为单位排列。标注"省内"分布的,为资料出处,未详细记录地点。

目 录

湖北省林业有害生物名录(动物界鼠、兔类) ……………………………… (1)

湖北省林业有害生物名录(动物界昆虫、螨类) …………………………… (2)

湖北省林业有害生物名录(植物界植物类) ………………………………… (212)

湖北省林业有害生物名录(菌物界真菌类) ………………………………… (215)

湖北省林业有害生物名录(动物界鼠、兔类)

有害生物种类	拉丁学名	寄主植物	危害部位	分布
Ⅰ.动物界 Animalia				
Ⅰ-1.脊索动物门 Chordata				
1.鼠类 Rats				
啮齿目 Rodentia 仓鼠科 Cricetidae				
灰仓鼠	*Cricetulus migratorius* Pallas	垂柳、核桃、山核桃、山杏、苹果、梨	种实	荆门
沼泽田鼠（东方田鼠）	*Microtus fortis* Buchner	落叶松、云杉、华山松、油松、杉木、柏木、山杨、胡杨、柳树、核桃、栓皮栎、榆树、黄葛树、桃、碧桃、苹果、刺槐、黄檗、枣树、椴树、木槿、沙枣	干部、根部	襄阳、咸宁
竹鼠科 Rhizomyidae				
中华竹鼠	*Rhizomys sinensis* Gray	马尾松、毛竹、箭竹	根部	神农架
鼢鼠科 Spalacidae				
中华鼢鼠	*Myospalax fontanierii* Milne-Edwards	银杏、日本落叶松、云杉、华山松、马尾松、油松、杉木、柏木、刺柏、侧柏、山杨、野核桃、核桃楸、核桃、栓皮栎、榆树、牡丹、鹅掌楸、厚朴、山桃、桃、山杏、杏、苹果、李、梨、锦鸡儿、刺槐、槐树、黄檗、花椒、香椿、漆树	干部、根部、种实	十堰、襄阳、神农架
东北鼢鼠	*Myospalax psilurus* Milne-Edwards	冷杉、日本落叶松	根部	神农架
2.兔类 Rabbits				
兔形目 Lagomorpha 兔科 Leporidae				
草兔(托氏兔、高原野兔、野兔、蒙古兔)	*Lepus capensis* Linnaeus	落叶松、云杉、华山松、马尾松、油松、柳杉、杉木、柏木、刺柏、侧柏、山杨、核桃、板栗、栓皮栎、榆树、山桃、桃、山杏、杏、山楂、苹果、海棠花、红叶李、梨、红果树、锦鸡儿、刺槐、槐树、香椿、色木槭、栾树、枣树、枸杞	干部、枝梢部、叶部、根部、种实	十堰、襄阳、咸宁

湖北省林业有害生物名录(动物界昆虫、螨类)

有害生物种类	拉丁学名	寄主植物	分布
Ⅰ-2.节肢动物门 Arthropoda			
3.昆虫类 Insects			
3-1 有害昆虫			
直翅目 Orthoptera 螽斯亚目 Ensifera 螽蟖科 Tettigoniidae			
中华寰螽	*Atlanticus sinensis* Uvarov	杏	黄冈
长剑草螽蟖（大草螽）	*Conocephalus gladiatus* Redtenbacher	竹	襄阳、荆州、黄冈、神农架
斑翅草螽蟖（斑翅螽蟖）	*Conocephalus maculatus* Le Guillon	竹	武汉、十堰、襄阳、荆州、咸宁
日本条螽蟖（黑条螽蟖）	*Ducetia japonica* Thunberg	无花果、灌木	宜昌、襄阳、荆门、咸宁、恩施
短瓣优草螽	*Euconocephalus brachyxiphus* Redtenbacher	牡荆、白茅	十堰、神农架
象鼻草螽	*Euconocephalus nasutus* Thunberg	灌木	孝感、咸宁
步氏绿螽蟖（刺腿绿螽蟖）	*Gampsocleis buergeride* Haan	榆、榔榆、灌木、柑橘、梨、李、杏、桃、梅、葡萄、枇杷、无花果	十堰
暗褐蝈螽	*Gampsocleis sedakovii obscura* Walker	植食	荆门
日本绿螽蟖	*Holochlora japonica* Brunner von Wattenwyl	杨、桑	黄石、十堰
绿螽蟖	*Holochlora nawae* Matsumura et Shiraki	栓皮栎	宜昌
纺织娘（桑褐螽蟖）	*Mecopoda elongata* Linnaeus	桑、杨、桂花	武汉、宜昌、荆门、孝感、荆州、咸宁
中华翡螽（翡螽）	*Phyllomimus sinicus* Beier	杨、栎	襄阳
长裂华绿螽	*Sinochlora longifissa* Matsumura et Shiraki	板栗、油茶	黄冈
绿背覆翅螽	*Tegra novaehollandiae viridinotata* Stål	植食	咸宁

续表

有害生物种类	拉丁学名	寄主植物	分布
中华螽斯(螽斯)	*Tettigonia chinensis* Willemse	紫玉兰、桂花	荆州、黄冈
绿丛螽蟖	*Tettigonia viridissima* Linnaeus	灌木	黄石、十堰、宜昌
蟋蟀科 Gryllidae			
黑油葫芦	*Gryllus mitratus* Burmeister	含羞草、刺槐	省内
油葫芦(黑色油葫芦)	*Gryllus tesaceus* Walker	茶	武汉
黄棺头蟋蟀	*Loxoblemmus arietulus* Saussure	刺槐、板栗、杜鹃	十堰
褐棺头蟋蟀	*Loxoblemmus haani* Saussure	林木幼苗、刺槐、板栗	十堰、襄阳、咸宁、神农架
石首棺头蟋(小扁头蟋)	*Loxoblemmus equestris* Saussure	女贞	荆门、咸宁
中华树蟋	*Oecanthus sinensis* Walker	杨	荆门
花生大蟋(大蟋蟀)	*Tarbinskiellus portentosus* Lietenstern	马尾松、杨、核桃	黄石、宜昌、荆门
黄脸油葫芦	*Teleogryllus emma* Ohmachi et Matsumura	茶、杨、栎	黄石、荆门、荆州
北京油葫芦	*Teleogryllus mitratus* Burmeister	茶、松、刺槐	鄂州、黄冈
迷卡斗蟋	*Vilarifictorus micado* Saussure	杨、石楠	荆门
蝼蛄科 Gryllotalpidae			
非洲蝼蛄(南方蝼蛄)	*Gryllotalpa africana* Palisot de Beauvois	苗圃	宜昌、襄阳、孝感、荆州、黄冈、咸宁、随州、恩施、神农架
普通蝼蛄	*Gryllotalpa gryllotalpa* Linnaeus	杨、柳	十堰、宜昌、荆门、荆州

湖北省林业有害生物名录

续表

有害生物种类	拉丁学名	寄主植物	分 布
东方蝼蛄(蝼蛄)	*Gryllotalpa orientalis* Burmeister	苗圃	武汉、十堰、宜昌、荆门、孝感、咸宁、恩施、仙桃、天门
华北蝼蛄(蝼蝈、啦啦蛄)	*Gryllotalpa unispina* Saussure	银杏、松、苗圃	宜昌、荆门、黄冈、神农架、仙桃

蝗亚目 Caelifera　菱蝗科(蚱科)Tetrigidae

日本蚱(日本菱蝗)	*Tetrix japonica* Bloivar	幼林	宜昌

脊蜢科 Chorotypidae

多氏乌蜢(多恩乌蜢)	*Erianthus dohrni* Bolivar	不详	武汉

锥头蝗科 Pyrgomorphidae

长额负蝗	*Atractomorpha lata* Motschulsky	柑橘、樟、杨	襄阳、随州
短额负蝗	*Atractomorpha sinensis* Bolivar	石楠、栎、槲栎、葛藤	武汉、十堰、宜昌、荆门、荆州、咸宁
黄星蝗	*Aularches miliaris* Linnaeus	银杏	宜昌

蝗科 Acrididae

中华负蝗	*Acrida chinensis* Westwood	柑橘、李、桃	省内
中华剑角蝗(中华蚱蜢)	*Acrida cinerea* Thunberg	幼林	十堰、宜昌、荆州、黄冈、咸宁、随州、神农架
暗翅剑角蝗	*Acrida exaltata* Walker	桃、李	恩施、神农架
花胫绿纹蝗	*Aiolopus tamulus* Fabricius	杨、桑、柿	宜昌、孝感、咸宁
短星翅蝗	*Calliptamus abbreviatus* Ikonnikov	岩椒、杨、杏	十堰、襄阳、神农架
黄脊竹蝗	*Ceracris kiangsu* Tsai	毛竹、刚竹、胡桃	武汉、黄石、鄂州、荆门、荆州、黄冈、咸宁、仙桃、潜江
青脊竹蝗(青脊角蝗,青草猛)	*Ceracris nigricornis* Walker	斑竹、毛竹、刚竹	武汉、十堰、宜昌、襄阳、荆门、黄冈、咸宁、恩施、神农架

续表

有害生物种类	拉丁学名	寄主植物	分布
木麻黄棉蝗(棉蝗、大青蝗、蹬山倒)	*Chondracris rosea* De Geer	构树、柑橘、桂花、竹、茶、刺槐	武汉、黄石、十堰、宜昌、襄阳、鄂州、荆门、黄冈、咸宁
红褐斑腿蝗	*Catantops pinguis* Stål	板栗	黄冈、恩施
小垫尖翅蝗	*Epacromius tergestinus* Charpentier	不详	省内
短翅黑背蝗	*Eyprepocnemis hokutensis* Shiraki	竹	十堰、襄阳、咸宁
绿腿腹露蝗	*Fruhstorferiola viridifemonta* Caudell	核桃、板栗	黄冈
云斑车蝗	*Gastrimargus marmoratus* Thunberg	刺槐、女贞、马桑	武汉、十堰、襄阳、荆门、咸宁、神农架
方异距蝗	*Heteropternis respondens* Walker	栎、漆树、核桃	十堰、神农架
斑角蔗蝗	*Hieroglyphus annulicornis* Shiraki	竹	十堰、襄阳、孝感、咸宁
东亚飞蝗	*Locusta migratoria manilensis* Meyen	竹	荆门、潜江
亚洲小车蝗	*Oedaleus asiaticus* Bey-Bienko	杨	宜昌
黄胫小车蝗	*Oedaleus infernalis* de Saussure	构树、水竹	武汉、宜昌、荆门、咸宁、神农架
山稻蝗	*Oxya agavisa* Tsai	构树	武汉、神农架
中华稻蝗	*Oxya chinensis* Thunberg	橘	十堰、宜昌、荆门、黄冈、恩施
小稻蝗	*Oxya intricata* Stål	柑橘	武汉、十堰、宜昌、咸宁、恩施、神农架
长翅稻蝗	*Oxya velox* Fabricius	苹果、柑橘	省内
日本黄脊蝗	*Patanga japonica* Bolivar	茶、杉木	武汉、咸宁
短翅佛蝗	*Phlaeoba angustidorsis* Bolivar	竹	宜昌、襄阳、咸宁
细线斑腿蝗(白条细蝗)	*Stenocatantops splendens* Thunberg	茶、栎、柑橘	武汉、黄冈

湖北省林业有害生物名录

续表

有害生物种类	拉丁学名	寄主植物	分布
瘤蝗	*Trilophidia annulata* Thunberg	桑、刺槐、毛竹	十堰
草地瘤蝗	*Trilophidia annulata mongolica* Saussure	幼林	宜昌
短角异斑腿蝗	*Xenocatantops brachycerus* Willemse	油茶、樱桃、石楠	十堰、荆门、咸宁、恩施
大斑外斑腿蝗	*Xenocatantops humilis* Serville	栓皮栎、石楠、化香	襄阳、荆州、恩施
短角外斑腿蝗	*Xenocatantops humilis brachycerus* Willemse	茶	咸宁、神农架
细线斑腿蝗	*stenocatantops splendens* Thunberg	茶	襄阳
槌角蝗科 Gomphoceridae			
李氏大足蝗	*Gomphocerus licenti* Chang	锦鸡儿	黄冈
癞蝗科 Pamphagidae			
笨蝗	*Haplotropis brunneriana* Saussure	构树、杨、刺槐	武汉、十堰
䗛目 Phasmatodea　笛䗛科 Diapheromeridae			
叶刺异䗛	*Oxyartes lamellatus* Kirby	麻栎、毛竹、玉兰	荆门、荆州
垂臀华枝叶刺异䗛（垂臀华枝竹节虫）	*Sinophasma brevipenne* Günther	毛竹、胡枝子、杜鹃	十堰、宜昌、鄂州、恩施
䗛科 Phasmatidae			
白带足刺䗛	*Phobaeticus albus* Chen et He	灌木	咸宁、恩施、神农架
白水江短角枝䗛（白水江瘦枝䗛）	*Ramulus baishuijiangia* Chen	麻栎、桃、灌木	襄阳、恩施
小齿短角枝䗛	*Ramulus minutidentatum* Chen et He	栎、榆、桦	宜昌
褐喙尾䗛（褐喙尾竹节虫）	*Rhamphophasma modestum* Brunner	刺槐、竹、栎	十堰、宜昌、荆门
网翅目 Dictyoptera　蜚蠊科 Blattidae			
东方蜚蠊	*Blatta orientalis* Linnaeus	杂食	十堰、孝感、咸宁、恩施
黑胸大蠊	*Periplaneta fuliginosa* Serville	杂食	仙桃

续表

有害生物种类	拉丁学名	寄主植物	分　布
原白蚁科 Termopsidae			
山林原白蚁	*Hodotermopsis sjostedti* Holmgren	木材	省内
木白蚁科 Kalotermitidae			
黑树白蚁	*Glyptotermes fuscus* Oshima	杨、泡桐	黄石、随州、神农架
鼻白蚁科 Rhinotermitidae			
普见乳白蚁	*Coptotermes communis* Xia er He	竹、木材	省内
台湾乳白蚁（家白蚁）	*Coptotermes formosanus* Shiraki	松、杉、柏、阔叶等，木材	武汉、十堰、宜昌、鄂州、荆门、荆州、黄冈、咸宁、恩施
尖唇异白蚁（尖唇散白蚁）	*Heterotermes aculabialis* Tsai et Huang	松、栎	十堰
黑胸散白蚁（中华网白蚁）	*Reticulitermes chinensis* Snyder	针、阔叶树木材	神农架
黄胸散白蚁	*Reticulitermes speratus* Kolbe	木材	随州
栖北散白蚁	*Reticulitermes speratus* Kolbe	白玉兰、杨	荆门
白蚁科 Termitidae			
黄翅大白蚁（黄翅大螱）	*Macrotermes barneyi* Light	针、阔叶树、油茶	荆门
黑翅土白蚁（黑翅大白蚁，台湾黑翅螱，白蚂蚁）	*Odontotermes formosanus* Shiraki	杉、松、樟等	武汉、黄石、宜昌、襄阳、荆门、孝感、荆州、黄冈、咸宁、随州、恩施
小钩扭白蚁	*Pseudocapritermes minutus* Tsai et Chen	柏、柳杉	恩施
蓟马科 Thripidae			
花蓟马	*Frankliniella intonsa* Trybom	柑橘、葛藤	省内
西花蓟马	*Frankliniella occidentalis* Pergande	杨、板栗、桃、月季	荆州
桑蓟马	*Pseudodendrothrips mori* Niwa	桑	省内

湖北省林业有害生物名录

续表

有害生物种类	拉丁学名	寄主植物	分布
茶黄硬蓟马（茶黄蓟马）	*Scirtothrips dorsalis* Hood	茶	武汉、宜昌
塔六点蓟马	*Scolothrips takahashii* Priesner	叶螨	省内
红带月蓟马（红带滑胸针蓟马）	*Selenothrips rubrocinctus* Giard	水杉、冬青、女贞	荆州
杜鹃蓟马	*Thrips andrewis* Bagnall	泡桐、柑橘、茶	省内
黄蓟马	*Thrips flavus* Schrank	柑橘、月季	省内
管蓟马科 Phlaeothripidae			
华简管蓟马（中华简管蓟马）	*Haplothrips chinensis* Prieser	苦楝、野桐、油茶	黄冈、恩施、神农架
半翅目 Hemiptera 蝉亚目 Cicadomorpha 尖胸沫蝉科 Aphrophoridae			
竹尖胸沫蝉	*Aphrophora borizontalis* Kato	中华猕猴桃、竹、灌木	十堰、宜昌、咸宁
柳尖胸沫蝉	*Aphrophora costalis* Matsumura	旱柳、泡桐	十堰、宜昌、荆门
松尖胸沫蝉（松沫蝉）	*Aphrophora flavipes* Uhler	松、盐肤木、杨、枫杨	十堰、宜昌、襄阳、黄冈
白带尖胸沫蝉（柳沫蝉）	*Aphrophora intermedia* Uhler	栀子、柳、榆、桑、枣	武汉、襄阳、荆州、黄冈、咸宁、恩施
落叶松尖胸沫蝉	*Aphrophora tsuruana* Matsumura	落叶松	恩施
鞘圆沫蝉	*Lepyronia coleoptrata grossa* Uhler	泡桐	荆门
中脊沫蝉	*Mesoptyelus decoratus* Melichar	灌木	襄阳
黑斑华沫蝉	*Sinophora maculosa* Melichar	松	神农架
神农架华沫蝉	*Sinophora shennongjiensis* Chou et Yuan	不详	神农架
沫蝉科 Cercopidae			
红头凤沫蝉	*Callitettix ruficeps* Melichar	黄连木、苦槠	恩施
赤斑禾沫蝉（稻赤斑黑沫蝉）	*Callitettix versicolor* Fabricius	油茶、茶、柑橘、牡荆	宜昌、咸宁
东方丽沫蝉	*Cosmoscarta heros* Fabricius	枫杨、核桃、板栗	十堰、宜昌、襄阳

续表

有害生物种类	拉丁学名	寄主植物	分布
黑斑丽沫蝉	*Cosmoscarta dorsimacula* Walker	核桃、葡萄	十堰、宜昌、恩施
红二带丽沫蝉	*Cosmoscarta egens* Walker	灌木	宜昌、恩施
紫胸丽沫蝉	*Cosmoscarta exultans* Walker	杜鹃、石楠	恩施
橘红丽沫蝉	*Cosmoscarta mandarina* Distant	竹、灌木	十堰
蝉科 Cicadidae			
蚱蝉(黑蚱蝉)	*Cryptotympana atrata* Fabricius	山楂、苹果、梨、李、桃、樱桃、柑橘	全省
南蚱蝉(台湾熊蝉)	*Cryptotympana holsti* Distant	杨、槐树、喜树	咸宁
黄蚱蝉	*Cryptotympana mandarina* Distant	柑橘	黄冈、恩施、神农架
斑蝉(斑点黑蝉，黄点黑蝉)	*Gaeana maculata* Drury	多种阔叶树	省内
胡蝉	*Graptopsaltria tienta* Karsch	核桃、栎	十堰、宜昌
鸣鸣蝉(雷鸣蝉)	*Oncotympana maculaticollis* Motachulsky	槐、刺槐、杨、樱桃、泡桐、核桃	十堰、宜昌、襄阳、孝感、黄冈、咸宁、恩施、神农架
红蝉(黑翅红蝉)	*Heuchys sanguinea* De Geer	桑、臭椿、板栗、油茶	荆门、孝感、咸宁、仙桃、潜江
蒙古蛁蝉	*Meimuna mongolica* Distant	杨、桂花、漆树、悬铃木、枫香	武汉、荆门、恩施
寒蝉(松寒蝉)	*Meimuna opalifera* Walker	梧桐、松	武汉、宜昌、荆门、恩施
绿草蝉(草蝉)	*Mogannia hebes* Walker	杨、桑、茶、柿、橘	十堰、宜昌、襄阳、荆门、孝感、荆州、咸宁、随州、恩施、神农架
蟪蛄	*Platypleura kaempferi* Fabricius	栗、栎、梧桐、柑橘、桑、榆、杨、樟	黄石、十堰、宜昌、荆门、孝感、荆州、黄冈、咸宁、恩施
竹蝉	*Platylomia pieli* Kato	毛竹	咸宁

湖北省林业有害生物名录

续表

有害生物种类	拉丁学名	寄主植物	分布
程氏网翅蝉	*Polyneura cheni* Chou et Yao	鹅掌楸	宜昌、恩施
郎蝉	*Pomponia linearis* Walker	华山松	宜昌
高山唐蝉	*Tanna obliqua* Liu	多种阔叶树	孝感
角蝉科 Membracidae			
黑圆角蝉（黑角蝉、桑梢角蝉）	*Gargara genistae* Fabricius	松、杨、柳、榆、桑	荆门、黄冈
中华高冠角蝉	*Hypsauchenia chinensis* Chou	油桐、板栗	荆门、恩施
铁锚角蝉	*Leptobelus decurvatus* Funkauser	藤本植物	十堰
油桐三刺角蝉	*Tricentrus aleuritis* Chou	油桐、乌桕	十堰、襄阳、孝感、恩施
白胸三刺角蝉	*Tricentrus allabens* Distant	板栗、刺槐	荆门
褐三刺角蝉	*Tricentrus brunneus* Funkhouser	乌桕、核桃	襄阳
木角蝉	*Tsunozemia mojiensis* Matsumura	板栗	荆门
叶蝉科 Cicadellidae			
长柄叶蝉	*Alebroides marginatus* Matsumura	合欢、白桦	恩施
棉叶蝉	*Empoascd biguttula* Shiraki	扶桑、木槿	省内
葡萄斑叶蝉（葡萄二星叶蝉）	*Erythroneura apicalis* Nawa	山楂、樱桃、葡萄	省内
格氏条大叶蝉	*Atkinsoniella grahami* Young	不详	武汉、襄阳
黑缘条大叶蝉	*Atkinsoniella heiyuana* Li	灌木	恩施
黄绿短头叶蝉	*Bythoscopus chlorophana* Melichar	茶	省内
鄂凹大叶蝉	*Bothrogonia eana* Yang et Li	灌木林	恩施
黑尾凹大叶蝉（黑尾大叶蝉）	*Bothrogonia ferruginea* Fabricius	杨、柳、桑、茶、油茶	武汉、十堰、宜昌、襄阳、鄂州、孝感、黄冈、咸宁、恩施
华凹大叶蝉	*Bothrogonia sinica* Yang et Li	杨、柳、油茶、苹果	武汉

续表

有害生物种类	拉丁学名	寄主植物	分布
大青叶蝉	*Cicadella viridis* Linnaeus	杨、柳、槐、桃、李等	十堰、宜昌、襄阳、荆门、孝感、荆州、咸宁、随州、恩施、神农架
六点叶蝉	*Cicadula sexnotata* Fellen	柑橘	宜昌、黄冈
锥顶叶蝉	*Aconura producta* Matsumura	灌木	宜昌
楝白小叶蝉	*Elbelus melianus* Kuoh	苦楝	省内
小绿叶蝉（桃叶蝉、桃小浮尘子、桃小叶蝉、桃小绿叶蝉）	*Empoasca flavescens* Fabricius	桃、李、茶	武汉、十堰、孝感、荆州
烟翅小绿叶蝉	*Empoasca limbifera* Matsumura	杨	十堰、咸宁、神农架
茶小绿叶蝉	*Empoasca pirisuga* Matumura	茶	武汉、宜昌、恩施
假眼小绿叶蝉	*Empoasca vitis* Goethe	杨、桑、茶	孝感
双纹斑叶蝉	*Erythroneura limbata* Matsumura	茶	省内
苦楝斑叶蝉	*Erythroneura melia* Kuoh	黄连木、苦槠	十堰、恩施
白翅小叶蝉	*Erythroneura subrufa* Motschulskyf	重阳木、竹	省内
橙带突额叶蝉	*Gunungidia aurantiifasciata* Jacobi	多种阔叶树、竹	恩施
菱斑姬叶蝉	*Eutettix disciguttus* Walker	茶	襄阳
凹缘菱纹叶蝉	*Hishimonus sellatus* Uhler	桑、构	武汉、宜昌、荆州
黑颜梯顶叶蝉	*Jassus brevis* Walker	板栗、桑、茶	黄冈
白边大叶蝉（顶斑边大叶蝉）	*Kolla paulula* Walker	麻栎、桑、蔷薇	恩施
榆叶蝉	*Empoasca bipunctata* Oshanin	榆、榔榆	十堰、荆门
窗耳叶蝉	*Ledra auditura* Walker	杨、板栗、毛竹	襄阳、孝感、黄冈
斑翅零叶蝉	*Limassolla discolor* Zhang et Chou	桂花	宜昌

湖北省林业有害生物名录

续表

有害生物种类	拉丁学名	寄主植物	分　布
二点叶蝉	*Cicadula fascifrons* Stål	苦楝	黄冈
电光叶蝉	*Opsius dorsalis* Motschulsky	柑橘、水杉	武汉、荆州
窗翅叶蝉	*Mileewa margheritae* Distant	灌木、构树	咸宁
黑尾叶蝉	*Nephotettix bipunctatus* Fabricius	楝、茶、狗牙根	省内
黑颜单突叶蝉	*Olidiana brevis* Walker	灌木、竹类	宜昌、襄阳、恩施
角乌叶蝉	*Penthimia cornicula*	板栗	荆门
白翅叶蝉（桑斑叶蝉）	*Thaia rubiginosa* Kuoh	柑橘	宜昌
锥冠角胸叶蝉	*Tituria pyramidata* Cai	毛竹	宜昌
桃一点小叶蝉	*Erythroneura sudra* Distant	桃	孝感

蜡蝉亚目 Fulgororrhynccha　飞虱科 Delphacidae

白背飞虱	*Sogatella furcifera* Horváth	香椿、毛竹	十堰

袖蜡蝉科 Derbidae

红袖蜡蝉（长翅蜡蝉）	*Diostrombus politus* Uhler	多种阔叶树	省内

象蜡蝉科 Dictyopharidae

月纹丽象蜡蝉	*Orthopagus lunulifer* Uhler	臭椿、果树	省内
丽象蜡蝉	*Orthopagus splendens* Germar	桑、李、桃、柑橘	咸宁
中野象蜡蝉（长头象蜡蝉）	*Dictyophara nakanonis* Matsumura	牡荆、栓皮栎	十堰、襄阳、咸宁
伯瑞象蜡蝉	*Dictyophara patruelis* Stål	板栗	黄冈
中华象蜡蝉	*Dictyophara sinica* Walker	灌木	咸宁

蛾蜡蝉科 Flatidae

碧蛾蜡蝉	*Geisha distinctissima* Walker	茶、油茶、桑、海棠、桂花	武汉、宜昌、襄阳、荆门、荆州、黄冈、咸宁、恩施、仙桃、潜江

续表

有害生物种类	拉丁学名	寄主植物	分 布
紫络蛾蜡蝉（白蛾蜡蝉、白翅蜡蝉）	*Lawana imitata* Melichar	茶、油茶、松	荆门、孝感、荆州、恩施、仙桃、天门、潜江
青翅蜡蝉	*Lawana lmitata* Wakler	柑橘	武汉、十堰、荆门
褐缘蛾蜡蝉（青蛾蜡蝉）	*Salurnis marginella* Guèrin	柑橘	武汉、宜昌、荆州、黄冈、咸宁、潜江
蜡蝉科 Fulgoridae			
斑衣蜡蝉（红娘子、斑衣、臭皮蜡蝉）	*Lycorma delicatula* White	臭椿、槐、榆、果树	全省
枫蜡蝉	*Aphaena pulchella* Guèrin-Méneville	栓皮栎	宜昌
广蜡蝉科 Ricaniidae			
透明疏广蜡蝉（透翅疏广翅蜡蝉、透明疏广翅蜡蝉）	*Euricania clara* Kato	刺槐、枫杨、桑、柑橘	武汉、十堰、宜昌、襄阳、荆州、随州
带纹疏广蜡蝉	*Euricania fascialis* Walker	杨、枫杨、板栗、茶	黄冈
眼纹疏广蜡蝉	*Euricania ocellus* Walker	臭椿、桑	十堰、宜昌、襄阳、荆门、荆州、黄冈、咸宁、恩施、神农架
琥珀广翅蜡蝉	*Ricania japonica* Melichar	女贞	武汉
白斑宽广蜡蝉	*Pochazia albomaculata* Uhler	灌木	宜昌、荆门、恩施
阔带宽广蜡蝉	*Pochazia confusa* Distant	花椒、樟、泡桐	宜昌、荆门、孝感
圆纹宽广蜡蝉	*Pochazia guttifera* Walker	油茶	宜昌、襄阳、孝感、黄冈、咸宁
缘纹广翅蜡蝉	*Ricania marginalis* Walker	板栗	十堰、宜昌、襄阳、荆州、黄冈、咸宁
粉黛广翅蜡蝉（丽纹广翅蜡蝉）	*Ricania pulverosa* Stål	桑	襄阳
山东广翅蜡蝉	*Ricania shantungensis* Chou et Lu	多种阔叶树	宜昌、咸宁

湖北省林业有害生物名录

续表

有害生物种类	拉丁学名	寄主植物	分　布
八点广翅蜡蝉	*Ricania speculum* Walker	油茶、茶、李、乌桕、板栗、枣、油桐、桑、紫藤	武汉、黄石、十堰、宜昌、孝感、荆州、咸宁
柿广翅蜡蝉	*Ricania sublimbata* Jacobi	樟、柿、茶	武汉、宜昌、襄阳、鄂州、荆门、荆州、黄冈、咸宁、恩施、仙桃、潜江

胸喙亚目 Sternorrhyncha　粉虱科 Aleurodidae

有害生物种类	拉丁学名	寄主植物	分　布
珊瑚瘤粉虱	*Aleurotuberculatus aucubae* Kuwana	李、梅、柑橘	恩施
石楠盘粉虱	*Aleurocanthus photiniana* Young	石楠、枫杨	武汉
黑刺粉虱	*Aleurocanthus spiniferus* Quaintance	樟、猴樟、柑橘、花椒	武汉、宜昌、荆州、咸宁、恩施
马氏粉虱	*Aleurolobus marlatti* Quaintance	桂花	荆州
油茶黑胶粉虱（油茶粉虱）	*Aleurotrachelus camelliae* Kuwana	油茶	恩施
柑桔粉虱	*Dialeurodes citri* Ashmead	柑橘、柿、茶、桂花	十堰、宜昌、荆门、孝感、荆州、咸宁、恩施
温室粉虱（温室白粉虱、白粉虱、扶桑花粉虱）	*Trialeurodes vaporariorum* Westwood	栀子花、桂花	十堰、宜昌、孝感、咸宁

蚜科 Aphididae

有害生物种类	拉丁学名	寄主植物	分　布
橘二叉蚜（茶二叉蚜、茶蚜）	*Toxoptera aurantii* Boyer de Fonscolombe	茶	全省
褐橘声蚜（橘蚜）	*Toxoptera citricidus* Kirkaldy	柿、枸橘	宜昌、荆州
豆蚜（苜蓿蚜）	*Aphis craccivora* Koch	槐	十堰
槐蚜	*Aphis cytisorum* Hartig	刺槐、槐、紫穗槐	武汉、宜昌、襄阳、孝感、荆州、黄冈、神农架
甜菜蚜指名亚种（苹果黄蚜）	*Aphis citricola* Van der Goot	枇杷、石楠、李、樱桃、桃	十堰、襄阳、荆州、恩施

续表

有害生物种类	拉丁学名	寄主植物	分布
柳蚜	*Aphis farinosa* Gamelin	柳	荆州
大豆蚜	*Aphis glycines* Mstsmura	刺槐	宜昌
棉蚜（花椒棉蚜、榆树棉蚜）	*Aphis gossypii* Glover	榆、花椒、木芙蓉、木槿、山楂、梨、李、梅、柑橘	十堰、宜昌、孝感、荆州、神农架
夹竹蚜	*Aphis nerii* Boyer de Fonscolombe	黄花夹竹桃、夹竹桃	十堰、孝感、荆州
芒果蚜（芒果声蚜）	*Aphis odinae* Van der Goot	乌桕	十堰
苹果蚜（苹果黄蚜）	*Aphis pomi* De Geer	苹果	襄阳、神农架
洋槐蚜（刺槐蚜）	*Aphis robiniae* Macchiati	刺槐、龙爪槐	十堰、宜昌、荆门、孝感、荆州
中国槐蚜（槐蚜）	*Aphis sophoricola* Zhang	槐、刺槐	十堰
枸杞蚜虫	*Aphis* sp.	山拐枣	潜江
桃大尾蚜（桃粉蚜）	*Hyalopterus arundimis* Fabricius	桃、杏、李	十堰、宜昌、孝感、咸宁
桃粉大尾蚜	*Hyalopterus amygdali* Blanchard	桃	十堰、宜昌、襄阳、孝感、荆州、咸宁、恩施
菊小长管蚜	*Macrosiphoniella sanborni* Gillette	菊花	省内
月季长管蚜	*Macrosiphum rosivorum* Zhang	月季	十堰、黄冈、咸宁
桃蚜	*Myzus persicae* Sulzer	桃、樱桃、海桐、火棘	黄石、十堰、宜昌、孝感、荆州、黄冈、咸宁、神农架、天门
黄药子瘤蚜（桃纵卷叶蚜）	*Myzus varians* Davidson	桃	十堰、孝感
苹果瘤蚜	*Myzus malisuctus* Matsumura	苹果	神农架
莲缢管蚜	*Rhopalosiphum nymphaeae* Linnaeus	莲花	荆州

续表

有害生物种类	拉丁学名	寄主植物	分布
梨二叉蚜	*Schizaphis piricola* Matsumura	梨、野海棠	孝感、恩施、神农架
角倍蚜（五倍子蚜虫）	*Malaphis chinensis* Bell	盐肤木、榆、桃	十堰、宜昌、恩施
樟修尾蚜	*Sinomegoura citricola* Van der Goot	大叶樟、香樟	宜昌、荆门
忍冬皱背蚜	*Trichosiphonaphis lonicerae* Uye	忍冬	省内
樱桃瘿瘤头蚜	*Tuberocephalus higansarurae* Monzen	樱桃	十堰、宜昌
桃瘤头蚜（桃瘤蚜）	*Tuberocephalus momonis* Matsumura	桃、樱桃、碧桃	十堰、孝感
斑蚜科 Callaphididae			
栎刺蚜	*Cervaphis quercus* Takahashi	栓皮栎、麻栎	省内
淡色毛蚜（杨毛蚜）	*Chaitophorus clarus* Tseng et Tao	杨	省内
白杨毛蚜	*Chaitophorus populeti* Panzer	杨	荆州
日本柳毛蚜	*Chaitophorus salijaponicus* Essig et Kuwana	柳	武汉、荆州
柳黑毛蚜	*Chaitophorus salinigeri* Shinji	杨、柳	孝感、荆州
雪松长足大蚜	*Cinara cedri* Mimeur	雪松	宜昌、神农架
马尾松大蚜	*Cinara formosana* Takahashi	马尾松	十堰、宜昌、孝感、咸宁
松长足大蚜（松蚜）	*Cinara pinea* Mordvilko	松	宜昌、襄阳、恩施、神农架
油松大蚜（松大蚜）	*Cinara pinitabulaeformis* Zhang et Zhang	马尾松、油松	十堰、宜昌、孝感、咸宁
柏长足大蚜（侧柏大蚜）	*Cinara tujafilina* Del Guercio	侧柏	荆州
枫杨刻蚜	*Kurisakia onigurumi* Shinji	枫杨	省内
山核桃刻蚜	*Kurisakia sinocaryae* Zhang	核桃	省内
栎大蚜	*Lachnus roboris* Linnaeus	栗、栎、青冈	十堰

续表

有害生物种类	拉丁学名	寄主植物	分　布
板栗大蚜	*Lachnus tropicalis* Van der Goot	板栗、栎类	武汉、十堰、宜昌、襄阳、荆门、孝感、黄冈、咸宁、恩施、神农架
黑缘平翅斑蚜	*Monellia costalis* Fitch	水杉	恩施
罗汉松新叶蚜	*Neophyllaphis podocarpi* Takahashi	罗汉松	荆州
杭州新胸蚜（蚊母瘿蚜）	*Neothoracaphis hangzhouensis* Zhang	蚊母	宜昌、襄阳、荆州
栾多态毛蚜	*Periphyllus koelreuteriae* Takahashi	栾树	黄石、荆州
竹肖叶蚜	*Phyllaphoides bambusicola* Takahashi	箭竹、桂竹	十堰、宜昌、恩施、神农架
紫薇长斑蚜	*Tinocallis kahawaluokalani* Kirkaldy	紫薇	武汉、十堰、宜昌、荆门、荆州
朴绵叶蚜	*Shivaphis celti* Das	朴树	省内
漆长喙大蚜（漆树蚜虫）	*Stomaphis rhusivernicifluae* Zhang	漆树	恩施
竹纵斑蚜	*Takecallis arundinariae* Essig	毛竹、刚竹	荆州
栗角斑蚜（板栗花翅蚜、栗斑翅蚜）	*Tuberculatus kuricola* Matsumura	栎、板栗	孝感
柳瘤大蚜（柳大蚜）	*Tuberolachnus salignus* Gmelin	柳	省内

扁蚜科 Hormaphididae

有害生物种类	拉丁学名	寄主植物	分　布
山茶光角蚜	*Ceratocallis vamellis* Qiao and Zhang	油茶	恩施
枣铁倍蚜	*Kaburagia ensigallis* Tsai et Tang	红麸杨	十堰、宜昌
蛋铁倍蚜	*Kaburagia ovogallis* Tsai et Tang	红麸杨	十堰、宜昌、襄阳、恩施
竹角蚜	*Oregma bambusicola* Takahashi	桂竹	孝感
杨柄叶瘿绵蚜	*Pemphigus matsumurai* Monzen	杨	宜昌、孝感、荆州、咸宁

湖北省林业有害生物名录

续表

有害生物种类	拉丁学名	寄主植物	分布
杨瘿绵蚜(白杨瘿绵蚜、杨树瘿绵蚜)	*Pemphigus napaeus* Buckton	杨	荆州、咸宁
女贞卷叶绵蚜	*Prociphilus ligustrifoliae* Tseng et Tao	小叶女贞	咸宁
黑腹四脉蚜(秋四脉蚜)	*Tetraneurella nigriabdominalis* Sasaki	榆、柳、杨、李、柑橘	省内
榆四脉绵蚜	*Tetraneura ulmi* Linnaeus	榆	襄阳

链蚧科 Asterolecaniidae

有害生物种类	拉丁学名	寄主植物	分布
透体竹斑链蚧	*Bambusaspis delicatus* Green	丛竹	省内
广东竹斑链蚧(绿竹链蚧)	*Bambusaspis notabilis* Russell	丛竹	省内
栗新链蚧(栗链蚧)	*Neoasterodiaspis castaneae* Russell	板栗、茅栗	孝感、黄冈

壶蚧科 Cerococcidae

有害生物种类	拉丁学名	寄主植物	分布
茶链壶蚧(日本壶链蚧)	*Asterococcus muratae* Kuwana	广玉兰、厚朴	宜昌、襄阳、荆门、孝感、荆州、恩施、神农架
云南绵壶蚧	*Phenacobryum indigoferae* Borchsenius	山茶花	省内

蚧科 Coccidae

有害生物种类	拉丁学名	寄主植物	分布
角蜡蚧(悬铃木角蜡蚧)	*Ceroplastes ceriferus* Anderson	栀子、枸骨、樱桃、桑、油茶、桃、李	十堰、荆门、孝感、荆州、恩施
龟蜡蚧	*Ceroplastes floridensis* Comstock	油茶、小叶女贞、石楠、桂花、紫薇	孝感
日本龟蜡蚧(枣龟蜡蚧、龟蜡蚧)	*Ceroplastes japonicus* Green	榆、椿、桃、悬铃木	宜昌、襄阳、孝感、荆州、随州、恩施、神农架
伪角蜡蚧	*Ceroplastes pseudoceriferus* Green	柿、石榴、柑橘	十堰
红蜡蚧(脐状红蜡蚧、枣红蜡蚧、橘红蜡介壳虫)	*Ceroplastes rubens* Maskell	海桐、杜英、桂花、石楠、柿	十堰、荆门、孝感、荆州、咸宁、恩施

续表

有害生物种类	拉丁学名	寄主植物	分布
松针红蜡蚧	*Ceroplastes rubensminor* Maskell	松	宜昌、荆州、咸宁
橘绿绵蜡蚧（橘绿绵蚧）	*Chloropulvinaria aurantii* Cockerell	柑橘、柿、茶、杜仲、月桂、夹竹桃、卫矛	省内
绿绵蜡蚧	*Chloropulvinaria floccifera* Westwood	樟、桂花、榆	孝感
夹竹桃绿棉蜡蚧	*Chloropulvinaria nerii* Maskell	夹竹桃	十堰、宜昌、襄阳、孝感、荆州、黄冈、咸宁
多角绵蚧	*Chloropulvinaria polygonata* Green	夹竹桃、海桐	省内
垫囊绿绵蜡蚧	*Chloropulvinaria psidii* Maskell	樟、樱桃、苏铁、柿	省内
褐软蜡蚧（褐软蚧、广食褐软蚧、合欢蜡蚧）	*Coccus hesperidum* Linnaeus	茶、枇杷、苹果、梨、李、桃、葡萄、柑橘、黄杨、夹竹桃、杉	武汉、十堰、宜昌、咸宁
咖啡绿软蜡蚧	*Coccus viridis* Green	海棠、山茶、石榴、冬青	省内
朝鲜球坚蜡蚧（杏球坚蚧、桃球坚蚧）	*Didesmococcus koreanus* Borchsenius	刺槐、枣、柿	十堰、宜昌、襄阳
杏毛球坚蜡蚧	*Didesmococcus unifasciatus* Archangelskaya	刺槐、枣、柿	十堰
白腊蚧	*Ericerus pela* Chavannes	女贞、白腊树	十堰、孝感、恩施
枣大球蚧	*Eulecanium gigantea* Shinji	刺槐、柿、枣	十堰、恩施
日本卷毛蜡蚧（油茶绵蚧）	*Metaceronema japonica* Maskell	油茶	省内
褐盔蜡蚧	*Parthenolecanium corni* Bouché	木兰、山楂、刺槐、悬铃木、杨、柳、榛、榆、核桃楸、槭、紫穗槐	省内
桃盔蜡蚧（桃坚蚧）	*Parthenolecanium persicae* Fabricius	柑橘、葡萄	省内

湖北省林业有害生物名录

续表

有害生物种类	拉丁学名	寄主植物	分　布
橘小绵蜡蚧	*Pulvinaria citricola* Kuwana	珊瑚树、黄连木	省内
葡萄绵蜡蚧	*Pulvinaria vitis* Linnaeus	杨	宜昌
咖啡珠蜡蚧（球盔蚧）	*Saissetia coffeae* Walker	柑橘、茶、重阳木、悬铃木、桂花	宜昌、神农架
日本纽蜡蚧	*Takahashia japonica* Cockerell	李	荆州、恩施
江夏纽绵蚧	*Takahashia wuchangensis* Tseng	合欢	十堰、宜昌、襄阳、荆州

盾蚧科 Diaspididae

有害生物种类	拉丁学名	寄主植物	分　布
茶长本圆蚧	*Abgrallaspis cyanophylli* Signoret	山茶花、仙人掌	省内
山茶长本圆蚧	*Abgrallaspis degeneratus* Leonardi	山茶花	省内
红圆蹄盾蚧	*Aonidiella aurantii* Maskell	含笑、苹果、梨、葡萄、柑橘、李、柿、葡萄	宜昌、襄阳、黄冈、咸宁
黄圆蹄盾蚧	*Aonidiella citrina* Coquillett	苹果、梨、罗汉松、茶	十堰、宜昌、襄阳、咸宁、恩施
橘红片圆蚧	*Aonidiella cyanophylli* Signoret	苹果、梨、葡萄、柑橘、李、柿、葡萄	武汉、宜昌、黄冈、咸宁
黄肾圆盾蚧	*Aonidiella degeneratus* Leonardi	苹果、梨、罗汉松、茶	武汉、宜昌、荆州、黄冈、咸宁
椰圆盾蚧	*Aspidiotus destructor* Signoret	柑橘、茶、棕榈、樟	武汉、襄阳、恩施
柳白圆盾蚧	*Aspidiotus hederae* Vallot	多种阔叶树	省内
琉璃圆盾蚧	*Aspidiotus teansparens* Green	冬青	十堰、襄阳、黄冈、咸宁、恩施
珠兰白轮盾蚧（茶花白轮盾蚧）	*Aulacaspis crawii* Cockerell	柑橘、米兰	省内
蔷薇白轮盾蚧	*Aulacaspis rosae* Bouché	月季、石楠	恩施

续表

有害生物种类	拉丁学名	寄主植物	分布
拟刺白轮盾蚧（黑蜕白轮蚧、拟蔷薇轮蚧、月季白轮盾蚧）	*Aulacaspis rosarum* Borchsenius	月季	省内
刺白轮盾蚧	*Aulacaspis spinosa* Maskell	月季、樟、楠木	恩施
白轮盾蚧	*Aulacaspis thoracica* Robinson	山胡椒	恩施
樟白轮盾蚧	*Aulacaspis yabunikkei* Kuwana	樟	武汉、十堰
香樟雪盾蚧（香樟臀凹盾蚧）	*Chionaspis camphora* Chen	樟	荆州
黑褐圆盾蚧（褐圆蚧）	*Chrysomphalus aonidum* Linnaeus	悬铃木、板栗、柑橘、樟、冬青	孝感、恩施
橙褐圆盾蚧	*Chrysomphalus bifasciculatus* Ferris	松、冬青、桂花、苏铁	省内
红褐圆盾蚧（网籽草叶圆蚧）	*Chrysomphalus dictyospermi* Morgan	柑橘、刺槐、大叶黄杨、女贞、夹竹桃、茶	省内
杨圆蚧（杨干蚧、杨笠圆盾蚧）	*Diaspidiotus gigas* Thiem et Gerneck	杨	随州
柳笠圆盾蚧	*Diaspidiotus ostreaeformis* Curtis	柳	荆州
梨圆蚧（梨齿圆盾蚧、梨笠圆盾蚧、梨笠盾蚧、梨夸圆蚧）	*Diaspidiotus perniciosus* Comstock	山楂、苹果、梨、李、杏、梅、桃、板栗、核桃、葡萄、柿、柑橘、枇杷、石榴、樱桃	武汉、十堰、襄阳、孝感、黄冈、咸宁
突笠圆盾蚧（杨齿盾蚧、杨盾蚧）	*Diaspidiotus slavonicus* Green	杨、柳	恩施
白盾蚧（仙人掌盾蚧）	*Diaspis echinocacti* Bouché	雪松、罗汉松	省内
冬青狭腹盾蚧	*Dynaspidiotus britannicus* Newstead	杉、月桂、海棠、黄杨	十堰
松圆狭腹盾蚧	*Dynaspidiotus meyeri* Marlatt	马尾松、湿地松	荆门
围盾蚧（单蜕盾蚧）	*Fiorinia fioriniae* Targioni-Tozzetti	樟	十堰

湖北省林业有害生物名录

续表

有害生物种类	拉丁学名	寄主植物	分布
日本围盾蚧(日本蜕盾蚧、日本单蜕盾蚧)	*Fiorinia japonica* Kuwana	雪松、黑松	武汉、黄石
小围盾蚧	*Fiorinia minor* Maskell	龙柏	孝感、黄冈
象鼻围盾蚧	*Fiorinia proboscidaria* Green	棕竹	宜昌、恩施
霜围盾蚧	*Fiorinia pruinosa* Ferris	刺柏	省内
栎围盾蚧(栎尖蜕盾蚧)	*Fiorinia quercifolii* Ferris	香柏、板栗	随州
茶围盾蚧(茶蜕盾蚧)	*Fiorinia theae* Green	柃木、冬青、桂花、山茶	十堰、恩施
松单围盾蚧(松单蜕盾蚧)	*Fiorinia vacciniae* Kuwana	桂花	武汉、黄石、咸宁
浙江长盾蚧	*Greenaspis chekiangensis* Tang	竹	咸宁
长盾蚧	*Greenaspis elongata* Green	樟	荆门
黄尖盾蚧	*Hemiberlesia cyanophylli* Signoret	月桂、棕榈、苏铁、山茶	武汉、宜昌、襄阳、黄冈
棕突圆蚧	*Hemiberlesia lataniae* Signoret	茶、枫杨、竹	武汉、宜昌、咸宁、恩施
拟桑盾蚧	*Howardia biclavis* Comstock	胡桃	十堰
台竹须盾蚧	*Kuwanaspis bambusifoliae* Takahashi	竹	武汉
霍氏须盾蚧	*Kuwanaspis howardi* Cooley	楠竹	咸宁
紫蛎盾蚧	*Lepidosaphes beckii* Newman	大叶黄杨、栎、连香树、胡颓子	荆门、荆州
山茶蛎盾蚧	*Lepidosaphes camelliae* Hoke	山茶花、海桐	省内
朴蛎盾蚧	*Lepidosaphes celtis* Kuwana	朴树、海桐	省内
梅蛎盾蚧	*Lepidosaphes conchiformioides* Borchs	苹果、梨、梅	省内

续表

有害生物种类	拉丁学名	寄主植物	分布
卫矛蛎盾蚧（卫矛长蛎蚧）	*Lepidosaphes corni* Takahashi	卫矛、冬青、枸木、栎、蒲葵	省内
长蛎盾蚧	*Lepidosaphes gloverii* Packard	茶、玉兰、黄杨、柳、杉	省内
大戟蛎盾蚧	*Lepidosaphes pallidula* Williams	樟	荆门
瘤额牡蛎蚧（东方蛎盾蚧）	*Lepidosaphes tubulorum* Ferris	海棠、刺桐、杨、柳	省内
榆蛎盾蚧	*Lepidosaphes ulmi* Linnaeus	榆、柳、九里香、十大功劳	孝感
杨蛎盾蚧（杨牡蛎蚧）	*Lepidosaphes yanagicola* Kuwana	大叶黄杨、柳、槐	省内
日本长白盾蚧（长白盾蚧）	*Lopholeucaspis japonica* Cockerell	刺槐、槭、油茶、黄杨、苹果、梨、柿、柑橘	武汉、十堰、宜昌、襄阳、黄冈、咸宁
双管刺圆盾蚧	*Octaspidiotus bituberculatas* Tang	鹅掌楸	恩施
木瓜刺圆盾蚧	*Octaspidiotus stauntoniae* Takahashi	法国冬青、含笑、夹竹桃、广玉兰	武汉、恩施
竹绵盾蚧	*Odonaspis penicillata* Green	佛肚竹	武汉
山茶片盾蚧	*Parlatoria camelliae* Comstock	桂花、玉兰、茶、樟、卫矛	十堰
糠片盾蚧（糠片蚧、油茶糠片蚧）	*Parlatoria pergandii* Comstock	七叶树、樟、山茶、桂花、枸骨	十堰、孝感
黄片盾蚧	*Parlatoria proteus* Curtis	苏铁、山茶	省内
梨片盾蚧	*Parlatoria virescens* Maskell	珊瑚树	省内
黑片盾蚧	*Parlatoria ziziphi* Lucas	柑橘	宜昌
耶袋盾蚧	*Phenacaspis cockerelli* Cooley	白兰、夜合欢、山茶花	咸宁
分瓣臀凹盾蚧	*Phenacaspis kentiae* Kuwana	油杉、山茶、桂花、棕榈	省内
苏铁褐点并盾蚧（百合并盾蚧）	*Pinnaspis aspidistrae* Signoret	竹、苏铁、樟、山茶	宜昌、恩施

湖北省林业有害生物名录

续表

有害生物种类	拉丁学名	寄主植物	分布
黄杨并盾蚧	*Pinnaspis buxi* Borchsenius	大叶黄杨、茶、杜鹃	武汉、宜昌、孝感、荆州
茶并盾蚧	*Pinnaspis theae* Maskell	山茶、椿	恩施
单瓣褐点盾蚧	*Pinnaspis uniloba* Kuwana	柑橘、木兰、合欢、山茶、黄檀	十堰、宜昌、襄阳、恩施
蛇眼臀网盾蚧	*Pseudaonidia duplex* Cockerell	油茶、茶、樟、栎、板栗	咸宁、恩施、神农架
樟臂网盾蚧	*Pseudaonidia paeoniae* Cockerell	山茶、冬青、椿	省内
考氏白盾蚧（广菲盾蚧、樟白盾蚧）	*Pseudaulacaspis cockerelli* Cooley	松	神农架
桑白盾蚧（桑白蚧）	*Pseudaulacaspis pentagona* Tagioni-Tozzetti	桑、梅、樱桃、桃	宜昌、荆州
毛竹釉盾蚧	*Unachionaspis bambusae* Cockerell	竹	孝感
柑橘尖盾蚧	*Unaspis citri* Comstock	柑橘、罗汉松、大叶黄杨	荆州
卫矛矢尖盾蚧（卫矛蜕盾蚧、卫矛尖盾蚧）	*Unaspis euonymi* Comstock	大叶黄杨	荆州、潜江
矢尖盾蚧（白锥矢尖蚧）	*Unaspis yanonensis* Kuwana	樟、柑橘、大叶黄杨、山茶花	宜昌、孝感
绒蚧科 Eriococcidae			
柿绒蚧（柿绵蚧、毛毡蚧、柿毡蚧）	*Eriococcus kaki* Kuwana	柿	荆门、孝感、恩施
紫薇绒蚧（红叶小檗毡蚧）	*Eriococcus lagerstroemiae* Kuwana	紫薇	武汉、十堰、宜昌、襄阳、荆门、孝感、荆州、潜江
竹绒蚧	*Eriococcus onukii* Kuwana	毛竹	荆州
竹鞘绒蚧	*Eriococcus transversus* Green	刚竹	省内
绛蚧科 Kermesidae			
栗绛蚧	*Kermes nawae* Kuwana	板栗	孝感、黄冈、恩施

续表

有害生物种类	拉丁学名	寄主植物	分布
胶蚧科 Kerriidae			
茶硬胶蚧	*Tachardina theae* Green et Menn	枫香、柿子	省内
珠蚧科 Margarodidae			
草履蚧(日本草履蚧)	*Drosicha corpulenta* Kuwana	刺槐、杨、板栗、泡桐、梨、樱桃、槐、核桃	十堰、宜昌、襄阳、荆门、孝感、荆州、恩施、潜江
吹绵蚧(绵团蚧、棉籽蚧、白条蚧)	*Icerya purchasi* Maskell	油茶、油桐、柑橘、桃、李、樱桃	黄石、十堰、宜昌、襄阳、孝感、荆州、咸宁、潜江
银毛吹绵蚧	*Icerya seychellarum* Westwood	枫香、杨、桑、山茶、石榴	十堰
马尾松干蚧	*Matsucoccus massonianae* Yong et Hu	马尾松	随州
神农架松干蚧	*Matsucoccus shennongjiaensis* Young et Lu	华山松	恩施、神农架
中华松针蚧	*Matsucoccus sinensis* Chen	马尾松	十堰、宜昌、孝感、恩施、神农架
粉蚧科 Pseudococcidae			
白尾安粉蚧(竹白尾粉蚧)	*Antonina crawii* Cockerell	竹	神农架
巨竹安粉蚧(盾竹粉蚧)	*Antonina pretiosa* Ferris	竹	荆门
球坚安粉蚧(带东竹粉蚧)	*Antonina zonata* Green	竹	武汉、襄阳、孝感、荆州、黄冈
竹扁粉蚧	*Chaetococcus bambusae* Maskell	竹	省内
松树暟粉蚧(松白粉蚧)	*Crisicoccus pini* Kuwana	松	孝感
菠萝灰粉蚧(菠萝洁粉蚧)	*Dysmicoccus brevipes* Cockerell	桑、木槿	省内
桔腺刺粉蚧	*Ferrisiana virgata* Cockerell	柑橘、石榴	省内
枣阳腺刺粉蚧(枣粉蚧)	*Heliococcus zizyphi* Borchsenius	朴	荆州

湖北省林业有害生物名录

续表

有害生物种类	拉丁学名	寄主植物	分布
堆蜡粉蚧	*Nipaecoccus vastator* Maskell	枣、柑橘、柚、橙、茶、木槿	省内
花椒绵粉蚧（花椒棉粉蚧、杜鹃绵粉蚧）	*Phenacoccus azaleae* kuwana	花椒	十堰
白蜡绵粉蚧（白蜡绵粉蚧、白蜡囊介壳虫）	*Phenacoccus fraxinus* Tang	斑竹、核桃、木姜子、胡颓子	武汉、十堰、宜昌、咸宁、恩施、天门
扶桑绵粉蚧	*Phenacoccus solenopsis* Tinsley	扶桑、木槿	武汉、鄂州、黄冈
桔臀纹粉蚧（柑橘刺粉蚧）	*Planococcus citri* Risso	松、杉木、桑、梧桐、柿	宜昌、襄阳、荆州、黄冈
中华臀纹粉蚧	*Planococcus sinensis* Borchsenius	倒挂金钟	武汉、襄阳、孝感、黄冈、咸宁
柑橘棘粉蚧	*Pseudococcus cryptus* Hempel	柑橘	咸宁
康氏粉蚧（黑刺粉蚧）	*Pseudococcus comstocki* Kuwana	刺槐、樟	孝感、恩施
长尾粉蚧	*Pseudococcus adonidum* Linnaeus	柑橘、夹竹桃、珊瑚树	宜昌
球蚜科 Adelgidae			
落叶松球蚜	*Adelges laricis* Vallot	日本落叶松	宜昌、恩施
根瘤蚜科 Phylloxeridae			
梨黄粉蚜	*Aphanostigma jakusuiensis* Kishida	梨、桃	省内
盾木虱科 Spondyliaspididae			
浙江朴盾木虱	*Celtisaspis zhejiangana* Yang et Li	朴、石楠	荆州
丽木虱科 Calophyidae			
黄檗丽木虱	*Calophya nigra* Kuwayama	黄檗	恩施
裂木虱科 Carsidaridae			
梧桐裂木虱	*Thysanogyna limbata* Enderlein	梧桐、泡桐、楸、朴	荆州、恩施

续表

有害生物种类	拉丁学名	寄主植物	分　布
木虱科 Psyllidae			
合欢羞木虱	*Acizzia jamatonica* Kuwayama	合欢	宜昌
桑木虱 （桑异脉木虱）	*Anomoneura mori* Schwarz	桑、柏	荆州
中国梨角木虱	*Cacopsylla chinensis* Yang et Li	杜梨、沙梨	宜昌、恩施
梨黄木虱 （梨木虱）	*Cacopsylla pyrisuga* Forster	梨	省内
槐豆木虱 （槐木虱、国槐木虱）	*Cyamophila willieti* Wu	槐	省内
柑桔木虱	*Diaphorina citri* Kuwayama	柑橘	荆门
个木虱科 Triozidae			
樟个木虱 （樟叶木虱、樟木虱）	*Trioza camphorae* Sasaki	樟	武汉、荆门、恩施
异翅亚目 Heteroptera　花蝽科 Anthocoridae			
微小花蝽	*Orius minutus* Linnaeus	构树	潜江
盲蝽科 Miridae			
三点苜宿盲蝽 （三点盲蝽）	*Adelphocoris fasiaticollis* Reuter	刺槐、榆、柳、杨	武汉
苜宿盲蝽	*Adelphocoris lineolatus* Goeze	茶	荆门
中黑苜宿盲蝽 （中黑盲蝽）	*Adelphocoris suturalis* Jakovlev	杨、柳、桑、茶、油茶	孝感
绿盲蝽 （绿后丽盲蝽）	*Apolygus lucorum* Meyer-Dür	枣、葡萄、苹果	宜昌、襄阳、咸宁
樟颈曼盲蝽	*Mansoniella cinnamomi* Zheng et Liu	樟、板栗	武汉、宜昌、荆州、恩施
烟盾盲蝽	*Cyrtopeltis tenuis* Reuter	泡桐	省内
网蝽科 Tingidae			
悬铃木方翅网蝽	*Corythucha ciliate* Say	悬铃木	武汉、十堰、宜昌、鄂州、荆门、孝感、荆州、黄冈、咸宁、随州、恩施、神农架、仙桃、天门、潜江

湖北省林业有害生物名录

续表

有害生物种类	拉丁学名	寄主植物	分　布
角菱背网蝽	*Eteoneus angulatus* Drake et Maa	泡桐、杨	宜昌、荆门、荆州
星菱背网蝽（桂花网蝽）	*Eteoneus sigillatus* Drake et Poor	桂花、女贞	荆门
膜肩网蝽（柳膜肩网蝽）	*Hegesidemus habrus* Drake	檫木、杨、垂柳、河柳、构树	荆州
海棠花网蝽	*Stephanitis ambigue* Horv.	苹果、梨、桃、李、杏、梅、樱桃	省内
华南冠网蝽	*Stephanitis laudata* Drake et Poor	樟	襄阳
樟脊冠网蝽（樟脊网蝽）	*Stephanitis macaona* Drake	樟	武汉、宜昌、荆州、随州
梨冠网蝽（梨花网蝽）	*Stephanitis nashi* Esaki et Takeya	海棠、木瓜、板栗、桃、梨、李、苹果、山楂	十堰、宜昌、襄阳、孝感、荆州、黄冈、随州、恩施、神农架
杜鹃冠网蝽	*Stephanitis pyriodes* Scott	梨、杜鹃、榆、檫树	黄石、宜昌、荆门、荆州、恩施、神农架、天门
樟网蝽	*Stephanitis queenslandensis* Hack	樟	全省
长脊冠网蝽	*Stephanitis svensoni* Drake	杜鹃	武汉

异蝽科 Urostylidae

有害生物种类	拉丁学名	寄主植物	分　布
亮壮异蝽	*Urochela distincta* Distant	榆、柑橘、栎	恩施
短壮异蝽	*Urochela falloui* Reuter	梨、板栗	十堰、宜昌、恩施、神农架
花壮异蝽	*Urochela luteovaria* Distant	葱木、桃、李、梨	黄冈、恩施、神农架
红足壮异蝽	*Urochela quadrinotata* Reuter	杨、栎、刺槐	宜昌
匙突娇异蝽	*Urostylis striicronis* Scott	柑橘、板栗	襄阳、恩施、神农架
淡娇异蝽	*Urostylis yangi* Maa	栎、板栗	黄冈、恩施、神农架

续表

有害生物种类	拉丁学名	寄主植物	分布
同蝽科 Acanthosomatidae			
细齿同蝽	*Acanthosoma denticauda* Jalovlev	山楂、李	十堰
显同蝽	*Acanthosoma distinctum* Dallas	灌木	恩施
细铗同蝽	*Acanthosoma forficula* Jakovlev	栎、柏	十堰、襄阳、神农架
宽铗同蝽	*Acanthosoma labiduroides* Jakovlev	桧柏、蛇藤	宜昌、襄阳、荆州
黑刺同蝽	*Acanthosoma nigrospina* Hsiao et Liu	不详	十堰
泛刺同蝽	*Acanthosoma spinicolle* Jakovlev	漆、雪梨	十堰、宜昌、恩施、神农架
光角翅同蝽	*Anaxandra levicornis* Dallas	栎	宜昌、荆州、黄冈、咸宁、恩施、神农架
钝肩狄同蝽	*Dichobothrium nubilum* Dallas	榆	省内
宽肩直同蝽	*Elasmostethus humeralis* Jakovlev	榆、槭	神农架
灰匙同蝽	*Elasmucha grisea* Linnaeus	桑	黄石、宜昌
副锥同蝽	*Sastragala edessoides* Distant	不详	神农架
伊锥同蝽	*Sastragala esakii* Hasegawa	漆树	十堰、襄阳、黄冈、恩施
荔蝽科 Tessaratomidae			
方蝽	*Asiarcha angulosa* Zia	阔叶树	宜昌、恩施
硕蝽（板栗硕蝽）	*Eurostus validus* Dallas	栎、核桃、油茶	黄石、十堰、宜昌、孝感、黄冈、咸宁、恩施
斑缘巨蝽	*Eusthenes femoralis* Zia	板栗、桤木、樱花	黄冈
巨蝽（巨荔蝽）	*Eusthenes robustus* Lepeletier et Serville	核桃、枫杨、板栗	黄石、宜昌、随州、恩施
暗绿巨蝽	*Eusthenes saevus* Stål	核桃、枫杨、板栗	黄石、黄冈、恩施
荔蝽（荔枝蝽象）	*Tessaratoma papillosa* Drury	柑橘、栎、樟	十堰、荆门、黄冈、咸宁、恩施

湖北省林业有害生物名录

续表

有害生物种类	拉丁学名	寄主植物	分布
兜蝽科 Dindidoridae			
九香虫（黄角椿象）	*Aspongopus chinensis* Dallas	栎、杨、刺槐	十堰、襄阳、恩施
大皱蝽	*Cyclopelta obscura* Lepeletier et Serville	刺槐、栎、紫荆、灌木	宜昌、襄阳、鄂州
小皱蝽（刺槐小皱蝽、刺槐蝽象）	*Cyclopelta parva* Distant	刺槐、槐、香椿、杨、枫杨	武汉、黄石、宜昌、襄阳、鄂州、荆门、孝感、荆州、黄冈、咸宁、恩施、潜江
土蝽科 Cydnidae			
大鳖土蝽	*Adrisa magna* Uhler	杉木、刺槐	荆门
青草土蝽	*Macroscytus subaeneus* Dallas	马尾松、枫杨、板栗	黄冈
盾蝽科 Scutelleridae			
丽盾蝽	*Chrysocoris grandis* Thunberg	桃金娘、楝、油桐、梨、橘	恩施
紫蓝丽盾蝽	*Chrysocoris stolii* Wolff	核桃、桑、油茶	十堰
角盾蝽	*Cantao ocellatus* Thunberg	油桐、油茶	恩施
扁盾蝽	*Eurygaster testudinarius* Geoffroy	红椿、杨、榆	十堰
半球盾蝽	*Hyperoncus lateritius* Westwood	桑、李、灌木	宜昌
斜纹宽盾蝽	*Poecilocoris dissiimilis* Martin	松、栎、油茶	恩施
桑宽盾蝽	*Poecilocoris druraei* Linnaeus	核桃、油茶、桑	武汉、十堰、宜昌、襄阳、荆门、恩施
油茶宽盾蝽（茶子盾蝽、蓝斑盾蝽、茶实蝽）	*Poecilocoris latus* Dallas	油茶、栎、柑橘	咸宁
金绿宽盾蝽	*Poecilocoris lewisi* Distant	松、柏、栎、臭椿、葡萄	十堰、孝感、恩施
尼泊尔宽盾蝽	*Poecilocoris nepalensis* Herrich-Schäffer	桤木、油茶、茶、朴	恩施

续表

有害生物种类	拉丁学名	寄主植物	分布
龟蝽科 Plataspidae			
筛豆龟蝽	*Megacopta cribraria* Fabricius	杨、刺槐、桑、灌木	十堰、荆门、孝感、咸宁
天花豆龟蝽	*Megacopta horvathi* Montandon	紫穗槐、刺槐、胡枝子	省内
蝽科 Pentatomidae			
华麦蝽（鹟麦蝽）	*Aelia fieberi* Scott	沙梨、刺槐	神农架
宽缘伊蝽（竹宽缘伊蝽）	*Aenaria pinchii* Yang	毛竹、刚竹、核桃	黄石、宜昌、荆门、荆州、咸宁
枝蝽	*Aeschrocoris ceylonicus* Distant	不详	荆州、黄冈
日本羚蝽	*Alcimocoris japonensis* Scott	不详	十堰、黄冈、恩施
蠋蝽	*Arma chinensis* Fallou	桃、葡萄	十堰、襄阳、孝感、黄冈
锈色蠋蝽	*Arma ferruginea* Hsiao et Cheng	不详	襄阳
突腹蠋蝽	*Arma tubercula* Yang	不详	黄冈
驼蝽	*Brachycerocoris camelus* Costa	杨、榆树、臭椿、毛竹	武汉、十堰、宜昌、襄阳、荆门
薄蝽	*Brachymna tenuis* Stål	竹	武汉
柑桔格蝽	*Cappaea taprobanensis* Dallas	柑橘、油茶	十堰、恩施
宽胫格蝽	*Cappaea tibialis* Hsiao et Cheng	泡桐	十堰、神农架
红角辉蝽（胡枝子蝽）	*Carbula crassiventris* Dallas	灌木	神农架
辉蝽（弯角辉蝽）	*Carbula obtusangula* Reuter	白栎、杨、香椿、葡萄	十堰、宜昌、襄阳、孝感、荆州、黄冈、恩施、神农架
北方辉蝽	*Carbula putoni* Jakovev	臭椿	神农架
凹肩辉蝽	*Carbula sinica* Hsiao et Cheng	桑	十堰、神农架

湖北省林业有害生物名录

续表

有害生物种类	拉丁学名	寄主植物	分布
中华岱蝽	*Dalpada cinctipes* Walker	桑、茶	黄冈、恩施、神农架
大斑岱蝽	*Dalpada distincta* Hsiao et Cheng	柑橘	咸宁、恩施
长叶岱蝽	*Dalpada jugatoria* Lethierry	柑橘、泡桐	武汉、神农架
小斑岱蝽	*Dalpada nodifera* Walker	桑、杨、柳树、核桃、茶	武汉、十堰、襄阳、孝感、荆州、随州、神农架
岱蝽	*Dalpada oculata* Fabricius	麻栎、葛藤、马尾松、盐肤木	恩施、神农架
绿岱蝽	*Dalpada smaragdina* Walker	油桐、柑橘、板栗	武汉、黄石、宜昌、荆州、黄冈、咸宁、恩施、神农架
大臭蝽	*Metonymia glandulosa* Wolff	板栗、茅栗、栎	宜昌、襄阳、荆门、荆州、黄冈、咸宁、恩施
剪蝽	*Diplorhinus furcatus* Westwood	油茶	咸宁
斑须蝽	*Dolycoris baccarum* Linnaeus	核桃、栗、梨、桃、柳、桦	十堰、襄阳、孝感、黄冈、恩施、神农架
麻皮蝽（黄斑蝽）	*Erthesina fullo* Thunberg	油茶、油桐、柳、槐、柿	全省
沟腹拟岱蝽	*Eupaleopada concinna* Westwood	泡桐、构树、枫香	武汉、襄阳、孝感、黄冈
菜蝽	*Eurydema dominulus* Scopoli	杨、旱柳、栎	武汉、宜昌、荆州、黄冈、潜江
黄蝽	*Euryaspis flavescens* Distant	柑橘、杨、栎、刺槐	武汉、十堰、荆门
北二星蝽	*Eysarcoris aeneus* Scopoli	不详	省内
拟二星蝽	*Eysarcoris annamita* Breddin	不详	黄冈

续表

有害生物种类	拉丁学名	寄主植物	分 布
二星蝽	*Stollia guttiger* Thunberg	桑、杨、板栗	宜昌、荆州、黄冈
锚纹二星蝽	*Stollia montivagus* Distant	构树	武汉
尖角二星蝽	*Stollia parvus* Uhler	竹	襄阳、孝感、荆州、黄冈
广二星蝽	*Stollia ventralis* Westwood	桑、苹果	武汉、十堰、襄阳、荆门、黄冈
黄肩青蝽	*Glaucias crassa* Westwood	猕猴桃、桃	十堰、神农架
赤条蝽	*Graphosoma rubrolineata* Westwood	茶、栎、榆、桦	黄石、十堰、宜昌、襄阳、孝感、荆州、随州、恩施、神农架
茶翅蝽（臭木蝽象、臭木蝽、茶色蝽）	*Halyomorpha halys* Stål	梨、马尾松、桃、杨、枫香	武汉、十堰、宜昌、襄阳、荆门、孝感、荆州、黄冈、恩施、潜江
卵圆蝽（竹卵圆蝽）	*Hippota dorsalis* Stål	桃、柚	十堰、宜昌、咸宁
弯胫草蝽	*Holcostethus ovatus* Jakovlev	不详	武汉
全蝽	*Homalogonia obtusa* Walker	栎、油松、胡枝子	十堰、宜昌、恩施、神农架
玉蝽	*Hoplistodera fergussoni* Distant	不详	恩施
红玉蝽	*Hoplistodera pulchra* Yang	不详	荆州
广蝽	*Laprius varicornis* Dallas	松、杨	宜昌、荆州、黄冈、咸宁
弯角蝽	*Lelia decempunctata* Motschulsky	槭、榆、杨、醋栗、胡桃楸	十堰、襄阳、荆州
梭蝽	*Megarrhamphus hastatus* Fabricius	柑橘	宜昌
平尾梭蝽	*Megarrhamphus truncatus* Westwood	麻栎	黄冈

湖北省林业有害生物名录

续表

有害生物种类	拉丁学名	寄主植物	分布
北曼蝽	*Menida scotti* Puton	梨	神农架
黑斑曼蝽	*Menida formosa* Westwood	不详	神农架
宽曼蝽	*Menida lata* Yang	板栗、刺槐	十堰、孝感、黄冈
大斑曼蝽	*Menida maculiscutellata* Hsiao et Cheng	不详	省内
东北曼蝽	*Menida musiva* Jakovlev	不详	恩施
松曼蝽	*Menida pinicola* Zheng et Liu	不详	恩施
川曼蝽	*Menida szechuensis* Hsiao et Cheng	不详	恩施
异曼蝽	*Menida varipennis* Westwood	不详	十堰
紫蓝曼蝽	*Menida violacea* Motschulsky	梨、榆、桦	十堰、宜昌、襄阳、孝感、荆州、黄冈、咸宁、恩施、神农架
秀蝽	*Neojurtina typica* Distant	冬青	荆门、黄冈、恩施、神农架、仙桃
稻绿蝽	*Nezara viridula* Linnaeus	板栗、马尾松、柏木、栾树	黄石、宜昌、襄阳、荆门、孝感、荆州、黄冈、咸宁、恩施
稻绿蝽黄肩型	*Nezara viridula* forma *torquata* Fabricius	果树	黄冈、恩施、神农架
稻绿蝽全绿型	*Nezara viridula* forma *typica* Linnaeus	板栗、梨、橘、苹果	襄阳、黄冈、恩施、神农架
浩蝽	*Okeanos quelpartensis* Distant	栎、化香、楸、杜鹃	襄阳
碧蝽	*Palomena angulosa* Motschlsky	臭椿、柳树、核桃、刺槐、泡桐	十堰、恩施、神农架
川甘碧蝽	*Palomena haemorrhoidalis* Lindberg	山核桃、黄荆	十堰、宜昌、恩施
肖碧蝽	*Palomena inexpectata* Zheng	不详	十堰、孝感、黄冈、咸宁、神农架

续表

有害生物种类	拉丁学名	寄主植物	分布
红尾碧蝽	*Palomena prasina* Linnaeus	桦木	恩施
东陵蝽	*Pentatoma armandi* Fallou	梨	孝感、黄冈
碎斑点蝽	*Tolumniu latipes forma contingous* Walker	油茶	黄冈
中纹真蝽	*Pentatoma distincta* Hsiao et Cheng	不详	武汉
斜纹真蝽	*Pentatoma illuminata* Distant	杨	恩施
日本真蝽	*Pentatoma japonica* Distant	杨、榆、梨	十堰
金绿真蝽	*Pentatoma metallifera* Motschulsky	柏、榆	襄阳、咸宁
红足真蝽	*Pentatoma rufipes* Linnaeus	毛竹、杨、榆树、山楂	咸宁、神农架
褐真蝽	*Pentatoma semiannulata* Motschulsky	梨	鄂州、黄冈
暗色真蝽	*Pentatoma sordida* Zheng et Liu	不详	省内
莽蝽	*Placosternum taurus* Fabricius	桦、核桃、槐树	恩施
斑莽蝽	*Placosternum urus* Stål	板栗、栎类、杨、榆树、刺槐	恩施、神农架
小珀蝽（朱绿蝽）	*Plautia crossota* Dallas	猴樟、柑橘、枫杨、桂花	武汉、十堰、宜昌、荆州、潜江
庐山珀蝽	*Plautia lushanica* Yang	杨、漆树	恩施、神农架
斯氏珀蝽	*Plautia stali* Scott	茶、板栗、臭椿、女贞	宜昌、襄阳、孝感、荆州、黄冈、恩施、神农架
尖角普蝽（峨嵋蝽）	*Priassus spiniger* Haglund	木槿、中华猕猴桃、紫薇	咸宁、恩施
褐普蝽	*Priassus testaceus* Hsiao et Cheng	不详	省内

湖北省林业有害生物名录

续表

有害生物种类	拉丁学名	寄主植物	分布
湖北锯蝽	*Prionaca hubeiensis* Zhang et Liu	不详	省内
棱蝽	*Rhynchocoris humeralls* Thunberg	柑橘、芸香科植物	宜昌
蛛蝽	*Rubiconia intermedia* Wolff	枣、苹果、柳树、榆树、泡桐	武汉、宜昌、襄阳、荆州、黄冈、咸宁
稻黑蝽	*Scotinophara lurida* Burmeister	柑橘	省内
乌蝽	*Storthecoris nigriceps* Horvath	不详	荆州
紫滇蝽	*Tachengia yunnana* Hsiao et Cheng	不详	省内
横带点蝽	*Tolumnia basalis* Dallas	葛藤	恩施
点蝽	*Tolumnia latipes forma typica* Dallas	不详	襄阳、荆州
蓝蝽(纯蓝蝽)	*Zicrona caerula* Linnaeus	桦、石楠、栾树	十堰、荆州、仙桃

蛛缘蝽科 Alydidae

有害生物种类	拉丁学名	寄主植物	分布
大稻缘蝽（禾蛛缘蝽）	*Leptocorisa acuta* Thunberg	柑橘、樟、油茶、泡桐、毛竹	十堰、咸宁
中稻缘蝽（华稻缘蝽）	*Leptocorisa chinensis* Dallas	栎、柑橘、桑、李、构树	武汉、宜昌、荆门、荆州、咸宁、仙桃、潜江
条蜂缘蝽	*Riptortus linearis* Fabricius	板栗、杨、核桃	黄冈
点蜂缘蝽	*Riptortus pedestris* Fabricius	桃、板栗、桂花、桑、黄檀、盐肤木	武汉、黄石、十堰、宜昌、襄阳、荆门、孝感、荆州、黄冈、咸宁、恩施、神农架

缘蝽科 Coreidae

有害生物种类	拉丁学名	寄主植物	分布
瘤缘蝽	*Acanthocoris scaber* Linnaeus	板栗、杨、核桃、石榴、竹	黄冈
红背安缘蝽	*Anoplocnemis phasiana* Fabricius	合欢、水竹	荆州、黄冈、随州
肩异缘蝽	*Pterygomia humeraiis* Hsiao	栎类	宜昌、襄阳、恩施
点棘缘蝽	*Cletomorpha simulans* Hsiao	白玉兰	十堰

续表

有害生物种类	拉丁学名	寄主植物	分　布
稻棘缘蝽	*Cletus punctiger* Dallas	灌木、柑橘、板栗	武汉、十堰、襄阳、荆门、荆州、黄冈
黑须棘缘蝽	*Cletus punctulatus* Westwood	槐、山合欢、柑橘	恩施
宽棘缘蝽	*Cletus schmidti* Kiritschulsko	栾树、马尾松、杨、石楠	宜昌、荆州
平肩棘缘蝽	*Cletus tenuis* Kiritshenko	湿地松、泡桐	黄冈
长肩棘缘蝽（大针缘蝽）	*Cletus trigonus* Thunberg	柑橘、麻栎、枇杷、桃	黄石、十堰、荆州、咸宁、恩施
褐竹缘蝽	*Cloresmus modestus* Distant	竹、马尾松、油茶	省内
波原缘蝽	*Coreus potanini* Jakovlev	女贞、栎	荆门
广腹同缘蝽	*Homoeocerus dilatátus* Horváth	柑橘、栾树、紫薇、枫杨、板栗	黄石、宜昌、荆门、孝感、荆州、黄冈、随州、恩施
纹须同缘蝽	*Homoeocerus striicornis* Scott	杨、合欢、橘、乌桕	武汉、宜昌、襄阳、荆门、荆州、黄冈、咸宁、恩施
一点同缘蝽	*Homoeocerus unipunctatus* Thunberg	梧桐、肉桂、合欢、毛竹	黄石、宜昌、孝感、荆州、咸宁、恩施
瓦同缘蝽	*Homoeocerus walkerianus* Lethierry et Severin	桑、合欢、马尾松、樟、桂花	武汉、黄石、宜昌、荆门、孝感、荆州、咸宁、恩施
环胫黑缘蝽	*Hygia touchei* Distant	檫木	荆州、咸宁、恩施、神农架
暗黑缘蝽	*Hygia opaca* Uhler	柑橘、山槐、槐树、女贞、毛竹	宜昌、咸宁、恩施、神农架
黑胫侎缘蝽	*Mictis fuscipes* Hsiao	栎类、樟、肉桂、油茶、桂花	宜昌、襄阳、孝感、恩施
黄胫侎缘蝽	*Mictis serina* Dallas	樟、楠树、茶	十堰、襄阳、荆门、孝感
曲胫侎缘蝽	*Mictis tenebrosa* Hsiao	麻栎、柑橘、油茶、樟、杨	武汉、宜昌、荆门、仙桃

湖北省林业有害生物名录

续表

有害生物种类	拉丁学名	寄主植物	分布
褐奇缘蝽	*Derepteryx fuliginosa* Uhler	茶、麻栎	十堰、宜昌、襄阳、荆门、咸宁、恩施、神农架
月肩奇缘蝽	*Derepteryx lunata* Distant	梨、香椿、桂花	黄石、十堰、宜昌、咸宁、恩施、仙桃、潜江
大竹缘蝽	*Notobitus excellens* Distant	水竹、毛竹	恩施
黑竹缘蝽	*Notobitus meleagris* Fabricius	毛竹、刚竹、窝竹	荆州、咸宁、天门
山竹缘蝽	*Notobitus montanus* Hsiao	刚竹、龟背竹	宜昌、荆门、咸宁
茶色赭缘蝽（茶褐缘蝽）	*Ochrochira camelina* Kiritshenko	桦木、核桃、栎、柑橘、油茶	十堰、宜昌、咸宁、恩施
波赭缘蝽	*Ochrochira potanini* Kiritshenko	山胡椒、华山松、马尾松、核桃楸	襄阳、荆门
钝肩普缘蝽（钝角普缘蝽）	*Plinachtus bicoloripes* Scott	栓皮栎、乌桕、卫矛、杨、重阳木	宜昌、襄阳
拉缘蝽	*Rhamnomina dubia* Hsiao	桂花、板栗、女贞、桂花	黄冈、恩施
姬缘蝽科 Rhopallidae			
黄伊缘蝽	*Rhopalus maculatus* Fieber	马尾松、湿地松、五针松、板栗、刺槐	黄冈
小红缘蝽	*Serinetha angur* Fabricius	灌木林	荆州
跷蝽科 Berytidae			
娇驼跷蝽	*Gampsocoris pulchellus* Dallas	泡桐、木芙蓉、桃	宜昌、襄阳、荆州
锤肋跷蝽	*Yemma signatus* Hsiao	泡桐、核桃、板栗、梨、臭椿	武汉、宜昌、襄阳、荆门
长蝽科 Lygaeidae			
中国松果长蝽	*Gastrodes chinensis* Zheng	松	省内
立毛松果长蝽	*Gastrodes pillifer* Zheng	马尾松	武汉、黄冈、咸宁
横带红长蝽（斑长蝽）	*Lygaeus equestris* Linnaeus	榆、刺槐、李、冬青卫矛	咸宁

续表

有害生物种类	拉丁学名	寄主植物	分 布
方红长蝽	*Lygaeus quadratomaculatus* Kirby	榆	省内
竹后刺长蝽	*Pirkimerus japonicus* Hidaka	毛竹、刚竹、龟背竹	十堰、宜昌、襄阳、荆州、咸宁、随州、恩施
杉木扁长蝽	*Sinorsillus piliferus* Usinger	杉、松	黄冈、恩施
红脊长蝽	*Tropidothorax elegans* Distant	刺槐、香柏、花椒、杨、柳树、冬青卫矛	十堰、咸宁
地长蝽科 Rhyparochromidae			
黑斑长蝽（黑斑林长蝽）	*Drymus sylvadrymus* Niger	榆	十堰
红蝽科 Pyrrhocoridae			
阔胸光红蝽	*Dindymus lanius* Stål	胡桃、栎、杨、木槿、构树	十堰、恩施
棉红蝽（离斑棉红蝽）	*Dysdercus cingulatus* Fabricius	青檀、桑、木芙蓉、木槿、茶	武汉、孝感
联斑棉红蝽（姬赤星椿象、茱槿赤星红蝽）	*Dysdercus poecilus* Herrich-Schäffer	构树、木槿、核桃、臭椿、紫薇	襄阳、恩施
直红蝽	*Pyrrhopeplus carduelis* Stål	板栗、茶、木槿	十堰、宜昌、襄阳、孝感、荆州、黄冈、随州、恩施、神农架
大红蝽科 Largidae			
大红蝽	*Macroceroea grandis* Gray	梧桐、桂花、毛竹	十堰
小斑红蝽	*Physopelta cincticollis* Stål	油茶、毛竹、油桐、乌桕	武汉、黄石、宜昌、襄阳、荆门、孝感、荆州、黄冈、咸宁
突背斑红蝽	*Physopelta gutta* Burmeister	柑橘、板栗、油桐、油茶、刚竹、桃、枫杨	十堰、宜昌、孝感、荆州、黄冈、咸宁、恩施
膜翅目 Hymenoptera 广腰亚目 Symphyta 茎蜂科 Cephidae			
梨茎蜂（梨简脉茎蜂）	*Janus piri* Okamoto et Muramatsa	梨、海棠、沙果	孝感、恩施

湖北省林业有害生物名录

续表

有害生物种类	拉丁学名	寄主植物	分布
蔷薇茎叶蜂	*Neosyrista similes* Moscary	月季	全省
扁叶蜂科 Pamphiliidae			
异耦阿扁叶蜂	*Acantholyda dimorpha* Maa	柏、马尾松	恩施
鞭角华扁叶蜂（鞭角扁叶蜂）	*Chinolyda flagellicornis* Smith	柏木、柳杉	恩施
树蜂科 Siricidae			
黑顶扁角树蜂	*Tremex apicalis* Matsumura	竹、杨、柳树	省内
烟扁角树蜂（烟角树蜂）	*Tremex fuscicornis* Fabricius	杨、水青冈、柳树、栎	荆州、咸宁
日本扁足树蜂	*Sirex japonicus* Smith	枫杨、油松、核桃	襄阳
三节叶蜂科 Argidae			
榆近脉三节叶蜂	*Aproceros leucopoda* Takeuchi	榆	武汉、十堰、咸宁
榆三节叶蜂（榆叶蜂）	*Arge captiva* Smith	榆、桦、桑、李	武汉、十堰、荆门
月季三节叶蜂（蔷薇叶蜂、月季叶蜂）	*Arge pagana* Panzer	月季、玫瑰、蔷薇	武汉、宜昌、咸宁
桦三节叶蜂	*Arge pullata* Zaddach	红桦	神农架
杜鹃三节叶蜂（金银花三节叶蜂）	*Arge similis* Vollenhoven	杜鹃、紫薇、石榴	武汉、孝感、荆州
樟三节叶蜂	*Arge vulnerata* Mocsary	樟	宜昌
锤角叶蜂科 Cimbicidae			
槭细锤角叶蜂（槭锤角叶蜂）	*Leptocimbex gracilenta* Mocsary	漆树、槭	恩施
松叶蜂科 Diprionidae			
马尾松吉松叶蜂	*Gilpinia massoniana* Forsius	马尾松	十堰、荆门
松黑叶蜂（松绿叶蜂）	*Nesodiprion japonica* Marlatt	华山松、马尾松、黑松	荆门、荆州

续表

有害生物种类	拉丁学名	寄主植物	分布
浙江黑松叶蜂	*Nesodiprion zhejiangensis* Zhou et Xiao	马尾松、湿地松、五针松、雪松	宜昌、孝感、黄冈
叶蜂科 Tenthredinidae			
桃叶蜂	*Caliroa matsumotonis* Harukawa	桃、樱桃	武汉、十堰、襄阳、孝感、荆州
厚朴枝角叶蜂	*Cladius magnoliae* Xiao	厚朴	宜昌、恩施
梨实叶蜂（梨实蜂）	*Hoplocampa pyricola* Rohwer	梨	宜昌、襄阳、黄冈
鹅掌楸叶蜂	*Megabeleses liriodendrovorax* Xiao	鹅掌楸	咸宁
樟中索叶蜂（樟叶蜂）	*Mesoleuca rufonota* Rohwer	樟、猴樟、枫香、榆树、女贞	武汉、黄石、宜昌、襄阳、荆门、孝感、荆州、黄冈、咸宁、恩施
李实蜂（李单室叶蜂）	*Monocellicampa pruni* Wei	李	孝感
红环槌缘叶蜂（落叶松叶蜂、落叶松红腹锉叶蜂）	*Pristiphora erichsonii* Hartig	日本落叶松	恩施
中华槌缘叶蜂（中华锉叶蜂）	*Pristiphora sinensis* Wong	桃	荆州
杨扁角叶爪叶蜂（杨扁角叶蜂、杨直角叶蜂）	*Stauronematus compressicornis* Fabricius	杨、柳树、榆树、构树	武汉、十堰、襄阳、荆门、孝感、荆州、仙桃、潜江
细腰亚目 Apocrita 瘿蜂科 Cynipidae			
栎叶瘿蜂	*Diplolepis agarna* Hartig	栎、梨、女贞	十堰、宜昌
栗瘿蜂（板栗瘿蜂）	*Dryocosmus kuriphilus* Yasumatsu	板栗、茅栗、栎、青冈	全省
广肩小蜂科 Eurytomidae			
竹广肩小蜂（竹瘿广肩小蜂、竹实小蜂、竹瘿蜂）	*Aiolomorphus rhopaloides* Walker	毛竹、箭竹、箬竹、水竹、苦竹	咸宁、恩施
刺槐种子小蜂	*Bruchophagus philorobinae* Liao	刺槐、锦鸡儿	十堰、襄阳、荆州

湖北省林业有害生物名录

续表

有害生物种类	拉丁学名	寄主植物	分布
黄连木种子小蜂	*Eurytoma plothikovi* Nikolskaya	楝、黄连木	宜昌、神农架
长尾小蜂科 Torymidae			
竹长尾小蜂	*Diomorus aiolomorphi* Kamijo	毛竹、早竹	咸宁
蚁科 Formicidae			
入侵红火蚁	*Solenopsis invicta* Buren	苗圃	武汉
切叶蜂科 Megachilidae			
毛切叶蜂	*Megachile pilicrus* Morawitz	樟、杨、栎、梨	恩施
木蜂科 Xylocopidae			
黄胸木蜂	*Xylocopa appendiculata* Smith	木材	十堰、襄阳、孝感、荆州、黄冈、咸宁
长木蜂	*Xylocopa attenuata* Perkins	木材	咸宁
竹木蜂	*Xylocopa nasalis* Westwood	竹、木材	荆门、荆州
赤足木蜂	*Xylocopa rufipes* Smith	竹、木材	武汉、襄阳、荆州、黄冈
中华木蜂	*Xylocopa sinensis* Smith	木材	咸宁、恩施
鞘翅目 Coleoptera　厚角金龟科 Bolboceratidae			
戴锤角粪金龟	*Bolbotrypes davidis* Fairmaire	葡萄、杨	荆门
黑蜣科 Passalidae			
三叉黑蜣	*Aceraius grandi* Burmeister	茅栗、栓皮栎	十堰、恩施
锹甲科 Lucanidae			
沟纹眼锹甲	*Aegus laevicollis laevicollis* Saunders	麻栎、小叶栎、柳树、桢楠	宜昌、鄂州
平行眼锹甲	*Aegus parallelus* Hope et Westwood	泡桐、核桃、榆	宜昌、恩施
碟环锹甲	*Cyclommatus scutellaris* Möllenkamp	茅栗、麻栎、小叶栎	省内
安陶锹甲（安达佑实锹甲）	*Dorcus antaeus* Hope	杨、核桃、构树、柑橘	荆门、天门

续表

有害生物种类	拉丁学名	寄主植物	分 布
大刀锹甲	*Dorcus hopei* Saunders	七叶树	仙桃
黄毛刀锹甲	*Dorcus mellianus* Kriesche	不详	省内
尼陶锹甲	*Dorcus nepalensis* Hope	栎、杨、垂柳、木荷	省内
扁锹甲（巨锯锹甲、中国大扁锹甲）	*Serrognathus titanus* Saunders	核桃	武汉、十堰、宜昌、孝感、咸宁
橙深山锹甲	*Lucanus cyclommatoides* Didier	不详	神农架
大理深山锹甲	*Lucanus dirki* Schenk	锥栗、茅栗、麻栎、小叶栎、栓皮栎	省内
简颚锹甲（葫芦锹甲）	*Nigidionus parryi* Bates	栎、柑橘	十堰
库光胫锹甲（中华奥锹甲）	*Odontolabis cuvera* Hope	马尾松、杨、核桃、栎、柑橘、木荷	咸宁
坡光胫锹甲	*Odontolabis platynota* Hope et Westwood	杨	黄冈
齿棱颚锹甲	*Prismognathus davidis* Deyrolle	茅栗、麻栎	十堰、襄阳
褐黄前锹甲	*Prosopocoilus astacoides* Hope	栓皮栎、小叶栎、麻栎	十堰、襄阳、孝感
狭长前锹甲	*Prosopocoilus gracilis* Saunders	不详	咸宁
细齿扁锹甲	*Serrognathus consentaneus* Albers	不详	武汉、荆门
扁锯颚锹甲（扁巨颚锹甲）	*Serrognathus platymelus* Saunders	栎	荆门、孝感

金龟科 Scarabaeidae

有害生物种类	拉丁学名	寄主植物	分 布
神农洁蜣螂	*Catharsius molossus* Linnaeus	杉木、柳树、榆树、刺槐	荆门、咸宁
镰双凹蜣螂	*Onitis falcatus* Wulfen	崖柏、杨、柳树、构树	荆门
黑玉后嗡蜣螂	*Onthophagus gagates* Hope	灌木	十堰
黑裸蜣螂	*Paragymnopleurus melanarius* Harold	板栗、刺槐、崖柏	咸宁
台风蜣螂	*Scarabaeus typhon* Fischer von Waldheim	杨、榆树、刺槐	武汉

湖北省林业有害生物名录

续表

有害生物种类	拉丁学名	寄主植物	分布
鳃金龟科 Melolonthidae			
双脊阿鳃金龟	*Apogonia bicarinata sauteri* Moser	阔叶树	十堰、宜昌、襄阳、孝感、黄冈、恩施
华阿鳃金龟	*Apogonia chinensis* Moser	杨、榆、石楠、乌桕	宜昌
筛阿鳃金龟	*Apogonia cribricollis* Burmeister	梨、梅、柑橘、核桃	十堰
鳃金龟	*Apogonia shibuyai* Sawada	柑橘	武汉、宜昌、襄阳、孝感、荆州、咸宁
雷雪鳃金龟（莱雪鳃金龟、莱雪金龟）	*Chioneosoma reitteri* Semenov	油茶	咸宁
粉歪鳃金龟	*Cyphochilus farinosus* Waterhouse	油茶	咸宁
粉白金龟	*Cyphochilus insulannus* Moser	多种阔叶树	全省
红脚平爪鳃金龟	*Ectinohoplia rufipes* Motschulsky	板栗、栎、桦	宜昌、恩施
姊妹平爪鳃金龟	*Ectinohoplia soror* Arrow	板栗、栎	十堰
双点平爪鳃金龟	*Ectinohoplia sulphuriventris* Redtenbacher	枫杨	十堰、恩施
大等鳃金龟	*Exolontha serrulata* Gyllenhal	板栗、化香、梧桐、油桐	全省
影等鳃金龟	*Exolontha umbraculata* Burmeister	油桐、青冈栎	恩施
短胸七鳃金龟	*Heptophylla brevicollis* Fairmaire	杨、五角枫、苹果、油松	黄石、荆州、神农架
豆黄鳃金龟	*Heptophylla picea* Matschulsky	杨、枫杨、女贞	襄阳、荆州、恩施
拟毛大黑鳃金龟	*Holotrichia formosana* Moser	梨、桃、李	宜昌、襄阳、孝感、荆州、咸宁
宽齿爪鳃金龟	*Holotrichia lata* Brenske	刺槐、杨、柳、榆、楝	黄石、十堰、宜昌
华北大黑鳃金龟（朝鲜黑金龟）	*Holotrichia oblita* Faldermann	杨、柳、枫杨、水杉、油茶	黄石、宜昌、荆州、咸宁、恩施
粗狭肋鳃金龟	*Holotrichia scrobiculata* Brenske	杨	十堰、襄阳
四川大黑鳃金龟	*Holotrichia szechuanensis* Chang	多种阔叶树	省内

续表

有害生物种类	拉丁学名	寄主植物	分 布
棕色齿爪鳃金龟（棕色鳃金龟）	*Holotrichia titanis* Reitter	柑橘、杨、柳、榆、桑、槐	武汉、十堰、宜昌、襄阳、荆门、荆州、恩施、神农架
黄绿单爪鳃金龟（沙棘鳃金龟）	*Hoplia communis* Waterhouse	油桐、杨、榆树、牡丹、丁香	襄阳
痣鳞鳃金龟	*Lepidiota stigma* Fabricius	漆树	咸宁
锈褐鳃金龟	*Leucopholis pinguis* Burmeister	油桐、油茶、茶、柑橘	省内
赤绒码绢金龟	*Maladera japonica* Motschulsky	刺槐、板栗、桑、构树	神农架
东方码绢金龟（东方玛金龟、东方绒鳃金龟、黑绒金龟、黑绒绢金龟、黑绒鳃金龟、东方金龟子、赤绒鳃金龟）	*Maladera orientalis* Motschulsky	榆、杨、柳、槐、板栗、柿、梨、桃、桂花、桑、朴	武汉、黄石、十堰、宜昌、荆门、孝感、荆州、恩施、神农架、仙桃
闽正鳃金龟	*Malaisius fujianensls* Ehang	马尾松	省内
弟兄鳃金龟	*Melolontha frater* Arrow	油茶、马尾松、杨、柳树、栎	荆州、黄冈
大栗鳃金龟	*Melolontha hippocastani* Fabricius	旱柳、杨、华山松、桦	宜昌、鄂州、黄冈
灰胸突鳃金龟	*Melolontha incanus* Motschulsky	多种林木	全省
日本鳃金龟	*Melolontha japonica* Burmeister	山楂、苹果	神农架
华脊鳃金龟（中华齿爪鳃金龟）	*Holotrichia sinensis* Hope	多种阔叶树	省内
毛黄大黑鳃金龟（毛黄鳃金龟）	*Holotrichia trichophora* Fairmaire	杨、泡桐、槲栎、栎、榆、水杉、乌桕、苹果	宜昌、荆门、恩施
额臀大黑鳃金龟	*Holotrichia convexopyga* Moser	杨、柳、板栗、榆	全省
江南大黑鳃金龟（东北齿爪鳃金龟）	*Holotrichia gableri* Faldermann	多种阔叶树、针叶树	孝感、咸宁、恩施
暗黑齿爪鳃金龟（暗黑金龟子）	*Holotrichia parallela* Motschulsky	杨、榆、桑、柑橘	武汉、黄石、十堰、宜昌、荆门、孝感、咸宁、恩施、仙桃、潜江

湖北省林业有害生物名录

续表

有害生物种类	拉丁学名	寄主植物	分布
拟云斑鳃金龟	*Polyphylla formosana* Niijima et Kinoshita	杨、柳树、榆树	咸宁
小云斑鳃金龟	*Polyphylla gracilicornis* Blanchard	榆、杨、华山松、油松、樱桃	恩施
大云斑鳃金龟（大云鳃金龟、云斑鳃金龟、大云斑金龟子）	*Polyphylla laticollis* Lewis	杨、柳、楝、槐	黄石、十堰、鄂州、荆门、孝感、咸宁、随州、神农架
小黄鳃金龟	*Melolontha flavescens* Brenske	桃、梨、枇杷、山楂、梨、海棠、苹果	黄石、荆门、孝感、随州、恩施
鲜黄鳃金龟	*Melolontha tumidifrons* Fairmaire	紫薇、灌木	襄阳、咸宁
拟暗黑鳃金龟	*Rufotrichia similima* Moser	杨、榆、栾树	武汉
臂金龟科 Euchiridae			
阳彩臂金龟	*Cheirotonus jansoni* Jordan	不详	十堰
丽金龟科 Rutelidae			
华长丽金龟	*Adoretosoma chinense* Redtenbacher	栎、榆树、桃、苹果、梨	宜昌、恩施
纵带长丽金龟	*Adoretosoma elegans* Blanchard	栎	孝感、荆州、黄冈、恩施
隆拱喙丽金龟（隆背喙丽金龟）	*Adoretus convexus* Burmeister	不详	恩施
茸喙丽金龟	*Adoretus puberulus* Motschulsky	葡萄、山楂、柿、桃	鄂州
华喙丽金龟（中喙丽金龟）	*Adoretus sinicus* Burmeister	桃、板栗、葡萄、柿、柑橘	武汉、襄阳
斑喙丽金龟（茶色金龟）	*Adoretus tenuimaculatus* Waterhouse	核桃、油茶、油桐、栎、杨、刺槐、柳、苹果、梨、葡萄、李、杏、柿	武汉、十堰、宜昌、襄阳、荆门、孝感、荆州、潜江
青铜金龟子	*Anomala albopilosa* Hope	苹果	孝感、咸宁
桐黑异丽金龟（古黑异丽金龟）	*Anomala antiqua* Gyllenhal	泡桐、马尾松	全省
蓝带异丽金龟（蓝带条金龟）	*Anomala aulacoides* Ohau	槲栎、樱花	咸宁

续表

有害生物种类	拉丁学名	寄主植物	分 布
绿脊异丽金龟（脊绿异丽金龟）	*Anomala aulax* Wiedemann	扁柏、柳杉、黑松、柑橘	武汉、十堰、宜昌、襄阳、孝感、黄冈、咸宁、随州、恩施、神农架
铜绿异丽金龟（铜绿丽金龟、铜绿金龟子）	*Anomala corpulenta* Motschulsky	油茶、榆、柳、枫杨、杉	武汉、襄阳、孝感、咸宁、恩施
柳杉迷丽金龟	*Anomala costata* Hope	扁柏、柳杉、黑松	十堰、襄阳、荆州、咸宁、神农架
古铜异丽金龟	*Anomala cuprea* Hope	山楂、苹果、梨、桃树、板栗、葡萄、柿	武汉、襄阳、荆州、黄冈
大绿异丽金龟（红脚绿丽金龟）	*Anomala cupripes* Hope	苹果、板栗、葡萄、柑橘、乌桕、海棠、松、杉、油桐、茶	武汉、十堰、宜昌、荆门、仙桃、潜江
横斑异丽金龟	*Anomala ebinina* Fairmaire	木瓜、杨	十堰、宜昌、襄阳、荆州、恩施、神农架
黄褐异丽金龟（黄褐丽金龟）	*Anomala exoleta* Faldermann	银杏、松、柏、杨、柳树、栎、蔷薇	恩施
甘蔗异丽金龟（绿丽金龟）	*Anomala expansa* Bates	杨、苦槠、紫薇、毛竹	十堰
黄绿异丽金龟	*Anomala geniculata* Motschulsky	油桐	宜昌、孝感、恩施
光沟异丽金龟	*Anomala laevisulcata* Fairmaire	多种阔叶树	黄冈
蒙古异丽金龟	*Anomala mongolica* Motschulsky	栎、柏木、杨、海棠花、刺槐	宜昌、襄阳、鄂州、孝感、黄冈、咸宁、神农架
红背异丽金龟	*Anomala rufithorax* Ohaus	栎、秋枫、紫薇	十堰、襄阳
红铜丽金龟	*Anomala rufourprea* Motschulsky	板栗、柿、杨、柳	全省
泰褐异丽金龟	*Anomala siamensis* Nonfried	阔叶树	咸宁
黄色异丽金龟（弱脊异丽金龟）	*Anomala sulcipennis* Faldermann	柚子、樟、柑橘	仙桃
蓝边矛丽金龟（斜矛丽金龟）	*Callistethus plagiicollis* Fairmaire	栎、杨、柳、核桃、榆、桑	孝感、荆州、咸宁、恩施、神农架

湖北省林业有害生物名录

续表

有害生物种类	拉丁学名	寄主植物	分布
淡翅藜丽金龟	*Blitopertha pallidipennis* Reitter	杨	恩施
粗绿彩丽金龟	*Mimela holosericea* Fabricius	板栗、葡萄、冷杉、云杉、华山松	鄂州、黄冈、恩施
亮绿彩丽金龟	*Mimela splendens* Gyllenhal	李、栎、油桐、杨、乌桕、月季	全省
黄闪彩丽金龟	*Mimela testaceoviridis* Blanchared	葡萄、黑莓、无花果、榆、栎、青冈、桂花	鄂州
二色发丽金龟	*Phyllopertha diversa* Waterhouse	多种阔叶树	孝感、荆州、黄冈、恩施
庭院发丽金龟	*Phyllopertha horticola* Linnaeus	松、柳杉、杨、樱桃、槐树	宜昌、咸宁
兰黑弧丽金龟	*Popillia cyanea* Hope	木槿、杨、栎、苹果	恩施
琉璃弧丽金龟（琉璃金龟）	*Popillia flavosellata* Fabricius	杨、柳	宜昌、荆州、咸宁
日本弧丽金龟	*Popillia japonica* Newman	杨、栎	全省
豆蓝金龟	*Popillia livida* Lin	枫香、杨、栎、油茶、柿	全省
无斑弧丽金龟（棉花弧丽金龟、棉弧丽金龟、无斑弧丽金龟、豆蓝弧丽金龟、台湾琉璃豆金龟）	*Popillia mutans* Newman	多种阔叶树	武汉、十堰、宜昌、襄阳、孝感、荆州、黄冈、咸宁、恩施、神农架
曲带弧丽金龟	*Popillia pustulata* Fairmaire	泡桐、杨、山楂、油茶、杉	宜昌、荆门、孝感、咸宁、恩施
中华弧丽金龟（四斑弧丽金龟、四纹丽金龟）	*Popillia quadriguttata* Fabricius	杨、榆、板栗、山楂、苹果、紫穗槐	宜昌、荆门、孝感、恩施
台湾弧丽金龟	*Popillia taiwana* Arrow	柳、榆	省内
苹毛丽金龟（苹毛金龟子、长毛金龟子）	*Proagopertha lucidula* Faldermann	杨、柳、榆	武汉、宜昌、襄阳、荆州

续表

有害生物种类	拉丁学名	寄主植物	分布
犀金龟科 Dynastidae			
中华晓扁金龟（晓扁犀金龟、华扁犀金龟）	*Eophileurus chinensis* Faldermann	松、杉、桃	宜昌、荆门
阔胸禾犀金龟	*Pentodon mongolicus* Motschulsky	板栗、杨、榆树、柿、桃	恩施
双叉犀金龟（独角仙）	*Allomyrina dichotoma* Linnaeus	泡桐、榆、槐、柳、苦槠、栎、桑、紫藤	武汉、黄石、十堰、宜昌、襄阳、鄂州、荆门、孝感、荆州、黄冈、咸宁、恩施、神农架
花金龟科 Cetoniidae			
褐锈花金龟	*Poecilophilides rusticola* Burmeister	栎、乌桕、榆	武汉、十堰、宜昌、襄阳、孝感、荆州、恩施
赭翅臀花金龟（奇弯腹花金龟）	*Campsiura mirabilis* Faldermann	核桃、槐树、柑橘	十堰
茸毛花金龟	*Cetonia pilifera* Motschulsky	油桐、乌桕	十堰
沥斑鳞花金龟	*Cosmiomorpha decliva* Janson	不详	武汉、襄阳、荆门、荆州、黄冈
褐鳞花金龟	*Cosmiomorpha modesta* Sannders	板栗、麻栎、榆树、苹果、梨、刺槐	武汉、襄阳
毛鳞花金龟（褐艳花金龟）	*Cosmiomorpha similis* Fairmaire	板栗	武汉、孝感
宽带鹿花金龟	*Dicranocephalus adamsi* Pascoe	栎、榆、青冈、桑、梨	十堰、宜昌、孝感、恩施、神农架
小鹿花金龟	*Dicranocephalus bourgoini* Auzoux	青冈、栓皮栎	宜昌、襄阳、孝感、恩施
黄粉鹿花金龟	*Dicranocephalus bowringi* Pascoe	柑橘、青冈、银杏、核桃、苹果、石楠、毛竹	十堰、宜昌、荆州、咸宁
榄纹花金龟（榄罗花金龟）	*Diphyllomorpha olivacea* Janso	栎、灌木	宜昌、襄阳、咸宁
斑青花金龟	*Oxycetonia bealiae* Gory et Percheron	板栗	武汉、十堰、宜昌、黄冈、咸宁、恩施

湖北省林业有害生物名录

续表

有害生物种类	拉丁学名	寄主植物	分布
小青花金龟	*Oxycetonia jucunda* Faldermann	杨、榆、臭椿、栗、栎	十堰、孝感、荆州、黄冈、神农架
黄斑短突花金龟	*Glycyphana fulvistemma* Motschulsky	油桐、栎、柑橘、杨、柳树	宜昌、襄阳、荆州、随州
短毛斑金龟	*Lasiotrichius succinctus* Pallas	杨、板栗、榆树、桃、苹果、月季、紫穗槐	神农架
花椒黑褐金龟	*Osmoderma opicum* Lewis	芸香科植物	孝感、黄冈
六斑绒花金龟	*Pleuronota sexmaculata* Kraatz	多种阔叶树	荆门、咸宁、恩施、神农架
白纹花金龟（白星花潜、白纹铜花金龟）	*Protaetia brevitarsis* Lewis	榆、柏、栎、杨、柳、李、板栗、石楠、海棠	武汉、十堰、宜昌、襄阳、荆门、孝感、荆州、黄冈、咸宁、随州
朝鲜白星金龟子	*Protaetia brevitarsis selensis* Kolbe	苹果、梨、李、杏、桃、葡萄	咸宁
薇星花金龟	*Protaetia delavayi* Fairmaire	多种阔叶树	省内
丽星花金龟	*Protaetia exasperata* Fairmaire	多种阔叶树	省内
东方星花金龟（凸星花金龟）	*Protaetia orientalis* Gory et Percheron	杨、垂柳、槐桃、枇杷、樱桃、青冈	孝感、黄冈
橘星金龟子	*Protaetia speculifera* Swarts	柑橘、苹果	武汉、荆州、黄冈
日铜罗花金龟（日罗花金龟、日铜伪阔花金龟）	*Rhomborrhina japonica* Hope	栎、茶、青冈、桃、樱花、柑橘、泡桐	荆门、孝感、恩施
亮罗花金龟	*Rhomborrhina polita* Waterhouse	多种阔叶树	咸宁
丽罗花金龟	*Rhomborrhina resplendens* Swartz	不详	神农架
金艳骚金龟（丽罗花金龟）	*Rhomborrhina splendida* Moser	飞蛾槭、栓皮栎、杨、梨	宜昌、襄阳
匀绿罗花金龟（白纹铜绿金龟、单绿罗花金龟）	*Rhomborrhina unicolor* Motschulsky	杨、榆、栗、栎、核桃、榆、樟	襄阳

续表

有害生物种类	拉丁学名	寄主植物	分 布
绿唇花金龟	*Trigonophorus rothschildi* Fairmaire	栎、苹果、柑橘	黄石
苹绿唇花金龟	*Trigonophorus rothschildi varans* Bourg	板栗、桃、榆、葡萄	襄阳、孝感
蜉金龟科 Aphodiidae			
两星牧场金龟	*Aphodius elegans* Allibert	油茶	黄冈
黄缘蜉金龟	*Labarrus sublimbatus* Motschulsky	杨、柑橘	荆门、黄冈、潜江
吉丁甲科 Buprestidae			
柑桔窄吉丁	*Agrilus auriventris* Saunders	柑橘	宜昌
柑桔爆皮虫	*Agrilus citri* Mats.	柑橘	宜昌、荆州
栎窄吉丁	*Agrilus cyaneoniger* Saunders	青冈栎、板栗、苦槠	十堰、宜昌
栎窄吉丁黄胸亚种	*Agrilus cyaneoniger melanopterus* Solsky	板栗、栎、青冈栎	宜昌
核桃小吉丁(核桃吉丁、核桃小吉丁虫、黑小吉丁虫、串皮虫)	*Agrilus lewisiellus* Kere.	山核桃	十堰、宜昌
柳干吉丁虫	*Agrilus sapporoensis* Obenberger	柳、栾树	十堰、宜昌、襄阳、孝感、荆州、咸宁
榉树窄吉丁	*Agrilus spinipennis* Lewis	榉、柳	襄阳、咸宁、神农架
合欢窄吉丁(合欢吉丁虫、合欢吉丁)	*Agrilus subrobustus* Saunders	合欢	恩施
花椒窄吉丁	*Agrilus zanthoxylumi* Hou	花椒	宜昌
日本脊吉丁(日本吉丁)	*Chalcophora japonica* Gory	松、杉、猴樟、樱桃、海棠花、女贞	武汉、襄阳、孝感、荆州、咸宁、恩施
六星吉丁(六星铜吉丁、六星吉丁虫)	*Chrysobothris affinis* Fabricius	苹果、梨、杏、桃树、樱桃、柑橘	武汉、黄石、宜昌、襄阳、荆州
松星吉丁	*Chrysobothris pulchripes* Fairmaire	马尾松	随州

湖北省林业有害生物名录

续表

有害生物种类	拉丁学名	寄主植物	分　布
柑桔六星吉丁（六星吉丁）	*Chrysobothris succedanea* Saunders	芸香科植物	宜昌
云南松脊吉丁	*Chrysochroa yunnana* Fairmaire	马尾松	十堰、宜昌、恩施
悬钩子吉丁	*Coraebus quadriundulatus* Motschulsky	悬钩子	神农架
榆绿吉丁	*Lamprodila decipiens* Gebler	梨、苹果	黄冈
梨金缘绿吉丁（金缘吉丁虫、翡翠吉丁虫）	*Lamprodila limbata* Gebler	山楂、苹果、梨、杏、桃	武汉、襄阳、荆州、黄冈、咸宁
松黑木吉丁（松黑吉丁、松迹地吉丁）	*Melanophila acuminata* De Geer	竹、华山松、马尾松、油松	荆州
杨十斑吉丁虫	*Melanophila decastigma* Fabricius	杨、柳	孝感、咸宁、恩施
杨锦纹截尾吉丁（杨锦纹吉丁、杨树吉丁虫）	*Poecilonota variolosa variolosa* Paykull	杨、柳树、榆树	武汉、十堰、鄂州
四黄斑吉丁（桃四黄斑吉丁、黄纹吉丁）	*Ptosima chinensis* Marseul	李、桃、花椒	武汉、襄阳、鄂州
叩甲科 Elateridae			
大青叩甲	*Adelocera maklini* Candèze	猴樟、桑、梨、花椒、枣、梧桐、石榴	黄冈、咸宁
细胸叩头虫（细胸锥尾叩甲、细胸金针虫）	*Agriotes subvittatus* Motschulsky	樟、桂花、杜鹃、竹笋	武汉、十堰、宜昌、荆门、孝感、荆州、咸宁、恩施
泥红槽缝叩甲	*Agrypnus argillaceus* Solsky	华山松、核桃、湿地松、马尾松、桦、桑、毛竹	恩施
双瘤槽缝叩甲	*Agrypnus bipapulatus* Candèze	杨、柳、泡桐、板栗	武汉、荆门、孝感、黄冈
丽叩甲（大绿叩头甲）	*Campsosternus auratus* Drury	松、黄连木、栾树、桃、柑橘、油茶	武汉、宜昌、孝感、咸宁、恩施、仙桃
红腹丽叩甲（朱肩丽叩甲）	*Campsosternus gemma* Candèze	杨、圆柏、柳树、板栗、乌桕、喜树	武汉

续表

有害生物种类	拉丁学名	寄主植物	分　　布
暗带重脊叩甲	*Chiagosnius vittiger* Heyden	麻栎、马尾松	襄阳、荆门
眼纹斑叩甲	*Cryptalaus larvatus* Candèze	松、栎、柳	宜昌、襄阳、荆门
棘胸叩甲	*Ectinus sericeus* Candèze	柑橘	十堰、宜昌、襄阳、黄冈、随州
褐纹叩甲	*Melanotus caudex* Lewis	马尾松、杉木、杨、柳、榆树、桃、茶	武汉、襄阳
木棉梳角叩甲	*Pectocera fortunei* Gandeze	樟	武汉、宜昌、恩施、神农架
沟线角叩甲（沟叩甲）	*Pleonomus canaliculatus* Faldemann	竹笋、杨、桑	十堰、孝感、荆州、咸宁、恩施
天目四拟叩甲	*Tetralanguria tienmuensis* Zia	枫杨	襄阳、仙桃

萤科 Lampyridae

角黄萤	*Luciola cerata* Olivier	不详	孝感
双带异花萤（双带钩花萤）	*Lycocerus bilineatus* Wittmer	板栗、柑橘	黄冈
斑胸异花萤（糙翅钩花萤）	*Lycocerus asperipennis* Fairmaire	水杉、核桃	咸宁、恩施
台湾窗萤	*Lychnuris analis* Fabricius	栎	恩施
胸窗萤	*Pyrocoelia pectoralis* Oliver	泡桐	恩施

花萤科 Cantharidae

突胸钩花萤	*Crudositis rugicollis* Gebler	柑橘	潜江

长蠹科 Bostrychidae

日本竹长蠹（日本长蠹、日本竹蠹）	*Dinoderus japonicus* Lesne	竹	荆州
竹长蠹	*Dinoderus minutus* Fabricius	金竹、毛竹、胖竹	省内
双钩异翅长蠹	*Heterobostrychus aequalis* Waterhouse	木材	武汉
二突异翅长蠹	*Heterobostrychus hamatipennis* Lesne	合欢、桑、垂柳	荆门

湖北省林业有害生物名录

续表

有害生物种类	拉丁学名	寄主植物	分布
日本粉蠹	*Lyctoxylon japonum* Reitter	竹、木材	荆州
褐粉蠹	*Lyctus brunneus* Stephens	竹、马尾松、杨、柳、泡桐	省内
中华粉蠹	*Lyctus sinensis* Lesne	马尾松、杨、旱柳、青冈栎、刺槐、臭椿	孝感、荆州、神农架
角胸长蠹	*Parabostrychus acuticollis* Lesne	竹、马尾松、槐树、栾树	省内
六齿双棘长蠹（双棘长蠹）	*Sinoxylon anale* Lesne	竹、松、杨、旱柳、榆树、黄檀、槐树	武汉、襄阳

窃蠹科 Anobiidae

大理窃蠹（大理羽脉窃蠹、云斑窃蠹）	*Ptilineurus marmoratus* Reitter	竹、木材	省内

大蕈甲科 Erotylidae

红斑艾蕈甲（红斑蕈甲）	*Episcapha hypocrita* Heller	柳、刺槐、栎	十堰、荆门、咸宁

露尾甲科 Nitidulidae

四斑露尾甲	*Librodor japonicus* Motschulsky	润楠、核桃、板栗、朴树、榆树、无患子	十堰、襄阳、孝感、荆州、黄冈、恩施

拟步甲科 Tenebrionidae

中华琵琶甲	*Blaps chinensis* Faldermann	杨、冬青、石楠、无患子	荆门
日本琵琶甲	*Blaps japonensis* Marseul	灌木	恩施
紫蓝角伪叶甲	*Cerogria janthinipennis* Fairmaire	不详	黄冈
普通角伪叶甲（普通伪叶甲）	*Cerogria popularis* Borchmann	核桃、杨	十堰
异点栉甲	*Cteniopinus diversipunctatus*	不详	荆州
杂色栉甲（黄朽木甲）	*Cteniopinus hypocrita* Marseul	板栗	黄冈
异色栉甲	*Cteniopinus varicolor* Heyd	板栗	荆门

续表

有害生物种类	拉丁学名	寄主植物	分布
小凹长粉甲	Derosphaerus foveolatus	不详	孝感
黑胸伪叶甲（伪叶甲）	Lagria nigricollis Hope	柑橘、核桃、枫杨	宜昌、恩施
多毛伪叶甲	Lagria notabilis Lewis	核桃、石楠	襄阳
红翅伪叶甲	Lagria rufipennis Marseul	板栗、榆树	黄冈
腹伪叶甲	Lagria ventralis Reitter	桑	仙桃
扁毛土甲	Mesomorphus villiger Blanchard	刺槐	襄阳
类沙土甲（沙潜）	Opatrum subaratum Faldeman	刺槐、柏、杨、柳树、板栗、苹果	十堰
中型邻烁甲	Plesiophthalmus spectabilis Harold	构树	武汉
弯胫大轴甲（弯胫粉甲）	Promethis valgipes valgipes Marseul	桃、枫香	武汉
芫菁科 Meloidae			
短翅豆芫菁	Epicauta aptera Kaszab	李、红叶李、石楠	黄冈
中国豆芫菁（中华芫菁、中华豆芫菁）	Epicauta chinensis Laporte	槐、紫穗槐、核桃、杨、柳树、泡桐	十堰、宜昌、孝感、荆州、黄冈、随州、神农架
豆芫菁	Epicauta gorhami Marseul	刺槐、槐、椴木、白玉兰	十堰、宜昌、荆州、随州、恩施
暗头豆芫菁	Epicauta obscurocephala Reitter	槐、紫穗槐	襄阳
红头豆芫菁	Epicauta ruficeps Illiger	杨、水杉、乌桕、板栗、泡桐、合欢、广玉兰	黄石、十堰、宜昌、襄阳、鄂州、荆门、孝感、荆州、黄冈、咸宁、恩施、仙桃
西伯利亚豆芫菁	Epicauta sibirica Pallas	泡桐、油茶、刺槐、紫穗槐	襄阳、孝感、荆州
豆黑芫菁	Epicauta taishoensis Lewis	刺槐、紫穗槐	神农架
宽纹豆芫菁	Epicauta waterhousai Haag-Rutenberg	板栗	省内

湖北省林业有害生物名录

续表

有害生物种类	拉丁学名	寄主植物	分布
眼斑芜菁（黄黑花芜菁、黄黑小芜菁、眼斑小芜菁）	*Mylabris cichorii* Linnaeus	苹果、板栗、木槿、木芙蓉	武汉、宜昌、襄阳、孝感、荆州、黄冈、咸宁
绿芜菁（青娘子、青虫、相思虫）	*Lytta caraganae* Pallas	槐、刺槐、紫穗槐、锦鸡儿	武汉、黄石、十堰、宜昌、孝感、咸宁
黄颈芜菁	*Lytta impressithorax* Pic	梨	省内
苹斑芜菁	*Mylabris calida* Pallas	苹果、刺槐、紫穗槐	十堰、宜昌、襄阳、荆州、黄冈、咸宁、恩施

三栉牛科 Trictenotomidae

有害生物种类	拉丁学名	寄主植物	分布
达氏三栉牛	*Trictenotoma davidi* Deyrolle	构树、柑橘	黄石、宜昌、咸宁

天牛科 Cerambycidae

有害生物种类	拉丁学名	寄主植物	分布
双带锦天牛	*Acalolepta basifasciata* Westwood	不详	恩施
咖啡锦天牛	*Acalolepta cervinus* Hope	杨、青冈栎、桑、槐树、油桐	宜昌
栗灰锦天牛	*Acalolepta degener* Bates	杉、板栗、杨、椿、桦	宜昌、襄阳、荆门、随州、恩施
灰黄锦天牛	*Acalolepta luxuriosa* Bates	杜仲、冷杉、椴、刺楸	十堰、恩施、神农架
金绒锦天牛	*Acalolepta permutans* Pascoe	杨、核桃、苦槠、栎、桑、海桐、黄杨	宜昌、咸宁、恩施
南方锦天牛	*Acalolepta speciosa* Gahan	栎、马尾松、垂柳、榆树、枇杷、葡萄、油茶	宜昌
双斑锦天牛	*Acalolepta sublusca* Thomson	核桃、大叶黄杨、算盘子	宜昌、襄阳、荆州、咸宁、恩施
大灰长角天牛（灰长角天牛、长角灰天牛）	*Acanthocinus aedilis* Linnaeus	松、杨、柳、栎、榆、李、槐	荆州
小灰长角天牛	*Acanthocinus griseus* Fabricius	云杉、松、杨、旱柳、核桃、栓皮栎、竹	十堰、恩施

续表

有害生物种类	拉丁学名	寄主植物	分布
隐脊薄翅天牛	*Megopis sinica ornaticollis* White	柳、桑、构	武汉、十堰、襄阳、荆州、随州、恩施
中华裸角天牛（薄翅锯天牛、中华薄翅天牛、薄翅天牛、大棕天牛）	*Aegosoma sinicum* White	杨、榆、柿、枣、桃、核桃	黄石、十堰、宜昌、荆门、荆州、咸宁
金绒闪光天牛	*Aeolesthes chrysothrix* Gressitt et Rondon	杨、柑橘	宜昌
茶褐闪光天牛（茶天牛、茶褐天牛、楝闪光天牛）	*Aeolesthes induta* Newman	茶、板栗、苦槠、柑橘、油桐	神农架
中华闪光天牛（闪光天牛）	*Aeolesthes sinensis* Gahan	桃、杏、香椿、楝树、油桐、柿	黄石、咸宁
黑棘翅天牛	*Aethalodes verrucosus* Gahan	松、杉、柳、栎、油桐、油茶	黄石、恩施
苜蓿多节天牛	*Agapanthia amurensis* Kraatz	落叶松、马尾松、杨、构树	黄石、宜昌、荆门
皱胸缨天牛	*Allotraeus subtuberculatus* Pic	不详	宜昌
黄圆尾芒天牛	*Anaespogonius fulvus* Gressitt	不详	宜昌
直缘连突天牛	*Anastathes parallelus* Breuning	不详	宜昌
蓝缘花天牛	*Anoplodera cyanea cyanea* Gebler	不详	神农架
六斑缘花天牛（六斑凸胸花天牛）	*Judolia sexmaculata* Linnaeus	不详	宜昌
绿绒星天牛	*Anoplophora beryllina* Hope	栎、核桃、杉木、青冈栎	宜昌、荆门、孝感、咸宁、恩施、潜江
拟绿绒星天牛	*Anoplophora bowringii* White	不详	宜昌、恩施
星天牛（柑橘天牛）	*Anoplophora chinensis* Forster	多种林木	全省
十星星天牛	*Anoplophora decemmaculata* Pu	不详	宜昌
四川星天牛	*Anoplophora freyi* Breuning	不详	宜昌
光肩星天牛（黄斑星天牛）	*Anoplophora glabripennis* Motschulsky	多种阔叶树	荆州、咸宁、恩施

湖北省林业有害生物名录

续表

有害生物种类	拉丁学名	寄主植物	分布
楝星天牛	*Anoplophora horsfieldi* Hope	油茶、茶、朴、榆、楝	武汉、黄石、十堰、襄阳、荆州、咸宁
拟星天牛	*Anoplophora imitatrix* White	板栗、麻栎、杨	咸宁、恩施
黑星天牛(锯锯虫、铁牯牛,幼虫俗称老木虫)	*Anoplophora leechi* Gahan	板栗、柑橘、麻栎、杨、柳树、榆树、栾树	武汉、宜昌、鄂州、黄冈
槐星天牛	*Anoplophora lurida* Pascoe	槐、栎、刺槐、槐树、柑橘、楝树	黄石、十堰、宜昌、襄阳、荆门、孝感、荆州、随州
黄颈柄天牛	*Aphrodisium faldermanii* Saunders	桃、李、杏、木荷	宜昌
紫柄天牛	*Aphrodisium metallicollis* Greesitt	不详	省内
纹胸柄天牛	*Aphrodisium neoxenum* White	不详	宜昌
榆绿柄天牛	*Aphrodisium provosti* Fairmaire	杨、柳、榆、核桃、板栗	武汉、黄石、宜昌、鄂州、荆门、孝感、黄冈、咸宁、恩施、仙桃、潜江
中华柄天牛	*Aphrodisium sinicum* White	栎类	荆州
桑天牛(桑粒肩天牛、黄褐天牛、粒肩天牛、麻胸天牛、褐天牛)	*Apriona germari* Hope	多种阔叶树	全省
台湾桑天牛(皱胸粒肩天牛、粗粒粒肩天牛)	*Apriona rugicollis* Chevrolat	泡桐、桑、构树	咸宁
锈色粒肩天牛	*Apriona swainsoni* Hope	紫柳、黄檀、云实、槐树	孝感、荆州、咸宁、恩施、神农架
客店粒肩天牛	*Apriona swainsoni kediana* Wang	不详	荆门
赤杨亚花天牛(黑角亚花天牛)	*Aredolpona dichroa* Blanchard	马尾松	宜昌
隆纹短梗天牛	*Arhopalus quadricostulatus* Kraatz	马尾松、华山松、云杉、冷杉	十堰、黄冈、恩施
褐幽短梗天牛(褐幽天牛、褐梗天牛)	*Arhopalus rusticus* Linnaeus	杨、柳杉、柏、冷杉、华山松、油松	十堰、宜昌、恩施、神农架

续表

有害生物种类	拉丁学名	寄主植物	分　布
赤短梗天牛（塞幽天牛）	*Arhopalus unicolor* Gahan	杨、松	宜昌、襄阳、孝感、荆州
瘤胸簇天牛	*Aristobia hispida* Sauders	杉、桑、漆、油桐、橘、黄檀	武汉、黄石、宜昌、鄂州、荆门、孝感、黄冈、咸宁、恩施、潜江
桃红颈天牛	*Aromia bungii* Faldermann	桃、李、柿、栾树、栎、核桃	武汉、黄石、十堰、宜昌、襄阳、孝感、荆州、潜江
杨红颈天牛（麝香天牛）	*Aromia moschata* Linnaeus	旱柳、杨、榆树、桑、桃、李、杏	孝感
松幽天牛	*Asemum amurense* Kraatz	云杉、松	宜昌、襄阳、黄冈、随州、恩施、神农架
红缘亚天牛（红缘天牛）	*Asias halodendri* Pallas	刺槐、柳、榆、油茶、枣、李、栎	荆州、黄冈、恩施、神农架
黄荆重突天牛	*Astathes episcopalis* Chevrolat	油桐、黄荆、松	十堰、襄阳、荆门、孝感、恩施、神农架
黑跗眼天牛（蓝翅眼天牛、茶红颈天牛、枫杨黑跗眼天牛、黑跗眼天牛）	*Bacchisa atritarsis* Pic	枫杨、柳、油茶、茶	孝感、荆州、黄冈、恩施
梨眼天牛	*Bacchisa fortunei* Thomson	梅、杏、桃、李、石楠、苹果	恩施
密齿天牛	*Bandar pascoei* Lansberge	栎、板栗、柿	宜昌、襄阳、咸宁、随州
瘦角密齿天牛	*Bandar pascoei gressitti* Quentin et Villiers	板栗、栎、杨、柳、黄连木	咸宁、恩施
橙斑白条天牛（油桐八星天牛、橙斑天牛）	*Batocera davidis* Deyrolle	油桐、核桃、板栗、栎、杨	十堰、宜昌、荆门、孝感
云斑白条天牛	*Batocera horsfieldi* Hope	多种乔木	荆门、荆州、恩施
密点白条天牛	*Batocera lineolata* Chevrolat	多种乔木	全省
短虎天牛	*Brachyclytus auripilis* Bates	不详	襄阳

湖北省林业有害生物名录

续表

有害生物种类	拉丁学名	寄主植物	分　布
黑胸葡萄虎天牛	*Brachyclytus singularis* Kraatz	葡萄、灌木	十堰、荆门、荆州
黄檀缨象天牛	*Cacia formosana* Schwarzer	黄檀	恩施
棕扁胸天牛（杉棕天牛）	*Callidium villosulum* Fairmaire	杉、柳杉	宜昌、荆州
红翅拟柄天牛	*Cataphrodisium rubripenne* Hope	松、海棠、枇杷、梨、花红	孝感
凹胸短梗天牛	*Arhopalus oberthuri* Sharp	马尾松	孝感、恩施、神农架
中华蜡天牛	*Ceresium sinicum* White	青冈、桑、楝、柑橘、黄檀、油橄榄	宜昌、襄阳、孝感、荆州、随州、神农架
光绿天牛	*Chelidonium argentatum* Dalman	柑橘	宜昌
榆绿天牛	*Chelidonium provosti* Fairmaire	榆	黄石
紫绿天牛	*Chelidonium purpureipes* Gressitt	杨、榆、梨	咸宁
紫缘长角绿天牛	*Chloridolum lameeri* Pic	栎、枫	宜昌、恩施
黄胸长角绿天牛	*Chloridolum sieversi* Ganglbauer	柳、栎	宜昌、荆门
皱胸长角绿天牛	*Chloridolum thaliodes* Bates	柳	宜昌、黄冈
绿长绿天牛	*Chloridolum viride* Thomson	野漆	恩施
竹绿虎天牛	*Chlorophorus annularis* Fabrieius	毛竹、柏木、垂柳、板栗、榆树	咸宁、恩施
槐绿虎天牛（樱桃绿虎天牛）	*Chlorophorus diadema* Motschulsky	山楂、石榴、刺槐、桦、杨、柳、枣、樱桃	黄石、宜昌、孝感、荆州、黄冈、恩施
榄绿虎天牛	*Chlorophorus eleodes* Fairmaire	松、栎、刺桐、苹果	十堰、宜昌、恩施
广州绿虎天牛	*Chlorophorus lingnanensis* Gressitt	不详	恩施
澳门绿虎天牛	*Chlorophorus macaumensis* Chevrolat	松、杉、杨、柳、青皮竹	孝感、荆州

续表

有害生物种类	拉丁学名	寄主植物	分布
弧纹绿虎天牛	*Chlorophorus miwai* Gressitt	青冈栎、松、乌桕、栎、竹、合欢、檫木	黄石、宜昌、孝感、咸宁、恩施
宝兴绿虎天牛	*Chlorophorus moupinensis* Fairmaire	茶	黄石、宜昌、荆州、恩施
裂纹绿虎天牛	*Chlorophorus separatus* Gressitt	栎、杉、板栗、葡萄	十堰、荆州、恩施
六斑绿虎天牛	*Chlorophorus sexmaculatus* Motschulsky	板栗、栎、檫木、杨、柳、核桃	宜昌、荆门、孝感、恩施
毛腹绿虎天牛	*Chlorophorus sulcaticeps* Pic	竹、木材	武汉、宜昌、神农架
十三斑绿虎天牛	*Chlorophorus tredecimmaculatus* Chevrolat	不详	宜昌
绿虎天牛	*Chlorophorus xeniscus* Bates	竹、木材	神农架
长翅纤天牛	*Cleomenes longipennis* Gressitt	不详	宜昌
三带纤天牛	*Cleomenes tenuipes* Gressitt	不详	宜昌
东方锐顶天牛	*Cleptometopus orientalis* Mitono	不详	宜昌
柳枝豹天牛	*Coscinesthes porosa* Bates	杨、柳、桑、桤木	恩施
利川平顶天牛	*Cyllindilla parallel* Gressitt	不详	恩施
松红胸天牛	*Dere reticulata* Gressitt	松	十堰
红胸天牛（栎红胸天牛、栎蓝天牛）	*Dere thoracica* White	栎、石楠、合欢	宜昌、襄阳、恩施、神农架
白带窝天牛	*Desisa subfasciata* Pascoe	桃、杏、粗糠柴	黄冈、神农架
珊瑚天牛	*Dicelosternus corallinus* Gahan	杉木	咸宁
神农架瘦天牛	*Distenia shennongjiaensis* Pu	不详	宜昌、神农架
沟翅土天牛	*Dorysthenes fossatus* Pascoe	柑橘、柳树、板栗、麻栎、油茶	武汉、宜昌
曲牙土天牛	*Dorysthenes hydropicus* Pascoe	枫杨、杨、垂柳、榆树、刺槐、柿	黄石、十堰、宜昌、襄阳、荆州、咸宁、随州、恩施、神农架

湖北省林业有害生物名录

续表

有害生物种类	拉丁学名	寄主植物	分布
大牙土天牛	*Dorysthenes paradoxus* Fald	栎、榆、柏、杨、柳、泡桐	宜昌、孝感、荆州
利川尾刺天牛	*Echinovelleda antiquua* Gressitt	不详	恩施
二斑黑绒天牛	*Embrik-Strandia bimaculata* White	花椒、吴茱萸、槐树、盐肤木、黄荆	武汉、黄石、黄冈、咸宁
黄带黑绒天牛	*Embrik-Strandia unifasciata* Ritsema	花椒、楝、枫香、杉、栎	黄石、宜昌、咸宁
黄纹小筒天牛	*Phytoecia comes* Bates	栎、栗、苦槠	宜昌
栗长红天牛	*Erythresthes bowringii* Pascoe	板栗、苦槠、栎	黄冈
油茶红天牛	*Erythrus blairei* Gressitt	油茶、茶、核桃、板栗	黄石、孝感
红天牛	*Erythrus championi* White	乌桕、油茶、梨、枫香、竹类	黄石
弧斑红天牛	*Erythrus fortunei* White	葡萄、灌木	咸宁
二点红天牛	*Erythrus rubriceps* Pic	不详	荆门
条纹拟修天牛	*Eumecocera lineata* Gressitt	不详	宜昌
黑翅短节天牛	*Eunidia atripennis* Pu	不详	宜昌
樟彤天牛（樟红天牛）	*Eupromus ruber* Dalman	樟、楠	宜昌
家扁天牛	*Eurypoda antennata* Saunders	樟、桦、栎、松、杉	黄石、恩施、神农架
绿翅真花天牛	*Eustrangalis viridipennis* Gressitt	不详	宜昌
朱红直脊天牛	*Eutetrapha cinnabarna* Pu	不详	神农架
桦直脊天牛（桦天牛）	*Eutetrapha sedecimpunctata* Motschulsky	刺槐、桦械、杨、柳、白蜡、械	十堰
多点直脊天牛	*Eutetrapha stigmosa* Pu	不详	神农架
短毛勾天牛	*Exocentrus brevisetosus* Gressitt	不详	恩施

续表

有害生物种类	拉丁学名	寄主植物	分布
利川勾天牛	*Exocentrus dalbergianus* Gressitt	不详	恩施
淡红勾天牛	*Exocentrus guttulatus rufescens* Pic	不详	恩施
湖北勾天牛	*Exocentrus hupehensis* Gressitt	不详	恩施
瘤胸金花天牛	*Gaurotes tuberculicollis* Blandchard	杨、柳树、麻栎	宜昌
黄条切缘天牛	*Zegriades aurovirgatus* Gressitt	银杏、马尾松、榕树	宜昌、随州
桑并脊天牛	*Glenea centroguttata* Fairmaire	桑	宜昌
斜斑并脊天牛	*Glenea obliqua* Gressitt	不详	宜昌
复纹并脊天牛	*Glenea pieliana* Gressitt	不详	宜昌
榆并脊天牛	*Glenea relicta* Poscoe	榆、榔榆、梨	十堰、宜昌、鄂州、孝感、黄冈、恩施、神农架
横斑并脊天牛	*Glenea suturata* Gressitt	不详	宜昌
散斑绿虎天牛（散愈斑肖刺虎天牛、榆黄虎天牛）	*Chlorophorus notabilis cuneatus* Fairmaire	柳杉、杨、核桃、栎、栓皮栎、毛竹	宜昌、荆州、恩施
樱红闪光天牛	*Aeolesthes oenochrous* Fairmaire	樱花、石楠	黄石
条胸特花天牛	*Idiostrangalia sozanensis* Mitono	不详	宜昌
双带粒翅天牛	*Lamiomimus gottschei* Kolbe	板栗、油松、柳、栎、柞、杨、椿、槐	十堰、宜昌、孝感、黄冈、咸宁、恩施
单毛天牛	*Leptosalpina unicolor* Gressitt	不详	恩施
南方花天牛	*Leptura meridiosinica* Gressitt	不详	宜昌
曲纹花天牛	*Leptura arcuata* Panzer	棣棠、珍珠梅、冷杉、雪松、杨、柳杉	黄冈、神农架
金丝花天牛	*Leptura aurosericans* Fairmaire	不详	宜昌、恩施
异色花天牛	*Leptura thoracica* Creutzer	桦、杨、日本冷杉	恩施

湖北省林业有害生物名录

续表

有害生物种类	拉丁学名	寄主植物	分布
带花天牛	*Leptura zonifera* Blanchard	不详	恩施
黑角瘤筒天牛	*Linda atricornis* Pic	梨、梅、李、苹果	宜昌、荆州、神农架
瘤筒天牛	*Linda femorata* Chevrolat	苹果	荆州、恩施
顶斑筒天牛（顶斑瘤筒天牛）	*Linda fraterna* Chevrolat	梨、桃、苹果	黄石、十堰、宜昌、襄阳、荆门、孝感、荆州、黄冈、神农架
赤瘤筒天牛	*Linda nigroscutata* Fairm.	柳、板栗、香椿	黄冈、咸宁
黑盾瘤筒天牛	*Linda rnigioscutata* Fairmaire	不详	省内
白星鹿天牛	*Macrochenus tonkinensis* Aurivillius	桑	省内
栗山天牛（高山天牛）	*Mallambyx raddei* Blessig	栗、栎、柞、桑	武汉、十堰、襄阳、荆门、孝感、黄冈、咸宁、随州
金斑缘天牛	*Margites auratonotatus* Pic	不详	省内
黄茸缘天牛	*Margites fulvidus* Pascoe	栎	恩施
橙斑缘天牛	*Margites luteopubens* Pic	不详	荆州
十二星弱脊天牛	*Menesia subcarinata* Gressitt	桑	十堰、襄阳、恩施
培甘弱脊天牛	*Menesia sulphurata* Gebler	核桃	宜昌、襄阳
白带象天牛	*Mesosa cheni* Gressitt	刺槐	省内
峦纹象天牛	*Mesosa irrorata* Gressitt	不详	黄石、十堰、宜昌
宽带小象天牛	*Mesosa latefasciata* PiC	不详	恩施
四点象天牛	*Mesosa myops* Dalman	核桃、茅栗、漆树、杨、榆、栎	十堰、襄阳
异斑象天牛	*Mesosa stictica* Balanchard	核桃、山核桃、刺槐	宜昌、咸宁、恩施、神农架

续表

有害生物种类	拉丁学名	寄主植物	分布
二点瘦花天牛	*Metastrangalis thibetana* Blanchard	水杉	宜昌
利川短跗天牛	*Miaenia elongata* Gressitt	不详	恩施
双簇污天牛（双簇天牛）	*Moechotype diphysis* Pascoe	板栗、栎、柞、柏木、杨、核桃、无花果	黄石、十堰、宜昌、襄阳、荆门、荆州、黄冈、随州、恩施
松墨天牛（松褐天牛、松天牛）	*Monochamus alternatus* Hope	马尾松、云杉、冷杉、华山松、雪松、栎	全省
二斑墨天牛	*Monochamus bimaculatus* Gahan	柳、香椿	宜昌
蓝墨天牛	*Monochamus guerryi* Pic	板栗、栎、苦槠	十堰、宜昌、恩施
麻斑墨天牛	*Monochamus sparsutus* Fairmaire	栎、杨	黄石、宜昌、襄阳、荆门、孝感、恩施
松巨瘤天牛	*Morimospasma paradoxum* Ganglbauer	松科	十堰、宜昌
粗粒巨瘤天牛	*Morimospasma tuberculatum* Breuning	不详	宜昌
桔褐天牛（光盾绿天牛、光绿天牛、柑橘枝天牛）	*Nadezhdiella cantori* Hope	柑橘、栎、桑、构树、桃、油桐、葡萄	宜昌、孝感、咸宁、恩施
桃褐天牛	*Nadezhdiella aurea* Gressitt	桃、梨	黄石
红腹膜花天牛	*Necydalis rufiabdominis* Chen	不详	神农架
樱红肿角天牛	*Neocerambyx oenochrous* Fairmaire	樱桃、桃、李	武汉、孝感、咸宁
拟吉丁天牛	*Niphona furcata* Bates	竹、竹材	宜昌、荆州
黑翅脊筒天牛	*Nupserha infantula* Ganglbauber	杨、枫香、红叶李、油茶、刺槐	宜昌、恩施
缘翅脊筒天牛	*Nupserha marginella* Bates	苹果、锦鸡儿、刺槐、油茶	宜昌、荆门
黄腹脊筒天牛	*Nupserha testaceipes* Pic	栎、杨、刺槐、油茶	十堰、襄阳、咸宁、随州、恩施
瘦筒天牛	*Oberea atropunctata* Pic	不详	荆门

有害生物种类	拉丁学名	寄主植物	分　布
二色角筒天牛	*Oberea bicoloricornis* Pic	不详	宜昌
灰尾筒翅天牛	*Oberea binotaticollis* Pic	樟	荆门、神农架
纯黄南亚筒天牛	*Oberea consentanea unicolor* Breuning	不详	襄阳
短足筒天牛	*Oberea ferruginea* Thunberg	桑、桃、油桐、木荷、八角枫	黄石、十堰、孝感、黄冈、恩施
台湾筒天牛	*Oberea formosana* Pic	樱桃、樟、苹果	黄石、襄阳、咸宁、恩施、神农架
暗翅筒天牛	*Oberea fuscipennis* Chevrolat	杨、桑、构树、樟、泡桐	十堰、宜昌、鄂州、孝感、恩施
黑腹筒天牛	*Oberea nigriventris* Bates	梨	黄石、十堰、宜昌、荆门、恩施
粗点筒天牛	*Oberea grosspunctata* Breuning	梨、中华猕猴桃	恩施
舟山筒天牛（中黑筒天牛）	*Oberea inclusa* Pascoe	榆树	恩施
日本筒天牛	*Oberea japonica* Thunberg	桑、槐、梨、苹果	十堰、孝感
混黑腹筒天牛	*Oberea nigriventris langana* Bates	不详	荆州、天门
黑尾筒天牛	*Oberea reductesignata* Pic	不详	荆门、荆州
黄褐侧沟天牛	*Obrium cephalotes* Pic	不详	宜昌
黑点粉天牛	*Olenecamptus clarus* Pascoe	桑、桃	黄石、孝感、黄冈、咸宁、恩施
白背粉天牛	*Olenecamptus cretaceus* Bates	桑、榉	十堰、襄阳、荆州、咸宁
灰翅粉天牛	*Olenecamptus griseipennis* Pic	不详	省内
八星粉天牛	*Olenecamptus octopustulatus* Motschulsky	杨、山核桃、枫杨、板栗、桑、油桐	宜昌、恩施
八星粉天牛台湾亚种	*Olenecamptus octopustulatus formosanus* Pic	枫杨	孝感、荆州

续表

有害生物种类	拉丁学名	寄主植物	分布
斜翅黑点粉天牛（斜翅粉天牛）	*Olenecamptus subobliteratus* Pic	桑	鄂州
海南梭天牛	*Ostedes dwabina* Gressitt	不详	宜昌
赤天牛	*Oupyrrhidium cinnabarinum* Blessig	青冈栎、桦	黄冈、咸宁、恩施
苎麻双脊天牛（苎麻天牛）	*Paraglenea fortunei* Sauders	桑、木槿、杨、柳、栎、榆、乌桕、喜树	黄石、十堰、宜昌、荆州、黄冈、恩施
蜡斑齿胫天牛	*Paraleprodera carolina* Fairmaire	华山松、杉木、板栗、花椒、棕榈	宜昌、恩施
眼斑齿胫天牛（眼斑天牛）	*Paraleprodera diophthalma* Pascoe	板栗、茅栗、猕猴桃、柏木、杨、核桃	十堰、宜昌、襄阳、孝感、黄冈、咸宁
密点异花天牛	*Parastrangalis crebrepunctata* Gressitt	杉	宜昌
鄂异花天牛	*Parastrangalis houhensis* N. Ohbayashi et Wang	不详	宜昌
川跗虎天牛	*Perissus intersectus* Holzschuh	不详	宜昌
狭胸天牛（桔狭胸天牛、狭胸橘天牛）	*Philus antennatus* Gyllenhal	茶、橘、桑、茅栗	黄石、宜昌
蔗狭胸天牛	*Philus pallescens* Bates	泡桐、马尾松、榆树、桑、柑橘、油茶	黄石
密毛小筒天牛	*Phytoecia densepubens* Pic	不详	恩施
菊小筒天牛（菊虎、菊天牛）	*Phytoecia rufiventris* Gautier	菊、泡桐、杨、柳、榆	武汉、宜昌、襄阳、荆门
红肩丽虎天牛	*Plagionotus christophi* Kraatz	栎、柞、苹果	襄阳
广翅眼天牛	*Plaxomicrus ellipticus* Thomson	核桃、柏木、枫杨、青冈栎	十堰、宜昌、荆州、恩施、神农架
二色皱胸天牛	*Plocaederus bicolor* Gressitt	栗类	恩施

湖北省林业有害生物名录

续表

有害生物种类	拉丁学名	寄主植物	分布
黄多带天牛（多带天牛）	*Polyzonus fasciatus* Fabricius	柳、侧柏、杨、垂柳、麻栎、刺槐、柑橘	黄石、十堰、宜昌、荆州、随州、神农架
葱绿多带天牛	*Polyzonus prasinus* White	柏	宜昌、咸宁、随州、神农架
棕带驴天牛	*Pothyne fasciata* Gressitt	不详	恩施
斜尾驴天牛	*Pothyne obliquetruncata* Gressitt	不详	省内
七条驴天牛	*Pothyne variegata* Thomson	不详	宜昌
锯天牛（台湾锯天牛）	*Prionus insularis* Motschulsky	榆、柳、柳杉、松、槐、扁柏、栎	宜昌、随州、神农架
桔根接眼天牛	*Priotyrranus closteroides* Thomson	松、杉、板栗、柑橘	黄石
黄星天牛（黄星桑天牛、桑黄星天牛）	*Psacothea hilaris* Pascoe	杨、柳、桑、构、核桃、枇杷、无花果、悬铃木、油桐	武汉、黄石、十堰、宜昌、荆门、荆州、黄冈、咸宁、恩施、仙桃
白星桑天牛	*Psacothea tonkinensis* Aurivil.	桑	全省
利川伪昏天牛	*Pseudanaesthetis sordidus* Gressitt	不详	恩施
核桃杆天牛	*Pseudocalamobius truncatus* Breuning	不详	宜昌
白带坡天牛	*Pterolophia albanina* Gressitt	华山松、杨、柳树、核桃、朴树、桑	十堰、荆州、神农架
桑坡天牛	*Pterolophia annulata* Chevrolat	桑	宜昌
黄檀坡天牛	*Pterolophia dalbergicola* Gressitt	黄檀	恩施
锯角坡天牛	*Pterolophia serricornis* Gressitt	马桑、葛藤	恩施
利川坡天牛	*Pterolophia suisapana* Gressitt	不详	恩施
帽斑紫天牛	*Purpuricenus lituratus* Ganglbauer	竹、梨、山楂、酸枣	十堰、宜昌、恩施

续表

有害生物种类	拉丁学名	寄主植物	分 布
圆斑紫天牛	*Purpuricenus sideriger* Fairmaire	栎、核桃、杨	襄阳、恩施
二点紫天牛	*Purpuricenus spectabilis* Motschulsky	枣、梨、杉、栎、楝、竹	宜昌、黄冈、神农架
竹紫天牛(竹红天牛)	*Purpuricenus temminckii* Guèrin-Méneville	枣、毛竹、紫竹	黄石、鄂州、咸宁、恩施
暗红折天牛	*Pyrestes haematica* Pascoe	樟	恩施
连环艳虎天牛	*Rhaphuma elongata* Gressitt	不详	宜昌
艳虎天牛	*Rhaphuma placida* Pascoe	麻栎、桑、柳树、苹果、石榴	襄阳
鄂肩花天牛	*Rhondia maculithorax* Wang et Chiang	不详	神农架
黄钝肩花天牛	*Rhondia placida* Heller	不详	宜昌
脊胸天牛	*Rhytidodera bowringii* White	枣、柑橘、朴树、人面子	黄石、十堰、宜昌、荆门、恩施
微齿方额天牛	*Rondibilis microdentata* Gressitt	不详	宜昌
桑缝角天牛	*Ropica subnotata* Pic	桑	恩施
双条楔天牛	*Saperda bilineatocollis* Pic	杨、柳树、漆树、酸枣	宜昌、襄阳、恩施、神农架
青杨楔天牛(山杨天牛、青杨天牛、杨枝天牛)	*Saperda populnea* Linnaeus	杨、山核桃、青冈栎、垂柳、榆树、桑	随州
双条杉天牛(双条天牛、蛀木虫)	*Semanotus bifasciatus* Motschulsky	柏、杉、松	黄石、宜昌、荆门、荆州、黄冈、咸宁、恩施、神农架
皱鞘双条杉天牛	*Semanotus bifasciatus sinoauster* Gressitt	竹、木材	宜昌、恩施
粗鞘双条杉天牛	*Semanotus sinoauster* Gressitt	杉、柳杉、柏木、侧柏、柳树	黄石、孝感、神农架
黑肿角天牛	*Neocerambyx mandarinus* Gressitt	杨、梨、桃、李、梅	十堰、襄阳

湖北省林业有害生物名录

续表

有害生物种类	拉丁学名	寄主植物	分布
椎天牛(短角椎天牛、短角幽天牛)	*Spondylis buprestoides* Linnaeus	松、杉、云杉、栎、栗	黄石、宜昌、襄阳、孝感、荆州、黄冈、咸宁、随州、恩施、神农架
拟蜡天牛(四星天牛、四星栗天牛)	*Stenygrinum quadrinotatum* Bates	板栗、茅栗、栎、松、合欢、乌桕、泡桐	十堰、宜昌、孝感、黄冈、神农架
赤杨斑花天牛(赤杨褐天牛)	*Anoplodera rubra dichroa* Blanchard	松、杨、栎、柿、柳	黄石、宜昌、襄阳、荆门、孝感、咸宁、神农架
凹尾瘦花天牛	*Strangalia apcicomis* Pic	不详	省内
栎瘦花天牛	*Strangalia attenuata* Linnaeus	杨、柳、桦、栗、竹	咸宁
红斑瘦花天牛	*Strangalia basipliicata* Fairmaire	不详	省内
齿瘦花天牛	*Strangalia crebrepunctata* Gressitt	不详	襄阳、咸宁
蚤瘦花天牛	*Strangalia fortunei* Pascoe	水杉、棕榈	宜昌、襄阳、孝感、荆州、咸宁、恩施
长角瘦花天牛	*Strangalia longicornis* Gressitt	不详	恩施
二点瘦花天牛	*Strangalia savioi* Pic	水杉	武汉、十堰、宜昌、孝感、荆州、恩施
黄带楔天牛	*Thermistis croceocincta* Saunders	栎、油茶	黄冈、恩施
单锥背天牛	*Thranius simplex* Gahan	不详	宜昌
麻天牛(麻竖毛天牛、麻茎天牛)	*Thyestilla gebleri* Faldermann	桑、松、杨、旱柳、核桃楸、板栗、栎	黄石、十堰、宜昌、襄阳、荆门、孝感、荆州、黄冈
粗脊天牛	*Trachystolodes sinensis* Gahan	茶、厚朴	恩施
家茸天牛	*Trichoferus campestris* Faldermann	杨、枫杨、柳、榆、桦、刺槐、椿、白蜡、枣、黄芪、桑	十堰、宜昌、襄阳、荆门、孝感、荆州、黄冈、咸宁、恩施

续表

有害生物种类	拉丁学名	寄主植物	分布
刺角天牛	*Trirachys orientalis* Hope	杨、柳、臭椿、刺槐、柑橘、梨	黄石、宜昌、襄阳、荆州、黄冈
樟泥色天牛	*Uraecha angusta* Pascoe	华山松、马尾松、樟、楠、油桐、柳	黄冈
斜带泥色天牛	*Uraecha obliquefasciata* Chiang	松	十堰、宜昌
桑小枝天牛（桑枝小天牛）	*Xenolea asiatica* Pic	竹、木材	襄阳、恩施
石辛蓑天牛	*Xylorhiza adusta* Wiedermann	梓树	孝感、黄冈、咸宁、恩施
桑脊虎天牛	*Xylotrechus chinensis* Chevrolat	桑、栎、葡萄、梨、苹果	襄阳
冷杉脊虎天牛	*Xylotrechus cuneipennis* Kraatz	冷杉、榆、桦	神农架
咖啡脊虎天牛	*Xylotrechus grayii* White	香椿、杨、榆、泡桐	十堰、恩施、神农架
灭字脊虎天牛（咖啡灭字脊虎天牛）	*Xylotrechus quadripes* Chevrolat	石榴	咸宁
巨胸脊虎天牛	*Xylotrechus magnicollis* Fairmaire	栎、柿、核桃、杨、槐	十堰、神农架
四带脊虎天牛	*Xylotrechus polyzonus* Fairmaire	杨、栓皮栎	十堰、宜昌
葡萄脊虎天牛	*Xylotrechus pyrrhoderus* Bates	葡萄	黄石、宜昌、襄阳、孝感、黄冈、咸宁
黑胸脊虎天牛	*Xylotrechus robusticollis* Pic	绣线菊、柳、榆	恩施
白蜡脊虎天牛	*Xylotrechus rufilius* Bates	不详	襄阳
合欢双条天牛	*Xystrocera globosa* Olinier	合欢、槐、桑、栎、油茶、橘、桃	十堰、襄阳、鄂州、孝感、荆州、黄冈、神农架
距甲科 Megalopodidae			
白蜡梢距甲（白蜡梢叶甲、白蜡梢金花虫）	*Temnaspis nankinea* Pic	白蜡	咸宁

湖北省林业有害生物名录

续表

有害生物种类	拉丁学名	寄主植物	分 布
叶甲科 Chrysomelidae			
皱背叶甲	*Abiromorphus anceyi* Pic	杨、柳、梧桐、枣、桃	十堰、襄阳、荆门、孝感、荆州、随州
桑皱鞘叶甲	*Abirus fortunei* Baly	杨、榆、桑	武汉、宜昌、襄阳、仙桃
葡萄丽叶甲（红背艳金花虫）	*Acrothinium gaschkevitschii* Motschulsky	葡萄	孝感、荆州
杨毛臀萤叶甲东方亚种（杨毛臀萤叶甲、杨蓝叶甲）	*Agelastica alni orientalis* Baly	杨、桂花	武汉、黄石、十堰、宜昌、孝感、荆州、黄冈、咸宁、随州、潜江
等节臀萤叶甲（蓝毛臀萤叶甲）	*Agelastica coerulea* Baly	柳、桦、桤木	恩施
钩殊角萤叶甲	*Agetocera deformicornis* Laboissiere	灌木	恩施
丝殊角萤叶甲	*Agetocera filicornis* Laboissiere	马褂木、柳、猴樟	宜昌、恩施、神农架
中华草叶甲	*Agrosteomela indica chinensis* Weise	杨、桃	宜昌、荆州、黄冈
中华柱胸叶甲	*Agrosteomela chinensis* Weise	杨	宜昌
山楂肋龟甲	*Aiiedoya vespertina* Boheman	山楂、悬钩子、桦	襄阳、恩施
蓝跳甲	*Altica cyanea* Weber	油桐、油茶、樟、垂柳、枇杷、柑橘、油茶	武汉、宜昌、襄阳、荆门、荆州、黄冈、咸宁、恩施、天门
老鹳草跳甲	*Altica viridicyanea* Baly	杨、柳、赤杨	省内
琉璃叶甲	*Ambrostoma fortunei* Baly	榆、杨	孝感、荆州
榆紫叶甲（密点缺缘叶甲、榆紫金花虫）	*Ambrostoma quadriimpressum* Motschulsky	榆、榔榆、榉栎、杨	武汉、黄石、十堰、宜昌、襄阳、荆门、黄冈、咸宁、随州、恩施
黑斑厚缘叶甲	*Aoria bowringii* Baly	松、柳树、桑	十堰、恩施
栗厚缘叶甲	*Aoria nucea* Fairmaire	板栗、柳、猕猴桃	十堰

续表

有害生物种类	拉丁学名	寄主植物	分布
棕红厚缘叶甲	*Aoria rufotestacea* Fairmaire	松、葡萄、构、石楠	省内
细背侧刺跳甲（野桐金绿跳甲）	*Aphthona strigosa* Baly	楸	黄冈、随州、恩施
红胸律点跳甲	*Aphthonomorpha collaris* Baly	乌桕	省内
旋心异跗萤叶甲	*Apophylia flavovirens* Fairmaire	紫薇、构、杨、栎、柳	仙桃、潜江
蓝艳金花虫	*Arthrotus abdominalis*	不详	省内
枫香阿萤叶甲	*Arthrotus liquidus* Gressitt et Kimoto	枫香	襄阳、孝感
水杉阿萤叶甲	*Arthrotus nigrofasciatus* Jacoby	杉、杨、柳	荆州
双斑盾叶甲	*Aspidolopha bisignata* Pic	杨、旱柳	十堰
豆长刺萤叶甲	*Atrachya menetriesi* Faldermann	柳、水杉	襄阳
樟萤叶甲	*Atysa marginata cinnamoni* Chen	樟、猴樟、深山含笑、天竺桂、桢楠、柑橘	武汉、襄阳、荆门、孝感、黄冈、恩施、神农架
黄守瓜	*Aulacophora femoralis* Motschulsky	枣	荆州
黄足黄守瓜（黄守瓜）	*Aulacophora indica* Gmelin	雪松、桃、核桃	武汉、十堰、襄阳、荆门
黄足黑守瓜	*Aulacophora lewissi* Baly	核桃、酸枣、海桐	十堰、咸宁、恩施
黑足黑守瓜	*Aulacophora nigripennis* Motschulsky	柑橘、樟、茶、竹、落羽杉	宜昌、孝感、荆州、恩施、神农架
褐足角胸叶甲	*Basilepta fulvipes* Motschulsky	樱桃、李、柳、枫杨、梨、松	咸宁、神农架
隆基角胸叶甲	*Basilepta leechi* Jacoby	榆、槐、李、紫薇、构	武汉、荆门、孝感、恩施、仙桃、潜江
茶角胸叶甲（黑足角胸叶甲）	*Basilepta melanopus* Lefevre	桂花、油茶	咸宁

湖北省林业有害生物名录

续表

有害生物种类	拉丁学名	寄主植物	分布
淡色角胸叶甲	*Basilepta pallidulum* Baly	栎、柳杉	宜昌、襄阳、孝感、神农架
圆角胸叶甲	*Basilepta ruficolle* Jacoby	板栗、臭椿、核桃	咸宁
北锯龟甲（泡桐叶甲、二斑波缘龟甲）	*Basiprionota bisignata* Boheman	泡桐、楸、梓、柑橘、黄栌、盐肤木	十堰、宜昌、襄阳、鄂州、荆门、孝感、咸宁、恩施
大锯龟甲（中华波缘龟甲）	*Basiprionota chinensis* Fabricius	泡桐、楸、马尾松、侧柏、杨、漆树	宜昌、襄阳、黄冈、咸宁
雅安锯龟甲	*Basiprionota gressitti* Medvedev	不详	十堰、襄阳、孝感
黑盘锯龟甲	*Basiprionota whitei* Boheman	泡桐、油桐、榆树、樟、柑橘、油茶	咸宁
葡萄叶甲	*Bromius obscurus* Linnaeus	葡萄、核桃、构、刺槐	十堰、襄阳、孝感、随州、恩施、神农架
竹丽甲	*Callispa bowringii* Baly	竹	省内
红胸丽甲	*Callispa ruficollis* Fairmaire	刚竹	武汉、襄阳
中华萝藦叶甲（中华萝叶甲）	*Chrysochus chinensis* Baly	夹竹桃、桑、桂花、雪松、马尾松、杨、柳	十堰、荆州、咸宁、恩施
兰壳叶甲	*Chrysolampra cyanea* Lefevre	漆树	咸宁、恩施
亮叶甲	*Chrysolampra splendens* Baly	樱桃、杉木、枫杨、樟、构	武汉、宜昌、荆门、荆州、仙桃、潜江
蒿金叶甲	*Chrysolina aurichalcea* Mannerheim	桑	襄阳、仙桃
京金叶甲（凹胸金叶甲、沟胸金叶甲）	*Chrysolina sulcicollis* Fairmaire	不详	孝感
桤木叶甲	*Chrysomela adamsi ornaticollis* Chen	桤木	十堰、咸宁、恩施、神农架
弧斑叶甲	*Chrysomela lapponica* Linnaeus	杨、柳、桦	武汉、黄石、宜昌、咸宁、恩施、神农架

续表

有害生物种类	拉丁学名	寄主植物	分　布
斑胸叶甲	*Chrysomela maculicollis* Jacoby	柏、桑	黄石、十堰、襄阳、孝感、荆州、咸宁、随州、恩施、神农架、天门
杨叶甲(白杨叶甲、杨金花虫)	*Chrysomela populi* Linnaeus	杨、柳、板栗、榆树、桑	武汉、黄石、十堰、宜昌、襄阳、荆州、黄冈、咸宁、恩施、神农架
柳十八斑叶甲(柳九星叶甲)	*Chrysomela salicivorax* Fairmaire	柳、杨、油桐	宜昌、咸宁、随州、恩施、神农架
白杨叶甲	*Chrysomela tremulae* Fabricius	杨、柳、桦、青冈栎、胡枝子、刺槐、漆树	黄石、十堰、宜昌、襄阳、荆州、随州、恩施、神农架
柳二十斑叶甲(柳十星叶甲)	*Chrysomela vigintipunctata* Scopoli	杨、柳、苹果	黄石、十堰、宜昌、襄阳、孝感、随州
李叶甲	*Cleoporus tibials* Lef.	苹果、梨	襄阳、神农架
李叶甲(云南松叶甲)	*Cleoporus variabilis* Baly	麻栎、柳、野桐	十堰、宜昌、襄阳、孝感、神农架
堇色突肩叶甲	*Cleorina aeneomicans* Baly	樟、油茶、松、竹、苦槠	宜昌、黄冈
恶性橘啮跳甲(恶性叶甲、柑橘恶性叶甲、柑橘恶性叶甲)	*Clitea metallica* Chen	柑橘	武汉、咸宁、恩施、神农架
黄腹丽萤叶甲	*Clitenella fulminans* Faldermann	悬钩子、朴树、野葡萄、樟	孝感、恩施、神农架
光背锯角叶甲	*Clytra laeviuscula* Ratzeburg	杨、榆、柏、桦	十堰、宜昌、襄阳、神农架
细皱梳叶甲	*Clytrasoma conforme* Lacordaire	柳	省内
梳叶甲	*Clytrasoma palliatum* Fabricius	麻栎	十堰、宜昌、襄阳、孝感、荆州、咸宁、随州、恩施
麻克萤叶甲	*Cneorane cariosipennis* Fairmaire	栎	十堰、襄阳、孝感、恩施
福建克萤叶甲	*Cneorane fokiensis* Weise	杉	神农架

湖北省林业有害生物名录

续表

有害生物种类	拉丁学名	寄主植物	分 布
胡枝子克萤叶甲	*Cneorane violaceipennis* Allard	胡枝子、桑	全省
檵木克萤叶甲	*Cneoranidea signatipes* Chen	檵木	恩施
毛股沟臀叶甲	*Colaspoides femoralis* Lefevre	油茶、茶、板栗、枫香、油桐、木荷	十堰
甘薯叶甲	*Colasposoma auripenne* Motschulsky	油桐、乌桕	全省
甘薯叶甲丽鞘亚种	*Colasposoma dauricum auripenne* Motschulsky	杨、油桐、乌桕	十堰、宜昌、襄阳、荆州、恩施
亚洲切头叶甲	*Coptocephala asiatica* Chûjô	栎、杨、旱柳	咸宁、恩施
曲胫甘薯叶甲	*Colasposoma pretiosum* Baly	油桐、乌桕	黄石
桃叶甲	*Crepidodera obscuritarsus* Motsch	桃、柿	神农架
杨沟胸跳甲	*Crepidodera pluta* Latreille	杨、柳	荆州
丽隐头叶甲	*Cryptocephalus festivus* Jacoby	柳、杨	十堰、恩施
强隐头叶甲	*Cryptocephalus fortunatus* Baly	乌桕、柳、桦	十堰、宜昌、襄阳、孝感、荆州、恩施
酸枣隐头叶甲	*Cryptocephalus japanus* Baly	酸枣、枣树	咸宁
艾蒿隐头叶甲	*Cryptocephalus koltzei* Weise	杨	十堰、襄阳、咸宁
黄头隐头叶甲	*Cryptocephalus permodestuo* Baly	梨、柳、麻栎	十堰
斑鞘隐头叶甲	*Cryptocephalus regalis* Gebler	青冈栎、杨、柳、华山松	襄阳、咸宁
十四斑隐头叶甲	*Cryptocephalus tetradecaspilotus* Baly	油茶、枣、栎	省内
锯齿叉趾铁甲	*Dactylispa angulosa* Solsky	栎、构、胖竹	十堰、孝感
束腰扁趾铁甲	*Dactylispa excisa* Kraatz	柞、栎	省内

续表

有害生物种类	拉丁学名	寄主植物	分布
锯肩扁趾铁甲	*Dactylispa subquadrata* Baly	板栗、栎	孝感
茶叶甲(茶肖叶甲)	*Demotina fasciculata* Baly	茶、栎、椋木	武汉
红柳粗角萤叶甲(柽柳条叶甲)	*Diorhabda elongata deserticola* Chen	杨、柳、泡桐	恩施
红足凸顶跳甲	*Euphitrea flavipes* Chen	核桃、桤木、构、油樟、枫香、柑橘、木芙蓉	武汉、宜昌
黄腹埃萤叶甲	*Exosoma flaviventris* Motschulsky	栎、柑橘、黄荆	潜江
桑窝额萤叶甲(枣叶甲)	*Fleutiauxia armata* Baly	南酸枣、杨、旱柳、核桃、厚朴、桑、白花泡桐	恩施
柳萤叶甲	*Galeruca spectabilis* Faldermann	乌桕、柑橘、柳、杨、泡桐	襄阳、恩施
褐背小萤叶甲	*Galerucella grisescens* Joannis	紫薇	省内
桃二带萤叶甲	*Galerucella nigromaculata* Baly	不详	省内
二纹柱萤叶甲	*Gallerucida bifasciata* Motschulsky	板栗、泡桐、桃、三叶绣线菊	宜昌、襄阳、孝感、黄冈、咸宁、恩施
丽柱萤叶甲	*Gallerucida gloriosa* Baly	杨、柳、蛇葡萄	省内
核桃扁叶甲(核桃金花虫、核桃叶甲)	*Gastrolina depressa* Baly	核桃、枫杨、桃、杨、柳树、榆、刺槐	十堰、宜昌、襄阳、孝感、荆州、黄冈、咸宁、随州、恩施
赤杨扁叶甲	*Gastrolina peltoidea* Gebler	赤杨、榆、石楠、木槿	省内
黑胸扁叶甲(核桃扁叶甲黑胸亚种)	*Gastrolina thoracica* Baly	核桃、枫杨	十堰、恩施
黑翅哈萤叶甲	*Haplosomoides costata* Baly	柿、李、杏	孝感
金绿沟胫跳甲	*Hemipyxis plagioderoides* Motschulsky	泡桐、杨、垂柳、樟、石楠、合欢	武汉、恩施、潜江
波毛丝跳甲	*Hespera lomasa* Maulik	季氏木兰、月季	十堰

湖北省林业有害生物名录

续表

有害生物种类	拉丁学名	寄主植物	分 布
裸顶丝跳甲	*Hespera sericea* Weise	木兰	十堰、宜昌、恩施
长刺尖爪铁甲	*Hispellinus callicanthus* Bates	竹、酸模	省内
棕贺萤叶甲	*Hoplasoma unicolor* Illiger	板栗、茉莉花	黄冈
蓝胸圆肩叶甲（蓝圆肩叶甲）	*Humba cyanicollis* Hope	朴树、厚朴、柑橘、楝树、忍冬	恩施
二点钳叶甲	*Labidostomis bipunctata* Mannerheim	榆、杨、胡枝子、刺槐、枣	襄阳、孝感、咸宁、恩施、神农架
毛胸钳叶甲	*Labidostomis pallidipennis* Gebler	柳、杨、榆树	十堰、襄阳
甘薯腊龟甲（甘薯蜡龟甲）	*Laccoptera quadrimaculata* Thunberg	泡桐、樱桃、板栗	武汉、孝感、黄冈、咸宁
红胸负泥虫	*Lema fortunei* Baly	竹、苦槠、构树、刺竹子	孝感、恩施
蓝翅负泥虫（蓝负泥虫）	*Lema honorata* Baly	杉木、杨、柳树、石楠	咸宁
黑胫负泥虫	*Lema pectoralis unicolor* Clark	竹叶兰、万带兰、臭椿	十堰、咸宁、恩施
红颈负泥虫	*Lema ruficollis* Baly	紫薇	荆门
褐负泥虫	*Lema rufotestacea* Clark	漆树、刺槐	荆州、咸宁、恩施
膨胸卷叶甲	*Leptispa godwini* Baly	毛竹、早竹、高节竹	咸宁
驼负泥虫	*Lilioceris gibba* Baly	栎、白檀、菝葜	荆门、恩施
老挝负泥虫（黑胸负泥虫）	*Lilioceris bechynei* Medredev	悬钩子	十堰、恩施
红负泥虫（红负泥甲）	*Lilioceris lateritia* Baly	板栗、紫薇、杨、枫杨、桃、油茶	襄阳、荆门、荆州、随州、恩施
隆顶负泥虫	*Lilioceris merdigera* Linnaeus	李	省内
斑肩负泥虫	*Lilioceris scapularis* Baly	火力楠、胡枝子	咸宁

续表

有害生物种类	拉丁学名	寄主植物	分布
中华负泥虫	*Lilioceris sinica* Heyden	杨、桂花	十堰、孝感
赤扬里叶甲	*Linaeidea adamsi* Baly	白蜡	省内
绿翅隶萤叶甲	*Liroetis aeneipennis* Weise	柳树	省内
粉筒胸叶甲	*Lypesthes ater* Motschulsky	漆树、油桐、华山松、青冈栎、楸树	十堰、宜昌、神农架
长头负泥虫	*Mecoprosopus minor* Pic	菝葜	襄阳
黄腹拟大萤叶甲	*Meristoides grandipennis* Fairmaire	栎	省内
桑黄米萤叶甲（桑黄迷萤叶甲）	*Mimastra cyanura* Hope	板栗、油桐、桑、油茶、柳杉、梧桐、榆、柑橘、苹果、梨、桃	十堰、襄阳、咸宁
黄缘米萤叶甲	*Mimastra limbata* Baly	柑橘、桃、核桃、栓皮栎	十堰、宜昌、襄阳、咸宁、恩施
双斑长跗萤叶甲	*Monolepta hieroglyphica* Motschulsky	杨、柳、榆、桃、胡枝子、花椒、枸杞	黄石、黄冈、咸宁
柳长跗萤叶甲	*Monolepta hieroglyphica biarcuata* Weise	柳	省内
凸长跗萤叶甲	*Monolepta mordelloides* Chen	水杉、核桃、刺槐	恩施
小长跗萤叶甲	*Monolepta ovatula* Chen	刺槐、松、杉木、毛竹	省内
竹长跗萤叶甲	*Monolepta pallidula* Baly	杨、早竹、毛竹	省内
丁斑长跗萤叶甲	*Monolepta postfasciata* Gressitt et Kimoto	梓树	宜昌、襄阳、荆州、神农架
阳朔长跗萤叶甲	*Monolepta yaoshanicus* Chen	杨、榆、刺槐、枣	恩施、神农架
日榕萤叶甲	*Morphosphaera japonica* Hornstedt	乌桕、柑橘、桑、马尾松、杨、枇杷	宜昌、荆州
中华球叶甲	*Nodina chinensis* Weise	板栗、竹、杉木、椒木、核桃、紫薇	孝感

续表

有害生物种类	拉丁学名	寄主植物	分布
皮纹球叶甲	*Nodina tibialis* Chen	葱木、泡桐	省内
蓝翅瓢萤叶甲	*Oides bowringii* Baly	枫树、杉、油茶、泡桐、核桃、银杉、松、木荷、灌木	黄石、十堰、恩施
十星瓢萤叶甲（葡萄金花虫、葡萄十星叶甲）	*Oides decempunctata* Billberg	桑、槐、茶、葡萄、杨、柳树、泡桐、紫薇、桂花、悬钩子	武汉、孝感、随州
八角瓢萤叶甲（八角叶甲、八角金花虫）	*Oides duporti* Laboissiere	五味子	襄阳、孝感
宽缘瓢萤叶甲	*Oides laticlava* Fairmaire	板栗、栓皮栎、葡萄、构树	十堰、宜昌、襄阳、孝感、黄冈、咸宁、恩施、神农架
八角瓢萤叶甲	*Oides leucomeluena* Weise	五味子、莽草	黄冈
黑跗瓢萤叶甲	*Oides tarsata* Baly	杉、松、青冈栎、栎、板栗、葡萄、泡桐、核桃	黄冈、恩施
漆树双钩直缘跳甲（漆树白点叶甲）	*Ophrida scaphoides* Baly	漆树	十堰、襄阳
黑角直缘跳甲	*Ophrida spectabilis* Baly	盐肤木	恩施
黄点直缘跳甲（黄栌胫跳甲）	*Ophrida xanthospilota* Baly	侧柏、栎、黄栌	咸宁
花背短柱叶甲	*Pachybrachys scriptidorsum* Marseul	胡枝子、柳树	孝感、恩施、神农架
斑鞘豆肖叶甲（斑鞘豆叶甲）	*Pagria signata* Motschulsky	胡枝子	省内
褐凹翅萤叶甲	*Paleosepharia fulvicornis* Chen	油桐、泡桐、核桃、桤木	神农架
枫香凹翅萤叶甲	*Paleosepharia liquidambara* Gressitt et Kimoto	枫香、水杉、柿	孝感、咸宁、恩施
粗刻凹顶叶甲	*Parascela cribrata* Schaufuss	杨、樱桃	孝感、黄冈、恩施

续表

有害生物种类	拉丁学名	寄主植物	分布
杨梢叶甲	*Parnops glasunowi* Jacobson	杨、旱柳、栾树、枸杞	十堰、宜昌、荆州、黄冈、咸宁、恩施、神农架
梨叶甲（角胫叶甲）	*Paropsides duodecimpustulata* Gelber	梨、李、忍冬	恩施、神农架
合欢斑叶甲	*Paropsides nigrofasciata* Jacoby	合欢、山核桃、核桃、桃、女贞	省内
梨斑叶甲	*Paropsides soriculata* Swartz	山楂、梨	宜昌、荆门、咸宁、恩施、仙桃、天门
牡荆叶甲	*Phola octodecimguttata* Fabricius	楸、柏木、核桃、小叶女贞	十堰、襄阳
长阳弗叶甲	*Phratora multipunctata* Jacoby	杨	武汉、黄石、十堰、宜昌、襄阳、咸宁、恩施、神农架
黄曲条跳甲	*Phyllotreta striolata* Fabricius	苹果、桃、梨、柑橘、杨	省内
双带方额叶甲	*Physauchenia bifasciata* Jacoby	柑橘、算盘子	黄冈、恩施、神农架
柳蓝圆叶甲（柳蓝叶甲）	*Plagiodera versicolora distincta* Baly	杨、柳、枫杨、柑橘、竹柳	武汉、黄石、十堰、宜昌、襄阳、荆门、孝感、荆州、黄冈、咸宁、随州、恩施、仙桃、天门、潜江
茶扁角叶甲	*Platycorynus igneicollis* Hope	桂花、旱柳、构、樟、石楠、茶、柿、白蜡	仙桃、潜江
蓝黑扁角肖叶甲	*Platycorynus niger* Chen	不详	十堰
绿缘扁角叶甲	*Platycorynus parryi* Baly	杉木、女贞、构、络石	武汉、黄石、十堰、宜昌、襄阳、荆门、孝感、荆州、黄冈、咸宁、随州、仙桃、潜江
蓝扁角叶甲	*Platycorynus peregrinus* Herbst	油桐、马尾松、栎、刺槐、漆树、油桐、木槿	十堰、宜昌、襄阳、恩施
柑橘潜叶跳甲（柑橘潜叶甲）	*Podagricomela nigricollis* Chen	柑橘、花椒	恩施

湖北省林业有害生物名录

续表

有害生物种类	拉丁学名	寄主植物	分布
枸桔潜叶跳甲	*Podagricomela weisei* Heilertinger	枸杞、柑橘、野花椒	咸宁
漆树叶甲(黄色漆树叶甲、野漆宽胸跳甲)	*Podontia lutea* Olivier	漆树、黄连木、泡桐、银杏、乌桕、油茶、毛竹	十堰、宜昌、咸宁、恩施、神农架
凸黑足隶萤叶甲	*Pseudodera fulvipennis* Jacoby	枫香、忍冬属	恩施
拟胸沟跳甲	*Pseudodera xanthospila* Baly	竹、木材	恩施
榆绿毛萤叶甲(榆蓝叶甲、榆毛胸萤叶甲)	*Pyrrhalta aenescens* Fairmaire	榆、马尾松、柏木、柳、板栗、漆树、臭椿、紫薇	十堰、襄阳、孝感、荆州、咸宁、随州、潜江
黑肩毛萤叶甲	*Pyrrhalta humeralis* Chen	柳、榆、荚蒾	孝感
榆黄毛萤叶甲(榆黄叶甲、黑肩毛胸萤叶甲)	*Pyrrhalta maculicollis* Motschulsky	榆、垂柳、大果榉、桑、构、猴樟、红叶李、梨	潜江
蓝耀茎甲	*Sagra janthina* Chen	合欢、柏、泡桐、栎、枫杨	恩施
千斤拔茎甲	*Sagra moghanii* Chen et Pu	锈毛千斤拔	宜昌、孝感、咸宁
紫茎甲	*Sagra purpurea* Lichtenstein	木兰、合欢、紫荆、葛藤	襄阳、孝感、恩施
三齿茎甲	*Sagra tridentata* Weber	核桃、枫杨、栎	襄阳
光叶甲	*Smaragdina laevicollis* Jacoby	胡枝子	黄石
黑额光叶甲(黑额长筒金花虫)	*Smaragdina nigrifrons* Hope	桂花、杨、柳、板栗、桃	武汉、十堰、孝感、荆州、黄冈、咸宁、恩施、仙桃、潜江
梨光叶甲	*Smaragdina semiaurantiaca* Fairmaire	榆、蔷薇	十堰、咸宁
甘薯台龟甲	*Taiwania circumdata* Herbst	柑橘、榉、梨	十堰、荆州、黄冈
中华根萤叶甲	*Taumacera chinensis* Maulik	黄荆	省内

续表

有害生物种类	拉丁学名	寄主植物	分布
大毛叶甲	*Trichochrysea imperialis* Baly	山合欢、胡枝子、杉木、桤木、栎、刺槐	十堰
银纹毛叶甲	*Trichochrysea japana* Motschulsky	栎、核桃、杨、桤木、板栗、油茶	省内
卷叶象科 Attelabidae			
榛卷象(榛卷叶象)	*Apoderus coryli* Linnaeus	桤木、榆、刺槐、牡丹	十堰、黄冈
膝卷象(膝卷叶象)	*Apoderus geniculatus* Jekel	板栗、杨、桤木、月季、柑橘、乌桕、盐肤木、油茶、木荷	武汉
栗卷象	*Apoderus jekeli* Roelofs	栎、榆	十堰、宜昌、襄阳、孝感、荆州、咸宁、恩施
栎卷象	*Attelabus nitens*	栎、栗	十堰
勒氏切叶象	*Henicolabus lewisti* Sharp	不详	省内
花斑切叶象	*Paroplapoderus pardalis* Voss	桑、桃	十堰、宜昌、襄阳、孝感、神农架
圆斑卷叶象(圆斑卷象)	*Paroplapoderus semiannulatus* Jekel	枫杨、栗、桃、核桃、竹、茶、桑、栎、青冈栎、松	武汉、黄石、十堰、荆州、黄冈
栎长颈卷叶象(长颈卷叶象)	*Paracycnotrachelus longiceps* Motschulsky	厚朴、青冈栎	恩施
黑长颈卷叶象	*Paratrachelophorus katonis* Kono	栎	宜昌、咸宁
棕长颈卷叶象	*Paratrachelophorus nodicornis* Voss	栓皮栎、杨、柳、桤木、桦、板栗、乌桕、盐肤木、猴樟、油茶	襄阳
榆锐卷象(榆卷叶象、榆锐卷象甲)	*Tomapoderus ruficollis* Fabricius	榆、杨、朴树、桑、梨、月季、漆树	武汉

湖北省林业有害生物名录

续表

有害生物种类	拉丁学名	寄主植物	分布
长角象科 Anthribidae			
长角象（长角象鼻虫）	*Araecerus fasciculatus* De Geer	樟、杨、桃、臭椿	咸宁
三锥象科 Brenthidae			
三锥象（宽喙锥象）	*Baryrrhynchus poweri* Roelofs	樟、楠、栎、毛竹、臭椿	十堰、恩施、神农架
象甲科 Curculionidae			
筛孔二节象	*Aclees cribratus* Gyllenhyl	柏、松、柑橘	咸宁
黑褐长足象	*Alcidodes piceus* Roelofs	不详	省内
甘薯长足象	*Alcidodes waltoni* Bohemen	松、核桃、栎、油茶、柑橘、椿、漆、胡枝子	全省
梨花象	*Anthonomus pomorum* Linnaeus	苹果、梨、桃	武汉
金足绿象	*Chlorophanus auripes* Faust	板栗、柳、化香、核桃、桑	宜昌、荆门、荆州、恩施
长尾绿象	*Chlorophanus caudatus* Fahraeus	杨	宜昌、襄阳、随州
大绿象	*Chlorophanus grandis* Roelofs	栎	十堰、宜昌、孝感
隆脊绿象	*Chlorophanus lineolus* Motschulsky	杨、柳、枫杨、桃、梨、枇杷、油茶、青冈栎、榆、竹	襄阳、孝感、黄冈、咸宁、随州、恩施、神农架
西伯利亚绿象	*Chlorophanus sibiricus* Gyllenhyl	柳、杨、榆、桃、桑	宜昌
中国方喙象	*Cleonis freyi* Zumpt	杨	宜昌
削尾材小蠹	*Xyleborus mutilatus* Blandford	紫薇	武汉
秃尾材小蠹	*Xyleborus amputatus* Blandford	紫薇	武汉
黄色梢小蠹	*Cryphalus fulvus* Niijima	紫薇、黑松	襄阳

续表

有害生物种类	拉丁学名	寄主植物	分布
马尾松梢小蠹	*Cryphalus massonianus* Tsai et Li	马尾松、杨	十堰、宜昌、襄阳、荆门、恩施、神农架
浅刻梢小蠹	*Cryphalus redikorzevi* Berger	松	神农架
松白星象	*Cryptorrhynchus insidiosus* Roelofe	竹、木材	宜昌
杨干象（杨干隐喙象、杨干白尾象虫、杨干象甲、白尾象鼻虫）	*Cryptorrhynchus lapathi* Linnaeus	杨、桤木、柳、枫杨、桦、榆、泡桐	随州
油茶象（山茶象、茶籽象虫）	*Curculio chinensis* Chevrolat	油茶、茶、油桐、乌桕	武汉、十堰、宜昌、鄂州、咸宁、恩施
栗实象	*Curculio davidi* Fairmaire	板栗、茅栗、锥栗	武汉、十堰、宜昌、襄阳、荆门、孝感、荆州、黄冈、咸宁、随州、恩施、神农架
柞栎象（栎实象）	*Curculio dentipes* Roelofs	麻栎、茅栗、槲栎、青冈栎、茶	武汉、宜昌、襄阳、荆门、孝感、黄冈、恩施
黑白象	*Curculio distinguendus* Roelofs	板栗、栎	宜昌
麻栎象	*Curculio robustus* Roelofs	栎、板栗、杨	宜昌
凹缘材小蠹	*Xyleborus emarginatus* Eichhoff	冷杉、马尾松、油松、栎	十堰
桑雕象	*Demimaea mori* Kono	枫杨	孝感、荆州、恩施、神农架
华山松大小蠹	*Dendroctonus armandi* Tsai et Li	华山松、油松、马尾松、云杉	十堰、宜昌、襄阳、恩施、神农架
淡灰瘤象	*Dermatoxenus caesicollis* Gyllenhyl	松、杉、柳杉、青冈栎、油桐	宜昌、恩施、神农架
落叶松毛小蠹	*Dryocoetes baicalicus* Reitter	华山松、日本落叶松	神农架
额毛小蠹	*Dryocoetes luteus* Blandford	马尾松、杉木	荆州
黑色毛小蠹	*Dryocoetes picipennis* Eggers	华山松、垂柳	神农架
云杉大毛小蠹	*Dryocoetes rugicolls* Eggers	竹、木材	孝感

湖北省林业有害生物名录

续表

有害生物种类	拉丁学名	寄主植物	分布
冷杉毛小蠹	*Dryocoetes striatus* Eggers	华山松、冷杉、云杉、杉木	十堰、神农架
大粒横沟象	*Dyscerus cribripennis* Matsumura et Kono	华山松、马尾松、核桃、椴木、板栗、栎、桃、苹果、臭椿、楝树、香椿、油茶	宜昌、荆州、恩施
长棒横沟象	*Dyscerus longiclarvis* Marshall	马尾松、核桃、棕榈	宜昌
宽肩象	*Ectatorhinus adamsi* Pascoe	杨、柳、厚朴、板栗、核桃、栎、松、油桐、青冈栎、杉、漆、竹	宜昌、襄阳、黄冈、随州
西藏癞象	*Episomus appendiculatus* Faust	不详	省内
中国癞象（中华癞象）	*Episomus chinensis* Faust	黄檀、竹、刺槐、青冈栎、桑、盐肤木、葛藤	宜昌、襄阳、孝感、黄冈、恩施
癞象	*Episomus morio* Kono	不详	宜昌、恩施
臭椿沟眶象（椿小象）	*Eucryptorrhynchus brandti* Harold	臭椿、杨、垂柳、板栗、朴树、白蜡树、女贞、泡桐	武汉、十堰、襄阳
沟眶象	*Eucryptorrhynchus chinensis* Olivier	臭椿、乌桕、刺槐、桑	宜昌、荆门、咸宁
短带长颚象	*Eugnathus distinctus* Roelofs	梨、榆	襄阳、神农架
小眼象	*Eumyllocerus gratiosus* Sharp	不详	神农架
坡面材小蠹	*Xyleborus interjectus* Blandford	栾树	荆州
云杉根小蠹	*Ernoporus cunicularius* Erichson	华山松、云杉	神农架
松树皮象（松大象鼻虫）	*Hylobius haroldi* Faust	马尾松、华山松	武汉、十堰、宜昌、襄阳、荆门、孝感、黄冈、恩施、神农架

续表

有害生物种类	拉丁学名	寄主植物	分　布
萧氏松茎象	*Hylobitelus xiaoi* Zhang	马尾松、湿地松、华山松、黄山松、火炬松	十堰、宜昌、襄阳、荆门、黄冈、恩施
蓝绿象（绿鳞象、绿象甲、大绿象）	*Hypomeces squamosus* Fabricius	茶、桑、桃、梨	武汉、襄阳、孝感、荆州
六齿小蠹	*Ips acuminatus* Gyllenhal	华山松、马尾松、油松	宜昌
中重齿小蠹	*Ips mannsfeldi* Wachtl	杉、松、柏	十堰、宜昌、神农架
十二齿小蠹（落叶松十二齿小蠹）	*Ips sexdentatus* Börner	马尾松、华山松	十堰、神农架
云杉八齿小蠹	*Ips typographus japonicus* Niijima	华山松、马尾松、油松、冷杉	恩施
菊花象	*Larinus meleagris* Petri	不详	孝感、黄冈
波纹斜纹象（波纹斜纹象甲、杨黄星象）	*Lepyrus japonicus* Roelofs	杨、柳、柳杉、杉木、栎、榆树、桃、山楂、刺槐、连翘	黄石、十堰、襄阳、鄂州
尖翅筒喙象	*Lixus acutipennis* Roelofs	杨、茶	荆州、咸宁
黑龙江筒缘象	*Lixus amurensis* Faust	杨	省内
白条筒喙象	*Lixus lautus* Voss	青冈栎	恩施
圆筒筒喙象	*Lixus mandarinus fukienensis* Voss	杉木、柏木、杨、桦、板栗、青冈栎、红叶李	十堰
甜菜筒喙象	*Lixus subtilis* Boheman	野葡萄、杨	省内
红褐圆筒象	*Macrocorynus discoideus* Olivier	松、青冈栎、油茶、油桐	十堰、襄阳、孝感、随州
斜纹圆筒象	*Macrocoryhus obliquesignatus* Reitter	不详	荆州、恩施、神农架
板栗大圆筒象	*Macrocoryhus psittacinus* Redtenbacher	栎、青冈栎、栗、核桃、漆、松	十堰、咸宁、恩施
茶丽纹象（茶叶象甲、黑绿象虫）	*Myllocerinus aurolineatus* Voss	油茶、茶	咸宁、恩施

湖北省林业有害生物名录

续表

有害生物种类	拉丁学名	寄主植物	分布
松阔嘴象	*Myllocerinus griseus* Roelofs	松	孝感、黄冈
黑斑尖筒象	*Myllocerus illitus* Reitter	枇杷、板栗、青冈栎、樟、桃、油茶	宜昌
核桃桉象	*Neomyllocerus hedini* Marshall	栎、青冈栎、核桃	宜昌、黄冈、神农架
板栗雪片象（栗雪片象）	*Niphades castanea* Chao	板栗、锥栗	孝感、黄冈
松瘤小蠹	*Orthotomicus erosus* Wollaston	马尾松、华山松、杉木、柏木	十堰、襄阳、荆州、随州
冷杉肤小蠹	*Phloeosinus abietis* Tsai et Yin	杉木、马尾松、华山松	十堰
柏肤小蠹（柏树小蠹）	*Phloeosinus aubei* Perris	柏木、杉木、水杉、刺柏、侧柏、圆柏	恩施
微肤小蠹	*Phloeosinus hopchi* Schedl	侧柏、圆柏	武汉、黄冈、咸宁、恩施
罗汉肤小蠹	*Phloeosinus perlatus* Chapuis	杉木、圆柏	孝感、恩施、神农架
杉肤小蠹	*Phloeosinus sinensis* Schedl	杉木、柳杉	黄石、十堰、宜昌、恩施、神农架
卷树叶象	*phyllobius armatus* Roelofs	果树	十堰、襄阳
苹切叶象	*Phyllobius longicornis* Roelofs	不详	省内
棉尖象	*Phytoscaphus gossypii* Chao	酸枣、刺槐、紫穗槐、泡桐、旱柳、桃、枣	荆州、神农架
银光球胸象	*Piazomias fausti* Frivaldszky	泡桐	省内
核桃横沟象（核桃根象甲）	*Dyscerus juglans* Chao	核桃	十堰、宜昌、咸宁、神农架
红木蠹象（松黄星象）	*Pissodes nitidus* Roelofs	油松、黑松	十堰

续表

有害生物种类	拉丁学名	寄主植物	分布
华山松木蠹象（颗点木蠹象、粗刻点木蠹象）	*Pissodes punctatus* Langor et Zhang	华山松、思茅松、马尾松、油松、杉木	宜昌、恩施
中穴星坑小蠹	*Pityogenes chalcographus* Linnaeus	杉、松	十堰、宜昌、恩施、神农架
月穴星坑小蠹	*Pityogenes seirindensis* Murayama	杉、柏木	十堰、宜昌、襄阳、鄂州
小齿斜脊象	*Platymycteropsis excisangulus* Reitter	竹、黄檀	省内
柑桔斜脊象	*Platymycteropsis mandarinus* Fairmaire	柑橘、板栗、油桐、油茶、桃、枫杨	武汉、宜昌、咸宁
圆窝斜脊象	*Platymycteropsis walkeri* Marshall	不详	孝感
冷杉四眼小蠹	*Polygraphus praximus* Blandford	杉、松、柏木	十堰、宜昌、神农架
竹小象	*Pseudocossonus brevitarsis* Wollaston	早竹、毛竹	咸宁
果树小蠹（小小蠹）	*Scolytus japonicus* Chapuis	马尾松、华山松、杉木、樱桃、栾树	宜昌
落叶松小蠹	*Scolytus morawitzi* Semenov	日本落叶松、云杉、柏木	恩施
枣飞象（枣芽象甲、食芽象甲）	*Scythropus yasumatsui* Kono et Morimoto	桃、梨、板栗、山核桃、槐、枣、泡桐	咸宁
马尾松角胫象	*Shirahoshizo patruelis* Voss	华山松、湿地松、马尾松、黑松、雪松、金钱松	十堰、宜昌、襄阳、孝感
粗足角胫象	*Shirahoshizo pini* Morimoto	松	荆州
松瘤象	*Hyposipalus gigas* Fabricius	松、柏、柳杉、冷杉、铁杉、榆	武汉、黄石、十堰、宜昌、襄阳、荆门、荆州、咸宁、随州、恩施、神农架
乌柏长足象	*Alcidodes erro* Pascoe	乌桕、漆树、青冈栎、楠	十堰、宜昌、恩施

湖北省林业有害生物名录

续表

有害生物种类	拉丁学名	寄主植物	分布
核桃长足象（核桃果象、核桃果象甲、核桃甲象虫）	*Alcidodes juglans* Chao	核桃、山核桃	十堰、宜昌、恩施
短胸长足象	*Alcidodes trifidus* Pascoe	胡枝子	黄石、十堰、宜昌、襄阳、孝感、随州
梨铁象	*Styanax apicalis* Heller	梨	襄阳、荆州
桔柑灰象	*Sympiezomias citri* Chao	杨、柳、榆、茶、柑橘	宜昌、孝感、咸宁
广西灰象	*Sympiezomias guangxiensis* Chao	栾树、银杏、湿地松、马尾松、栎、无花果、桑、石楠、枇杷、枫香、桃	黄冈
日本大灰象	*Sympiezomias lewisi* Roelofs	苹果、梨、桃、李、柑橘	省内
大灰象（大灰象甲）	*Sympiezomias velatus* Chevrolat	杨、板栗、核桃、桑、刺槐、柑橘、枣树、石楠	十堰、宜昌、荆门
铜光纤毛象	*Tanymecus circumdatus* Wiedemann	油茶、茶	宜昌、襄阳、荆州
横坑切梢小蠹	*Tomicus minor* Hartig	马尾松、杉	十堰、襄阳、鄂州、孝感、黄冈、咸宁、恩施
多毛切梢小蠹（红松切梢小蠹）	*Tomicus pilifer* Spessivtseff	华山松、油松	神农架
纵坑切梢小蠹	*Tomicus piniperda* Linnaeus	马尾松、油松、华山松	黄石、十堰、宜昌、襄阳、鄂州、孝感、随州
黑条木小蠹	*Xyloterus lineatus* Olivier	松	神农架

胖象甲科 Brachyceridae

有害生物种类	拉丁学名	寄主植物	分布
毛束象	*Desmidophorus hebes* Fabricius	木槿、青冈栎、柏、楸、梓、梧桐、臭椿、栓皮栎	十堰、宜昌

续表

有害生物种类	拉丁学名	寄主植物	分布
椰象甲科 Dryophthoridae			
大白带象	*Cryptoderma fortunei* Waterhouse	毛刺槐、栎、油茶	荆州、咸宁、恩施
长足大竹象（笋横锥大象、竹横锥大象）	*Cyrtotrachelus duqueti* Guèrin-Méneville	核桃、垂柳、木芙蓉、青皮竹、苦竹	宜昌
长足弯颈象（竹大象、竹直锥大象）	*Cyrtotrachelus longimanus* Fabricius	孝顺竹、青皮竹、毛竹、金竹、箭竹、慈竹、竹柏	宜昌、恩施
竹大象	*Cyrtotrachelus thompsoni* Alonso-Zarazaga et Lyal	早竹、金竹、毛竹、斑竹、水竹、高节竹、胖竹	黄石、咸宁
一字竹象（一字竹象甲、竹笋象）	*Otidognathus davidis* Fairmaire	毛竹、刚竹、斑竹、水竹、金竹、桂竹、胖竹、早竹	黄石、十堰、宜昌、荆州、咸宁、恩施
小竹象	*Otidognathus jansoni* Roelofs	毛竹、黄竹、慈竹、水竹、毛金竹、金竹、苦竹、箭竹	十堰、咸宁
小象甲科 Apionidae			
紫薇梨象	*Pseudorobitis gibbus* Redtenbacher	紫薇、山柚子、广玉兰、枫香、梨、七叶树、栾树、无患子、女贞、珊瑚树	武汉、荆门、荆州、仙桃、潜江
齿颚象科（虎象科）Rhynchitidae			
苹果金卷象（梨卷叶象甲）	*Byctiscus betulae* Linnaeus	苹果、梨、杨、柳、桦、山楂	武汉、宜昌、襄阳、咸宁、恩施
杨金卷象	*Byctiscus congener* Jekel	榆、杨、苹果	省内
栎金卷象（苹果卷叶象）	*Byctiscus princeps* Solsky	板栗、栎、梨、榆、杏、苹果、香果树	黄冈、咸宁、恩施
剪枝栎实象（剪枝栗实象、板栗剪枝象）	*Cyllorhynchites ursulus* Roelofs	板栗、茅栗、麻栎、槲栎、栓皮栎、青冈栎	十堰、宜昌、襄阳、荆门、孝感、黄冈、随州、恩施

湖北省林业有害生物名录

续表

有害生物种类	拉丁学名	寄主植物	分布
李蓝卷象	*Involvulus cupreus* Linnaeus	不详	省内
桃小象甲	*Rhynchites bacdhus* Linnaeus	梨、杏、李、桃	武汉
桃虎象	*Rhynchites confragossicollis* Voss	桃、梨	黄冈、咸宁、恩施、神农架
朝鲜梨虎象（朝鲜梨象甲）	*Rhynchites coreanus* Kono	苹果、梨、杏、桃	恩施
杏虎象（杏象甲、梨象甲）	*Rhynchites faldermanni* Schoenherr	桃、梨、核桃、小檗、杏、山楂、石楠	十堰、孝感
梨虎象	*Rhynchites foveipennis* Fairmaire	梨、桃、山杏、山楂、苹果、黄檗	十堰、襄阳、孝感、荆州、咸宁
日本苹虎象	*Rhynchites heros* Roelofs	桃、梨	恩施
李虎象	*Rhynchites plumbeus* Roelofs	胡枝子	武汉

鳞翅目 Lepidoptera　蝙蝠蛾科 Hepialidae

有害生物种类	拉丁学名	寄主植物	分布
柳蝙蛾（疣纹蝙蝠蛾）	*Endoclita excrescens* Butler	板栗、刺楸、栓皮栎、榆、柑橘	十堰、宜昌、孝感、荆州、随州、恩施
红蝙蛾	*Endoclita miniatus* Chu et Wang	椿、柳	省内
疖蝙蛾（疖扁蛾）	*Endoclita nodus* Chu et Wang	葡萄、猕猴桃、牡荆	武汉
桉蝙蛾	*Endoclita signifer* Walker	梧桐、栎、枫杨、柳	宜昌、襄阳、孝感
一点蝙蛾	*Endoclita sinensis* Moore	杉、柳杉、板栗、泡桐、栎、香椿	襄阳、孝感、咸宁、随州
六点长须蝙蝠蛾	*Palpifer sexnotatus* Moore	苦槠、青冈栎、花椒、核桃、合果木	咸宁

长角蛾科 Adelidae

有害生物种类	拉丁学名	寄主植物	分布
小黄长角蛾	*Nemophora staudingerella* Christoph	柑橘、构树	宜昌

续表

有害生物种类	拉丁学名	寄主植物	分　　布
冠潜蛾科 Tischeriidae			
栎冠潜蛾	*Tischeria decidua* Wocke	板栗、栎、麻栎、栓皮栎、青冈、柑橘、女贞	省内
蓑蛾科 Psychidae			
洋槐袋蛾（刺槐袋蛾）	*Acanthopsyche nigriplaga* Weliman	刺槐、冷杉、杉木、圆柏、杨、杨梅、核桃、榆、梨、合欢、黄檀、白蜡树、竹	宜昌
桉袋蛾（桉蓑蛾、桉衰蛾）	*Acanthopsyche subferalbata* Hampson	板栗、柿、垂柏、油茶、茶、紫薇、白蜡树、桂花	咸宁、恩施
丝脉袋蛾	*Amatissa snelleni* Heylearts	侧柏、槐、柳、栗、樟	咸宁
白囊袋蛾（白蓑蛾、白袋蛾、棉条蓑蛾、橘白蓑蛾）	*Chalioides kondonis* Matsumura	杨梅、石榴、枣、柑橘、柏、杨、柳、茶、女贞	武汉、十堰、宜昌、襄阳、荆门、荆州、黄冈、恩施、仙桃
茶袋蛾（茶蓑蛾、茶衰蛾、小窠蓑蛾）	*Cryptothelea minuscula* Butler	多种阔叶树	武汉、黄石、十堰、宜昌、襄阳、鄂州、荆门、孝感、荆州、黄冈、咸宁、恩施、潜江
黛袋蛾	*Dappula tertia* Temploton	樟、银杏、马尾松、杉木、杨、核桃、板栗、红花檵木、乌桕、枣树、木槿、石榴	十堰、恩施
儿茶大袋蛾（螺纹蓑蛾）	*Cryptothelea crameri* Westwood	茶、银杏、湿地松、马尾松、杉木、杨、核桃、板栗	武汉、十堰、宜昌、襄阳、鄂州、荆门、咸宁、恩施
大袋蛾（南大蓑蛾）	*Cryptothelea variegata* Snellen	多种阔叶树	全省
乌龙墨袋蛾（茶褐蓑蛾）	*Mahasena colona* Sonan	茶、油桐、乌桕、油茶	襄阳、荆门、黄冈、咸宁

湖北省林业有害生物名录

续表

有害生物种类	拉丁学名	寄主植物	分　布
谷蛾科 Tineidae			
刺槐谷蛾	*Dasyses barhata* Christoph	刺槐、锦鸡儿、杨	黄冈
细蛾科 Gracillariidae			
柳丽细蛾	*Caloptilia chryadampra* Meyrick	柳、杨、枫杨、猴樟	荆门、咸宁
茶丽细蛾	*Caloptilia theivora* Walsingham	油茶、山茶、木荷	荆州、咸宁
柑桔叶潜蛾（柚潜叶蛾）	*Phyllocnistis citrella* Stainton	柑橘、山柚子、含笑、樟	武汉、十堰、宜昌、荆州、黄冈、咸宁、随州、恩施
杨银叶潜蛾	*Phyllocnistis saligna* Zeller	杨、旱柳、枫杨	武汉、咸宁
白杨小潜细蛾	*Phyllonorycter populifoliella* Trietschke	杨、榆	武汉
梨潜皮细蛾	*Spulerina astaurota* Meyrick	苹果、梨、李	襄阳、黄冈、恩施
巢蛾科 Yponomeutidae			
青冈栎小白巢蛾	*Thecobathra anas* Stringer	青冈栎、柞木	恩施
枫香小白巢蛾	*Thecobathra lambda* Moriuti	枫香	武汉、恩施
稠李巢蛾	*Yponomeuta evonymellus* Linnaeus	稠李、杨、李、盐肤木	十堰
苹果巢蛾（苹果巢虫、苹果黑点巢蛾）	*Yponomeuta padellus* Linnaeus	苹果、杨、柳、枫杨、桃、杏、樱桃、山楂、山荆子	襄阳、孝感
黑点巢蛾	*Yponomeuta polysticta* Butler	山楂、桃、梨、苹果、李	省内
卫矛巢蛾	*Yponomeuta polystigmellus* Felder	卫矛、栎	荆州
举肢蛾科 Heliodinidae			
核桃举肢蛾（核桃展足蛾）	*Atrijuglans hetaohei* Yang	核桃、山核桃、野核桃、核桃楸、紫薇	十堰、宜昌、襄阳、恩施

续表

有害生物种类	拉丁学名	寄主植物	分布
榆举肢透翅蛾	*Heliodinasesia ulmi* Yang et Wang	榆	宜昌、襄阳、神农架
柿举肢蛾（柿蒂虫、柿实虫）	*Stathmopoda masinissa* Meyrick	柿、中华猕猴桃	宜昌、襄阳、荆州、黄冈、恩施、神农架
潜蛾科 Lyonetiidae			
杨白纹潜蛾（杨白潜蛾）	*Leucoptera susinella* Herrich-Schäffer	旱柳、杨、桦、苹果、槐	武汉、十堰、荆州
桃潜蛾（桃潜叶蛾）	*Lyonetia clerkella* Linnaeus	葡萄、李、桃、杨、山核桃、核桃、樱花、红叶李	武汉、宜昌、襄阳、孝感、荆州、咸宁、恩施
织蛾科 Oecophoridae			
油茶织蛾（油茶蛀蛾、茶枝镰蛾、茶枝蛀蛾）	*Casmara patrona* Meyrick	油茶、茶	黄冈、咸宁
茶梢尖蛾	*Parametriotes theae* Kusnetzov	茶	宜昌、黄冈、咸宁
茶木蛾（堆砂蛀）	*Linoclostis gonatias* Meyrick	茶、板栗、八角、油茶、桂花	宜昌、恩施
乌桕木蛾	*Odites xenophaea* Meyrick	乌桕、板栗、樟、梧桐	省内
白线织蛾	*Promalactis enopisema* Butler	苹果	黄冈
点线锦织蛾（点线织蛾）	*Promalactis suzukiella* Matsumura	板栗、猴樟、樟	黄冈
鞘蛾科 Coleophoridae			
落叶松鞘蛾	*Coleophora laricella* Huebner	落叶松	宜昌
麦蛾科 Gelechiidae			
刺槐荚麦蛾（刺槐种子麦蛾）	*Mesophleps sublutiana* Park	刺槐	十堰
麦蛾	*Sitotroga cerealella* Olivier	杨、桃、杏、苹果、李、枣树、竹	宜昌、咸宁
黑星麦蛾	*Telphusa chloroderces* Meyrick	苹果、梨、李、桃、杨梅、樱桃、海棠花、石楠、红叶李	武汉、襄阳、孝感、恩施

续表

有害生物种类	拉丁学名	寄主植物	分　布
羽蛾科 Pterophoridae			
杨桃鸟羽蛾	*Diacrotricha fasciola* Zeller	猕猴桃、桃	宜昌
蛀果蛾科 Carposinidae			
桃蛀果蛾（桃小食心虫、枣桃小食心虫）	*Carposina niponensis* Walsingham	桃、木瓜、枣	十堰、鄂州、孝感、荆州、恩施、潜江
卷蛾科 Tortricidae			
黄斑长翅卷蛾（黄斑卷叶蛾、桃卷叶蛾）	*Acleris fimbriana* Thunberg et Becklin	杨、柳、核桃、板栗、榆、悬铃木、樱花、海棠花、石楠、红叶李、桃金娘、女贞	恩施
苹果小卷蛾	*Adoxophyes congruana* Walk.	苹果、梨、李、桃	黄冈
柑桔褐带卷蛾（拟小黄卷叶蛾）	*Adoxophyes cyrtosema* Meyrick	柑橘、梨、枣树、油茶、茶、连翘	武汉、十堰、宜昌、咸宁
柑橘卷叶蛾	*Adoxophyes fasciata* Walk.	苹果、梨、李、桃、柑橘	襄阳
棉褐带卷蛾（苹小卷叶蛾）	*Adoxophyes orana* Fischer von Röslerstamm	油茶、茶、柿、杨、柳、桦、栳木	宜昌、襄阳、咸宁、恩施
茶小卷叶蛾	*Adoxophyes privatana* Walk	茶、柑橘	全省
枣镰翅小卷蛾（枣粘虫、枣小蛾、枣实果蛾）	*Ancylis sativa* Liu	枣、酸枣、西府海棠	咸宁
后黄卷蛾（后黄卷叶蛾）	*Archips asiaticus* Walsingham	柑橘、山柚子、杨、枫杨、板栗、苹果、梨、李、水榆花楸、臭椿、枣	黄冈
梨黄卷蛾	*Archips breviplicanus* Walsingham	梨、苹果	荆州
械黄卷蛾	*Archips capsigeranus* Kennel	械	十堰、恩施

续表

有害生物种类	拉丁学名	寄主植物	分 布
苹果黄卷蛾(苹黄卷叶蛾、苹黄卷叶蛾)	*Archips ingentanus* Christoph	苹果、杨、栎、构、海桐、桃、山楂、八角枫、栀子	黄冈、咸宁
苹梢卷叶蛾	*Archips longicellana* Wals.	苹果、梨	十堰、荆州、黄冈、恩施
拟后黄卷蛾	*Archips micaceanus* Walker	柑橘	省内
云杉黄卷蛾	*Archips oporanus* Linnaeus	冷杉、雪松、云杉、杉木、马尾松、圆柏、粗榧	荆州、黄冈、咸宁
松蚜卷叶蛾	*Archips piceana* Linnaeus	雪松、马尾松、杉、柏、云杉	全省
红黄卷蛾	*Archips subrufanus* Snellen	不详	黄冈
栎黄卷蛾(黄卷蛾、杂色金卷叶蛾、栎粗卷叶蛾、角纹卷叶蛾)	*Archips xylosteanus* Linnaeus	松、杨、柳、栎、茶	襄阳、咸宁
龙眼裳卷蛾	*Cerace stipatana* Walker	樟、枫杨、栎、栗、柳、杨、榆	襄阳、黄冈、咸宁
黄色卷蛾(苹大卷叶蛾)	*Choristoneura longicellana* Walsingham	槐、柳、核桃、板栗、栎、朴、桑、杏、樱桃、山楂、梨、山合欢、柿	神农架
水杉色卷蛾	*Choristoneura metasequoiacola* Liu	水杉	恩施
栎弧翅卷蛾	*Croesia comchyloides*	栎	神农架
荔枝异型小卷蛾(荔枝异形小卷蛾、荔枝小卷蛾、荔枝黑褐卷蛾)	*Cryptophlebia ombrodelta* Lower	杨、柳、槐、皂角	宜昌、荆州
栗黑小卷蛾	*Cydia glandicolana* Danilevsky	榛子、核桃、板栗、水青冈、栎	宜昌
松皮小卷蛾	*Cydia pactolana* Zeller	云杉、油松	宜昌

湖北省林业有害生物名录

续表

有害生物种类	拉丁学名	寄主植物	分布
松瘿小卷蛾	*Cydia zebeana* Ratzeburg	落叶松、樟子松、油松	宜昌、黄冈、咸宁
杨梅圆点小卷蛾	*Eudemis gyrotis* Meyrick	杨梅	黄冈
李小食心虫	*Grapholita funebrana* Treitachke	桃、梅、杏、李、樱桃、木瓜、枣	十堰、恩施
苹小食心虫	*Grapholita inopinata* Heinrich	苹果、梨、桃、山楂、西府海棠、梨、枣、秋海棠	武汉、襄阳、荆州、仙桃
梨小食心虫	*Grapholita molesta* Busck	桃、石楠、柳树、杨梅、山核桃、桑、樱桃、枣树、秋海棠、石榴、蔷薇	全省
杏小食心虫（山楂小食心虫）	*Grapholita prunivora* Walsh	山楂、榆、桃、杏、石楠、李、梨、蔷薇	恩施
杨柳小卷蛾	*Gypsonoma minutana* Hübner	杨、垂柳、朴树、榆、樱桃、葡萄	武汉、十堰、宜昌、咸宁
柑桔长卷蛾	*Homona coffearia* Nietner	柑橘、鹅掌楸、猴樟、油茶、茶、泡桐	孝感、黄冈
柳杉长卷蛾	*Homona issikii* Yasuda	柳杉、柳	十堰、襄阳、咸宁、恩施
茶长卷叶蛾（茶长卷蛾、茶卷叶蛾、褐带长卷叶蛾）	*Homona magnanima* Diakonoff	茶、樟、柿、女贞、栎、银杏、杨、柳、枫香、桃、石楠、红叶李、冬青、卫矛、栾树、木芙蓉	武汉、十堰、宜昌、襄阳、荆门、孝感、荆州、随州
杉梢花翅小卷蛾（杉梢小卷蛾）	*Lobesia cunninghamiacola* Liu et Bai	杉木、柳树、桢南、油茶	全省
苦楝小卷蛾	*Loboschiza koenigana* Fabricius	苦楝	荆州
栗小卷蛾	*Olethreutes castaneanum* Walsingham	不详	宜昌

续表

有害生物种类	拉丁学名	寄主植物	分　布
银杏超小卷叶蛾	*Pammene ginkgoicola* Liu	银杏、杏、苹果	十堰、宜昌、荆门、孝感、荆州、黄冈、随州、恩施
醋栗褐卷蛾	*Pandemis cerasana* Hübner	榆、桦、槭、椴、栎	神农架
新褐卷蛾	*Pandemis chondrillana* Herrich-Schäffer	柳、苹果	省内
松褐卷蛾	*Pandemis cinnamomeana* Treitschke	柳、桦、冷杉、栎	神农架
榛褐卷蛾	*Pandemis corylana* Fabricius	杨、柳、栎、榆	武汉、黄冈
桃褐卷蛾	*Pandemis dumetana* Treitschke	李、桃、核桃、黄杨、盐肤木、女贞	武汉、十堰、孝感、神农架
苹褐卷蛾（褐带卷叶蛾）	*Pandemis heparana* Schiffermüller	杨、柳、桃、苹果、水青冈、锥栗、板栗、榆、桑	宜昌
落叶松卷蛾	*Ptycholomoides aeriferanus* Herrich-Schäffer	日本落叶松	宜昌
松实小卷蛾	*Retinia cristata* Walsingham	马尾松、油松、黑松、杉木	黄石、宜昌
马尾松梢小卷蛾（松梢小卷蛾）	*Rhyacionia dativa* Heinrich	马尾松、湿地松	十堰、宜昌
松梢小卷蛾	*Rhyacionia pinicolana* Doubleday	油松、马尾松	宜昌、襄阳、孝感、随州
桃白小卷蛾	*Spilonota albicama* Motschulsky	梨、桃、李、樱桃、苹果	省内
芽白小卷蛾（苹果顶芽小卷蛾）	*Spilonota lechriaspis* Meyrick	油茶、苹果、梨、核桃、山楂、垂丝海棠、红叶李、柿、栀子	省内
苹白小卷蛾	*Spilonota ocellana* Denis et Schiffermüller	山楂、苹果、梨、李、杏、桃、樱桃	襄阳、荆州、黄冈、咸宁
木蠹蛾科 Cossidae			
白条孤蠹蛾	*Azygophleps albofasciata* Moore	杨、柳	黄冈、恩施

湖北省林业有害生物名录

续表

有害生物种类	拉丁学名	寄主植物	分布
芳香木蠹蛾东方亚种	*Cossus cossus orientalis* Gaede	杨、柳、榆、悬铃木、桤木、刺槐、槐树、臭椿、香椿、栾树、柿、白蜡	黄石、宜昌、孝感、荆州
咖啡木蠹蛾	*Zeuzera coffeae* Nietner	小叶栎、板栗、乌桕、核桃	十堰、宜昌、孝感、荆州、黄冈、咸宁、潜江
白背斑蠹蛾	*Xyleutes perona* Le Guillou	核桃、杨、栎、榆	省内
榆蠹蛾（榆木蠹蛾）	*Holcocerus vicarius* Walker	柳、杨、榆、栎、核桃	武汉、十堰、宜昌、孝感、荆州、黄冈
六星黑点豹蠹蛾	*Zeuzera leuconotum* Butler	栾树、悬铃木、栎、石榴	武汉、荆州、咸宁
多纹豹蠹蛾（核桃豹蠹蛾、多斑豹蠹蛾、木麻黄木蠹蛾、豹蠹蛾、木麻黄豹蠹蛾）	*Zeuzera multistriata* Moore	核桃、桃、柿、杨、旱柳、枫杨、栎、榆	孝感、咸宁、恩施
梨豹蠹蛾	*Zeuzera pyrina* Linnaeus	杨、柳、榆、梨、茶	十堰、宜昌、恩施
拟木蠹蛾科 Metarbelidae			
荔枝拟木蠹蛾	*Arbela dea* Swinboe	樟、柳、枫杨、重阳木、乌桕、石榴	省内
透翅蛾科 Sesiidae			
葡萄准透翅蛾	*Paranthrene regalis* Butler	葡萄、杨、朱槿	全省
白杨准透翅蛾（白杨透翅蛾、杨树透翅蛾）	*Paranthrene tabaniformis* Rottenburg	杨、垂柳、旱柳、枫杨、榆、白蜡	襄阳
杨大透翅蛾	*Sesia apiformis* Clerck	杨、柳、刺槐	神农架
黑赤腰透翅蛾	*Sesia rhynchioides* Butler	板栗、盐肤木	黄冈
赤腰透翅蛾	*Sesia molybdoceps* Hampson	板栗、核桃、栓皮栎、柑橘	宜昌、襄阳、荆州、黄冈
板栗兴透翅蛾	*Synanthedon castanevora* Yang et Wang	板栗、麻栎、栓皮栎	宜昌

续表

有害生物种类	拉丁学名	寄主植物	分　布
苹果兴透翅蛾（苹果透翅蛾）	*Synanthedon hector* Butler	桃、梨、苹果、樱桃、合欢、红果树、桉叶槭	襄阳
勐腊兴透翅蛾	*Synanthedon menglaensis* Yang et Wang	板栗	黄冈
栎小透翅蛾	*Synanthedon quercus* Matsumura	栎	襄阳
棕兴透翅蛾（檫兴透翅蛾）	*Synanthedon sassafras* Xu	檫木、水榆花楸	恩施
刺蛾科 Limacodidae			
四痣丽刺蛾	*Altha adala* Moore	柿、核桃、板栗、枇杷、石楠、桂花	宜昌、恩施
艳刺蛾（三色刺蛾）	*Arbelarosa rufotesseliata* Moore	枫杨、茶、樟、厚朴、桢楠、枫香、枇杷、枣	荆州、黄冈、神农架
锯纹歧刺蛾	*Apoda dentatus* Oberthür	梨、李、板栗、喜树、核桃、樱桃、茶、木荷	荆州、黄冈、恩施
背刺蛾（贝刺蛾）	*Belippa horrida* Walker	黄栌、山莓、杨、锥栗、板栗、刺槐、油桐、枣	十堰、宜昌、襄阳、荆州、恩施
灰双线刺蛾	*Cania billineata* Walker	樟、茶、竹、橘	十堰、襄阳、随州、恩施、神农架
白痣姹刺蛾（白痣嫣刺蛾、茶透刺蛾、中点刺蛾）	*Chalcoscelides albiguttata* Snellen	板栗、枫香、杜仲、石楠、柑橘	恩施
迷刺蛾	*Chibiraga banghaasi* Hering et Hopp	柞木、核桃楸、栎	恩施
窃达刺蛾	*Darna trima* Moore	茶、油茶、柑橘、桂花、柿	恩施
茶纷刺蛾（茶刺蛾）	*Griseothosea fasciata* Moore	茶、重阳木、油茶	黄石、咸宁、恩施
长须刺蛾	*Hyphorma minax* Walker	茶、油茶、核桃、油桐、柑橘	恩施

湖北省林业有害生物名录

续表

有害生物种类	拉丁学名	寄主植物	分布
褐边绿刺蛾（褐袖刺蛾、绿刺蛾、青刺蛾）	*Latoia consocia* Walker	多种阔叶树	全省
卵斑绿刺蛾	*Latoia convexa* Hering	不详	宜昌
双齿绿刺蛾（棕边青刺蛾）	*Latoia hilarata* Staudinger	杨、柳、枫杨、榆、梧桐、油桐、乌桕、柿、栎、槭、桦、油茶、枣、核桃	武汉、十堰、咸宁
肖媚绿刺蛾	*Latoia pseudorepanda* Hering	枫香、杨、柳、乌桕、油桐	十堰、荆州、咸宁
媚绿刺蛾	*Latoia repanda* Walker	杨、柳、檫木	荆门、咸宁
闪银纹刺蛾	*Miresa fulgida* Wileman	茶、樟	恩施
迹银纹刺蛾	*Miresa inornata* Walker	柿、茶、油茶	黄石、宜昌、襄阳、荆门、孝感、咸宁、天门
线银纹刺蛾	*Miresa urga* Hering	柿、油茶、茶	荆门
黄刺蛾（洋辣子、茶黄刺蛾）	*Monema flavescens* Walker	苹果、枇杷、梨、李、杏、桃、板栗、核桃、枣、柿、柑橘	全省
白眉刺蛾	*Narosa edoensis* Kawada	杨、柳、板栗	武汉、襄阳、荆门、孝感、神农架
黑眉刺蛾	*Narosa nigrisigna* Wileman	乌桕、枣、核桃、油桐、紫荆	宜昌
梨娜刺蛾	*Narosoideus flavidorsalis* Staudinger	梨、杏、桃、柿、枫杨、核桃	十堰、宜昌、孝感、荆州、咸宁
狡娜刺蛾	*Narosoideus vulpinus* Wileman	杨、柳、柿、梨	十堰、咸宁
斜纹刺蛾	*Darna ochracea* Moore	柑橘、核桃、桑、樱桃、梨	宜昌、荆州
丽绿刺蛾（绿刺蛾、茶丽绿刺蛾）	*Latoia lepida* Cramer	重阳木、茶、板栗、乌桕	武汉、宜昌、襄阳、孝感、荆州、咸宁、随州、恩施、仙桃

续表

有害生物种类	拉丁学名	寄主植物	分 布
迹斑绿刺蛾（樟刺蛾）	*Latoia pastoralis* Limacodidae	樟、板栗、樱花、重阳木、朴树	黄石、十堰、孝感、咸宁、恩施
中国绿刺蛾	*Latoia sinica* Moore	核桃、杨、柳、榆、柿、梧桐	全省
宽缘绿刺蛾	*Parasa tessellata* Moore	板栗、竹	黄冈
海绿刺蛾	*Pelagodes antiquadraria* Inoue	杨、麻栎、槲栎、栓皮栎、野海棠	孝感、咸宁、恩施
枣奕刺蛾（枣刺蛾）	*Phlossa conjuncta* Walker	枣、柿、核桃、化香、刺槐	襄阳、荆门、孝感、荆州、恩施、神农架
油桐绒刺蛾	*Phocoderma velutina* Kollar	核桃、栎、椿、乌桕、油桐、油茶	武汉、十堰、宜昌、襄阳、荆门、黄冈、恩施、神农架
宽边绿刺蛾	*Latoia canangae* Hering	多种阔叶树	恩施
黄褐球须刺蛾	*Scopelodes testacea* Butler	朴树、枫香	恩施
显脉黑球须刺蛾（显脉球须刺蛾）	*Scopelodes venosa kwangiungenensis* Hering	油桐、柿、枣	黄石、宜昌、襄阳、荆门、孝感、恩施、天门
窄斑褐刺蛾	*Setora baibarana* Hering	油茶、茶、悬铃木、苦槠、白蜡	宜昌、黄冈、咸宁
桑褐刺蛾（褐刺蛾、红绿刺蛾、刺毛虫）	*Setora postornata* Hampson	多种阔叶树	黄石、十堰、宜昌、襄阳、鄂州、荆门、孝感、荆州、咸宁、随州、仙桃
八字褐刺蛾	*Setora sinensis* Moore	多种阔叶树	恩施
窄边褐刺蛾	*Setora suberecta* Hering	茶	神农架
两色青刺蛾	*Thespea bicolor* Walker	竹、茶、核桃	黄石、十堰、襄阳、鄂州、孝感、荆州
中国扁刺蛾（杜仲刺蛾）	*Thosea sinensis* Walker	梨、桃、李、杏、樱桃、枇杷	全省

湖北省林业有害生物名录

续表

有害生物种类	拉丁学名	寄主植物	分　布
斑蛾科 Zygaenidae			
黄纹竹斑蛾	*Allobremeria plurilineata* Alberti	苦竹、慈竹、罗汉竹、水竹、毛竹、撑杆竹	十堰
竹小斑蛾	*Artona funeralis* Butler	竹	武汉、黄石、十堰、宜昌、襄阳、荆门、孝感、咸宁、天门
黄纹旭锦斑蛾	*Campylotes partti* Leech	榆	宜昌
蝶形锦斑蛾	*Chalcosia papilionaris* Drury	紫薇	宜昌
李拖尾锦斑蛾	*Elcysma westwoodii* Vollenhoven	李	十堰
茶柄脉锦斑蛾（茶斑蛾、蓬莱茶斑蛾）	*Eterusia aedea* Clerck	油茶、茶、马尾松、柏木、核桃、桤木、栎、青冈栎、山楂	武汉、宜昌、鄂州、荆门、孝感、黄冈、咸宁、恩施、神农架
重阳木锦斑蛾（重阳木斑蛾）	*Histia rhodope* Cramer	重阳木、栓皮栎、朴树、无患子、樱花、木芙蓉	武汉、黄石、十堰、宜昌、襄阳、荆门、孝感、荆州、咸宁、随州、恩施、仙桃、潜江
桃斑蛾	*Illiberis nigra* Leech	山楂、枇杷、苹果、梨、李、杏、桃、板栗、樱桃	咸宁
梨叶斑蛾（梨星毛虫）	*Illiberis pruni* Dyar	梨、苹果	十堰、襄阳、黄冈、恩施
柞叶斑蛾	*Illiberis sinensis* Walker	栎、柞木	十堰、孝感、恩施
榆星毛虫（榆斑蛾、榆叶斑蛾）	*Illiberis ulmivora* Graeaer	板栗、杨、旱柳、榆、胡枝子	十堰
黑斑红毛斑蛾	*Phauda triadum* Walker	榕树	孝感、咸宁、恩施
萱草带锦斑蛾	*Pidorus gemina* Walker	榕树、楝树	随州
野茶带锦斑蛾	*Pidorus glaucopis* Drury	茶、油茶、杨、柳、青冈栎、刺槐、柑橘	恩施

续表

有害生物种类	拉丁学名	寄主植物	分布
桧带锦斑蛾	*Pidorus glaucopis atratus* Butler	柏、杨、油桐	咸宁、恩施
大叶黄杨斑蛾（大叶黄杨长毛斑蛾、黄杨斑蛾）	*Pryeria sinica* Moore	大叶黄杨、冬青、卫矛、金边黄杨、女贞	咸宁
赤眉锦斑蛾	*Rhodopsona costata* Walker	不详	襄阳
茶六斑褐锦斑蛾	*Soritia pulchella sexpunctata* Walker	茶、乌桕、漆树	十堰、恩施
网蛾科 Thyrididae			
树形拱肩网蛾	*Camptochilus aurea* Butler	山核桃、板栗、黄海棠	黄冈
金盏拱肩网蛾	*Camptochilus sinuosus* Warren	杨、核桃、栗、栎、油茶、柿	十堰、宜昌、孝感、黄冈
蝉网蛾	*Glanycus foochowensis* Chu et Wang	板栗、樟	孝感
绢网蛾（石榴茎窗蛾）	*Herdonia osacesalis* Walker	石榴、桂花	武汉
支线网蛾	*Rhodoneura erecta* Leech	核桃、栎	黄冈、咸宁、恩施
壮硕网蛾	*Rhodoneura vitula* Guenée	板栗	黄冈
大斜线网蛾	*Striglina cancellata* Christoph	板栗	十堰、襄阳、黄冈
鸵蛾科 Hyblaeidae			
全须夜蛾（柚木弄蛾、柚木肖弄蝶夜蛾）	*Hyblaea puera* Cramer	麻栎、紫薇、无患子、木荷	十堰、孝感、荆州、咸宁、恩施
凤蝶科 Papilionidae			
宽尾凤蝶	*Agehana elwesi* Leech	木槿、枫杨、鹅掌楸、玉兰、桢楠、檫木、合欢	十堰、宜昌、荆州、咸宁、恩施
三尾褐凤蝶	*Bhutanitis thaidina* Blanchard	水麻	恩施
麝凤蝶	*Byasa alcinous* Klug	杨、柳树、枫杨、板栗、樟、石楠、合欢、柑橘	十堰、宜昌、咸宁、随州、神农架

湖北省林业有害生物名录

续表

有害生物种类	拉丁学名	寄主植物	分布
达摩麝凤蝶	*Byasa daemonius* Alpheraky	马兜铃	黄石、随州
长尾麝凤蝶	*Byasa impediens* Rothschild	栎、构树、猴樟、合欢、柑橘、牡荆	黄石、宜昌、襄阳、咸宁、随州
灰绒麝凤蝶	*Byasa mencius* Felder et Felder	马兜铃	黄石、孝感、随州
褐斑凤蝶	*Chilasa agestor* Gray	花椒、栾树、合果木、黄荆	黄石、宜昌
小黑斑凤蝶（小褐斑凤蝶）	*Chilasa epycides* Hewitson	柑橘、黄檗	宜昌、恩施
碎斑青凤蝶	*Graphium chironides* Honrath	厚朴、鹅掌楸、樟、肉桂、月季、梧桐、木荷	宜昌、咸宁、恩施
宽带青凤蝶	*Graphium cloanthus* Westwood	大叶楠、猴樟、香楠	宜昌、咸宁
木兰青凤蝶中原亚种（木兰青凤蝶）	*Graphium doson axion* Felder et Felder	杨、桤木、锥栗、八角、玉兰、厚朴、含笑、樟、天竺桂、木姜子	襄阳、孝感、恩施
黎氏青凤蝶	*Graphium leechi* Rothschild	鹅掌楸、朴树、猴樟、樟、檫木、桂花	黄石、咸宁
青凤蝶（樟青凤蝶）	*Graphium sarpedon* Linnaeus	樟、桂花、月季、柳树、核桃、栎、榆树、荷花玉兰	宜昌、咸宁、随州、恩施、神农架
中华虎凤蝶	*Luehdorfia chinensis* Leech	细辛	宜昌
褐钩凤蝶	*Meandrusa sciron* Leech	合欢	宜昌、恩施
红珠凤蝶（红纹凤蝶）	*Pachliopta aristolochiae* Fabricius	马兜铃	武汉、黄石、十堰、孝感
窄斑翠凤蝶	*Papilio arcturus* Westwood	柑橘、花椒、山茱萸	宜昌、孝感
碧凤蝶	*Papilio bianor* Cramer	柑橘、黄檗、花椒、樟、鹅掌楸、核桃、桤木、板栗、榆树、桑、含笑、檫木、山楂	十堰、宜昌、咸宁、随州、恩施、神农架

续表

有害生物种类	拉丁学名	寄主植物	分布
达摩凤蝶	*Papilio demoleus* Linnaeus	柑橘、黄皮、桉树	孝感、黄冈
穹翠凤蝶（南亚翠凤蝶）	*Papilio dialis* Leech	柑橘、漆树	黄冈、咸宁、随州、恩施
玉斑纹凤蝶（玉斑凤蝶）	*Papilio helenus* Linnaeus	柑橘、牛筋条、枫杨、青冈、柑橘、乌桕、迎春花	黄石、恩施
绿带翠凤蝶（乌凤蝶）	*Papilio maacki* Ménétriès	花椒、岩椒、鹅掌楸、吴茱萸、黄檗	黄石、十堰、咸宁、随州
金凤蝶（黄凤蝶）	*Papilio machaon* Linnaeus	樟、楠、花椒、莽草、枸橘	黄石、十堰、宜昌、襄阳、孝感、荆州、随州、恩施、神农架、仙桃、天门、潜江
美姝凤蝶	*Papilio macilentus* Janson	柑橘、花椒、山茱萸	宜昌、荆门、荆州、咸宁、随州、神农架、仙桃、天门、潜江
美凤蝶	*Papilio memnon* Linnaeus	紫薇、柑橘、枇杷、吴茱萸、花椒、油茶、朱瑾、忍冬	宜昌、咸宁、随州、恩施
宽带凤蝶	*Papilio nephelus* Boisduval	柑橘、杉木、黄荆	宜昌、恩施
宽带凤蝶东部亚种	*Papilio nephelus chaonulus* Fruhstorfer	枫杨、花椒	宜昌
巴黎翠凤蝶	*Papilio paris* Linnaeus	核桃、栎、构树、桑、黄连、杜仲、杏、梨、柑橘	黄石、十堰、宜昌、荆门、孝感、荆州、黄冈、咸宁、恩施、神农架、仙桃、天门、潜江
玉带凤蝶	*Papilio polytes* Linnaeus	柑橘、花椒、青冈、乌桕、牛筋条	十堰、宜昌、咸宁、随州、神农架
玉带凤蝶台湾亚种	*Papilio polytes pasikrates* Fruhstorfer	柑橘	襄阳

湖北省林业有害生物名录

续表

有害生物种类	拉丁学名	寄主植物	分布
蓝凤蝶（黑凤蝶）	*Papilio protenor* Cramer	柑橘、构树、桑、柳杉、核桃、枫杨、桤木、板栗、樱桃、枇杷	黄石、宜昌、襄阳、荆州、咸宁、随州、恩施
柑橘凤蝶	*Papilio xuthus* Linnaeus	柑橘、柚	全省
冰清绢蝶	*Parnassius citrinarius* Butler	杨、柳杉、桦木、榆叶李、苹果	宜昌、神农架
绿凤蝶	*Pathysa antiphates* Cramer	不详	省内
金斑剑凤蝶	*Pazala alebion* Gray	不详	孝感、黄冈、恩施
升天剑凤蝶	*Pazala euroa* Leech	不详	宜昌、恩施
华夏剑凤蝶	*Pazala glycerion* Gray	樟、木姜子	宜昌、恩施
乌克兰剑凤蝶	*Pazala tamerlana* Oberthür	山鸡椒	宜昌、恩施
铁木剑凤蝶	*Pazala timur* Ney	不详	恩施
丝带凤蝶	*Sericinus montelus* Gray	杨、柳、核桃、青冈、榆、构树、广玉兰、悬铃木、木香、马兜铃、算盘子、石榴、珊瑚树	宜昌、荆门、荆州、咸宁、随州、神农架、仙桃、天门、潜江
金裳凤蝶	*Troides aeacus* Felder et Falder	柑橘、枳、忍冬	黄石、宜昌、孝感、黄冈、咸宁、神农架
弄蝶科 Hesperiidae			
白弄蝶	*Abraximorpha davidii* Mabille	朴树、悬钩子、紫薇	黄石、十堰、宜昌、鄂州、荆州、黄冈、咸宁、恩施、神农架
白弄蝶台湾亚种	*Abraximorpha davidii ermasis* Fruhstorfer	朴树、悬钩子、紫薇	恩施

续表

有害生物种类	拉丁学名	寄主植物	分布
河伯锷弄蝶	*Aeromachus inachus* Ménétriès	不详	黄石、十堰、鄂州、孝感、黄冈
黑锷弄蝶	*Aeromachus piceus* Leech	不详	宜昌、孝感、咸宁、恩施
黄斑弄蝶	*Ampittia dioscorides* Fabricius	桂花、竹	十堰、宜昌、荆州、仙桃、天门、潜江
小黄斑弄蝶	*Ampittia nana* Leech	不详	省内
钩形黄斑弄蝶	*Ampittia virgata* Leech	灌木	宜昌、恩施
腌翅弄蝶	*Astictopterus jama* C. Felder et R. Felder	不详	宜昌、恩施
白伞弄蝶	*Bibasis gomata* Moore	叶子花、鹅掌楸	省内
放踵珂弄蝶	*Caltoris cahira* Moore	不详	省内
白斑银弄蝶	*Carterocephalus dieckmanni* Graeser	不详	宜昌、恩施
三斑银弄蝶	*Carterocephalus urasimataro* Sugiyama	不详	宜昌、恩施
疏星弄蝶	*Celaenorrhinus aspersus* Leech	不详	孝感、黄冈、随州
斜带星弄蝶	*Celaenorrhinus aurivittatus* Moore	山茶、水竹	恩施
同宗星弄蝶	*Celaenorrhinus consanguineus* Leech	不详	省内
斑星弄蝶	*Celaenorrhinus maculosus* C. Felder et R. Felder	毛竹、胖竹	宜昌、孝感、黄冈、咸宁、随州、恩施
黄射纹星弄蝶	*Celaenorrhinus oscula* Evans	不详	宜昌、孝感、黄冈、随州、恩施
黄星弄蝶	*Celaenorrhinus pero* De Nicéville	不详	宜昌、孝感、随州
小星弄蝶	*Celaenorrhinus ratna* Fruhstorfer	不详	宜昌、随州
绿弄蝶	*Choaspes benjaminii* Guèrin-Méneville	泡花树、清风藤	武汉、宜昌、孝感、黄冈、咸宁、随州、恩施、神农架

湖北省林业有害生物名录

续表

有害生物种类	拉丁学名	寄主植物	分　布
黑弄蝶 （带弄蝶、玉带弄蝶）	*Daimio tethys* Ménétriès	苦槠、栓皮栎、朴、桃、刺槐、柑橘、盐肤木、黄荆、箬叶竹	十堰、宜昌、襄阳、孝感、荆州、黄冈、咸宁、随州、恩施、神农架
深山珠弄蝶	*Erynnis montanus* Bremer	榆	孝感、黄冈
珠弄蝶	*Erynnis tages* Linnaeus	百脉根	宜昌
匪夷捷弄蝶	*Gerosis phisara* Moore	不详	宜昌、恩施
中华捷弄蝶	*Gerosis sinica* C. Felder et R. Felder	不详	宜昌、恩施
无趾弄蝶	*Hasora anura* De Nicéville	不详	武汉、宜昌、咸宁、恩施
双斑趾弄蝶	*Hasora chromus* Cramer	黄皮、紫薇	省内
希弄蝶	*Hyarotis adrastus* Stoll	不详	孝感、黄冈
雅弄蝶	*Iambrix salsala* Moore	石竹	省内
旖弄蝶	*Isoteinon lamprospilus* C. Felder et R. Felder	不详	宜昌、神农架
小弄蝶	*Leptalina unicolor* Bremer et Grey	不详	宜昌、恩施
双带弄蝶	*Lobocla bifasciata* Bremer et Grey	杨、柳树、海棠花、月季、刺槐	武汉、宜昌、孝感、黄冈、咸宁、随州、恩施
黄带弄蝶	*Lobocla liliana* Atkinson	不详	黄石、十堰、宜昌、鄂州、孝感、黄冈、咸宁、恩施、神农架
曲纹袖弄蝶	*Notocrypta curvifascia* C. Felder et R. Felder	水竹、毛竹	宜昌
菩提赭弄蝶	*Ochlodes bouddha* Mabille	不详	十堰
透斑赭弄蝶	*Ochlodes linga* Evans	不详	孝感、黄冈

续表

有害生物种类	拉丁学名	寄主植物	分布
宽边赭弄蝶	*Ochlodes ochracea* Bremer	毛竹	十堰、宜昌、孝感、黄冈、神农架
白斑赭弄蝶	*Ochlodes subhyalina* Bremer et Grey	虎榛子、刺竹子	十堰、襄阳、孝感、黄冈、随州、神农架
小赭弄蝶	*Ochlodes venata* Bremer et Grey	牡荆、毛竹	黄石、宜昌、鄂州、咸宁、恩施、神农架
讴弄蝶	*Onryza maga* Leech	不详	荆门、荆州、咸宁、仙桃、天门、潜江
偶侣弄蝶	*Oriens gola* Moore	不详	省内
幺纹稻弄蝶	*Parnara bada* Moore	竹	黄石、鄂州、孝感、黄冈、咸宁
曲纹稻弄蝶	*Parnara ganga* Evans	箭竹、水竹、毛竹	黄石、十堰、宜昌、黄冈、咸宁、恩施、神农架
直纹稻弄蝶（直纹稻苞虫）	*Parnara guttata* Bermer et Grey	杨、柳树、构树、桃、石楠、月季、柑橘、紫薇、毛竹	武汉、十堰、宜昌、荆州、黄冈、咸宁、恩施、仙桃、天门、潜江
南亚谷弄蝶	*Pelopidas agna* Moore	苦竹	武汉、宜昌、恩施
隐纹谷弄蝶（隐纹稻弄蝶）	*Pelopidas mathias* Fabricius	柳、石楠、白蜡树、慈竹、斑竹、毛竹、水竹、胖竹	十堰、荆州、咸宁、神农架
隐纹谷弄蝶中日亚种	*Pelopidas mathias oberthuri* Evans	不详	武汉、宜昌、咸宁
黄标琵弄蝶	*Pithauria marsena* Hewitson	不详	宜昌、恩施
黄纹孔弄蝶	*Polytremis lubricans* Herrich-Schäffer	樟、毛竹	宜昌、恩施
黑标孔弄蝶	*Polytremis mencia* Moore	柑橘、毛竹	咸宁
透纹孔弄蝶	*Polytremis pellucida* Murray	竹	十堰、宜昌、孝感、荆州、黄冈、咸宁、恩施

湖北省林业有害生物名录

续表

有害生物种类	拉丁学名	寄主植物	分　布
盒纹孔弄蝶	*Polytremis theca* Evans	不详	宜昌、孝感、黄冈、恩施
刺纹孔弄蝶	*Polytremis zina* Evans	不详	宜昌、恩施
孔子黄室弄蝶	*Potanthus confucius* Felder et Felder	不详	宜昌、孝感、黄冈、恩施
曲纹黄室弄蝶	*Potanthus flavus* Murray	竹	宜昌、孝感
淡色黄室弄蝶	*Potanthus pallidus* Evans	毛竹	咸宁
断纹黄室弄蝶	*Potanthus trachalus* Mabille	不详	宜昌
北方花弄蝶	*Pyrgus alveus* Hübner	不详	武汉、宜昌、咸宁
花弄蝶	*Pyrgus maculatus* Bremer et Grey	板栗、月季、玫瑰、悬钩子、莓果	宜昌、襄阳、咸宁、随州、恩施
飒弄蝶	*Satarupa gopala* Moore	不详	咸宁
密纹飒弄蝶	*Satarupa monbeigi* Oberthür	花椒	宜昌、孝感、咸宁
蛱型飒弄蝶	*Satarupa nymphalis* Speyer	黄檗	宜昌
黄弄蝶	*Taractrocera flavoides* Leech	箬竹	十堰、恩施、神农架
红翅长标弄蝶	*Telicota ancilla* Herrich-Schäffer	毛竹	武汉、宜昌、咸宁
花裙陀弄蝶	*Thoressa submacula* Leech	茅栗	宜昌
豹弄蝶	*Thymelicus leoninus* Butle	栎、桑	宜昌、咸宁
黑豹弄蝶	*Thymelicus sylvaticus* Bremer	不详	武汉、十堰、宜昌、咸宁、神农架

粉蝶科 Pieridae

有害生物种类	拉丁学名	寄主植物	分　布
橙翅襟粉蝶	*Anthocharis bambusarum* Oberthür	不详	宜昌
红襟粉蝶	*Anthocharis cardamines* Linnaeus	不详	宜昌、恩施
黄尖襟粉蝶	*Anthocharis scolymus* Butler	柳、柑橘、黄杨、茶、菜豆树	宜昌、咸宁、随州、恩施

续表

有害生物种类	拉丁学名	寄主植物	分布
暗色绢粉蝶	*Aporia bietii* Oberthür	杨、小檗、杏	黄石、孝感、黄冈、恩施
绢粉蝶(山楂粉蝶)	*Aporia crataegi* Linnaeus	梨、苹果、山楂、小叶女贞、茶、柏	黄石、十堰、宜昌、黄冈、恩施
小檗绢粉蝶(黄檗粉蝶)	*Aporia hippia* Bremer	黄檗、小檗、核桃、中华猕猴桃	宜昌、恩施
酪色绢粉蝶(酪色粉蝶、白绢粉蝶、深山粉蝶)	*Aporia potanini* Alpheraky	栎、小檗、黑桦、鼠李	宜昌、恩施
梨花迁粉蝶	*Catopsilia pyranthe* Linnaeus	黄槐决明	黄石、咸宁
黑脉园粉蝶(黑脉粉蝶)	*Cepora nerissa* Fabricius	石栎、枫香、柑橘、弓果藤	黄石、孝感、咸宁、随州、恩施
琥珀豆粉蝶(非洲豆粉蝶、橙黄粉蝶)	*Colias electo* Linnaeus	枫香、月季、柠条锦鸡儿、刺槐、柑橘、花椒、中华卫矛	荆门
斑缘豆粉蝶	*Colias erate* Esper	杨、柳树、朴树、榆树、三叶木通、桃、石楠、槐树、黄檗、黄杨、三角槭、忍冬	宜昌、随州、恩施
橙黄豆粉蝶	*Colias fieldii* Ménétriès	天竺桂、桃、柠条锦鸡儿、黄槐决明、刺槐	十堰、宜昌、荆门、荆州、恩施、神农架、仙桃、天门、潜江
黎明豆粉蝶	*Colias heos* Herbst	不详	孝感、黄冈
黄缘豆粉蝶(豆粉蝶)	*Colias hyale* Linnaeus	杨、榆树、山杏、李、山合欢、紫荆、槐树	宜昌
艳妇斑粉蝶	*Delias belladonna* Fabricius	李	十堰、神农架
倍林斑粉蝶	*Delias berinda* Moore	不详	省内
侧条斑粉蝶	*Delias lativitta* Leech	不详	宜昌

湖北省林业有害生物名录

续表

有害生物种类	拉丁学名	寄主植物	分布
洒青斑粉蝶	*Delias sanaca* Moore	不详	宜昌、恩施
隐条斑粉蝶	*Delias subnubila* Leech	不详	宜昌、恩施
黑角方粉蝶	*Dercas lycorias* Doubleday	黄槐决明	宜昌、恩施
橙翅方粉蝶	*Dercas nina* Mell	桃、梨、柑橘	宜昌、咸宁、恩施
檗黄粉蝶（黄粉蝶、格郎央小粉蝶、格郎央小黄粉蝶）	*Eurema blanda* Boisduval	梨、合欢、云实、黄槐决明、胡枝子、白蜡树、桂花	十堰、宜昌、荆门、荆州、咸宁、神农架、仙桃、天门、潜江
宽边黄粉蝶（宽边小黄粉蝶）	*Eurema hecabe* Linnaeus	马尾松、侧柏、杨、柳、山核桃、核桃、枫杨、桤木、青冈、榆树、山楂、合欢、桂花	十堰、宜昌、荆州、黄冈、咸宁、恩施、神农架
尖角黄粉蝶	*Eurema laeta* Boisduval	合欢、槐树	宜昌、荆门、荆州、随州、仙桃、天门、潜江
圆翅钩粉蝶	*Gonepteryx amintha* Blanchard	黄槐决明、鼠李、枣树	黄石、宜昌、恩施
锐角翅粉蝶	*Gonepteryx aspasia* Ménétriès	枣	神农架
尖钩粉蝶	*Gonepteryx mahaguru* Gistal	杨、柳树、桦木、樟、刺槐、翅子藤、鼠李、枣树	宜昌
钩粉蝶	*Gonepteryx rhamni* Linnaeus	杨、榆树、桢楠、山荆子、李、红果树、鼠李、枣树、椴树	黄石、十堰、宜昌、咸宁、随州、恩施
圆翅小粉蝶（荠小粉蝶）	*Leptidea gigantea* Leech	不详	宜昌
莫氏小粉蝶	*Leptidea morsei* Fenton	落叶松、云杉	宜昌、恩施
条纹小粉蝶	*Leptidea sinapis* Linnaeus	石楠	宜昌

续表

有害生物种类	拉丁学名	寄主植物	分　布
欧洲粉蝶	*Pieris brassicae* Linnaeus	杨、榆树、柑橘、油桐	咸宁、恩施
东方菜粉蝶	*Pieris canidia* Sparrman	杨、核桃、桤木、青冈、构树、桑、玉兰、碧桃、日本晚樱、枇杷、苹果、梨、月季、刺槐、柑橘、木槿、桂花	全省
云斑粉蝶（云粉蝶）	*Pontia daplidice* Linnaeus	板栗、桃、梨	黄石、十堰、鄂州、孝感、黄冈
黑纹粉蝶	*Pieris melete* Ménétriès	杉松、杨	十堰、宜昌、荆州、黄冈、咸宁、随州、恩施、神农架
大纹白粉蝶	*Pieris naganum* Moore	香椿	宜昌、襄阳、神农架
暗脉菜粉蝶（暗脉菜粉蝶北方亚种）	*Pieris napi* Linnaeus	构树、中华卫矛、紫薇、桂花	宜昌、咸宁、随州、恩施
菜粉蝶	*Pieris rapae* Linnaeus	银杏、杉、松、柏、杨、核桃、栓皮栎、榆、构、桑、牡丹、玉兰、樟、桃、杏、樱桃、山楂、枇杷、苹果、海棠花、石楠、李、红叶李、月季、合欢、紫穗槐、刺槐、槐树、柑橘、花椒、乌桕、金边黄杨、栾树、鼠李、枣树、木芙蓉、木槿、杜鹃、女贞、桂花、紫丁香、黄荆、牡荆	全省
蚬蝶科 Riodinidae			
蛇目褐蚬蝶	*Abisara echerius* Stoll	秋枫、杜茎山、鲫鱼藤	省内

湖北省林业有害生物名录

续表

有害生物种类	拉丁学名	寄主植物	分　　布
大斑尾蚬蝶	*Dodona egeon* Westwood	牡荆、密花树	宜昌
银纹尾蚬蝶	*Dodona eugenes* Bates	密花树、杜茎山	宜昌、恩施
白蚬蝶	*Stiboges nymphidia* Butler	不详	宜昌、恩施
豹蚬蝶	*Takashia nana* Leech	不详	宜昌、恩施
波蚬蝶	*Zemeros flegyas* Cramer	樟、桂花	宜昌、咸宁、恩施
灰蝶科 Lycaenidae			
丫灰蝶	*Amblopala avidiena* Hewitson	不详	宜昌、随州、恩施
青灰蝶	*Antigius attilia* Bremer	不详	宜昌、随州、恩施
绿灰蝶	*Artipe eryx* Linnaeus	朴树、檫木、苹果、栀子	宜昌、荆州、咸宁、仙桃、天门、潜江
琉璃灰蝶	*Celastrina argiolus* Linnaeus	杨、柳、核桃、桤木、板栗、山楂、苹果、冬青、李、苹果、石楠、梨、月季、悬钩子、合欢、刺槐、柑橘、女贞、桂花	宜昌、荆门、孝感、荆州、黄冈、随州、恩施、神农架
大紫琉璃灰蝶	*Celastrina oreas* Leech	悬铃木、苹果、李、胡枝子、刺槐、紫藤、鼠李	宜昌、孝感、黄冈、咸宁、恩施
紫灰蝶	*Chilades lajus* Stoll	苏铁	咸宁
曲纹紫灰蝶	*Chilades pandava* Horsfield	苏铁、海桐、花椒	武汉、宜昌、荆州
金灰蝶	*Chrysozephyrus smaragdinus* Bremer	梅、樱桃	十堰、神农架
密妮珂灰蝶	*Cordelia minerva* Leech	不详	黄石、宜昌、恩施
裹金小灰蝶（尖翅银灰蝶）	*Curetis acuta* Moore	小红柳、槐树、多花紫藤	黄石、宜昌、咸宁、恩施
银灰蝶	*Curetis bulis* Westwood	鸡血藤、水黄皮	黄石、十堰、宜昌、咸宁、神农架

续表

有害生物种类	拉丁学名	寄主植物	分布
玳灰蝶(小灰蝶)	*Deudorix epijarbas* Mooer	无患子、桂花、栀子	咸宁、恩施
长尾蓝灰蝶	*Everes lacturnus* Godart	木麻黄	宜昌、恩施
蓝灰蝶(闪蓝灰蝶)	*Everes argiades* Pallas	杨、核桃、麻栎、青冈、榆树、玉兰、苹果、月季、紫穗槐、刺槐、槐树、牡荆、无患子、黄荆	十堰、宜昌、襄阳、孝感、黄冈、咸宁、随州、恩施、神农架
浓紫彩灰蝶	*Heliophorus ila* De Nicéville et Martin	柳、悬钩子、柑橘、喜树、桂花、棕榈	咸宁、恩施
雅灰蝶	*Jamides bochus* Stoll	不详	宜昌、随州、恩施
黄灰蝶	*Japonica lutea* Hewitson	板栗、朴树、榆树、柞木	十堰、孝感、黄冈、神农架
亮灰蝶(波纹小灰蝶)	*Lampides boeticus* Linnaeus	合欢	黄石、宜昌、随州、恩施
红灰蝶(铜灰蝶)	*Lycaena phlaeas* Linnaeus	垂柳、板栗、朴树、构树、猴樟、海桐、苹果、柑橘、木槿、丁香	荆门、孝感
黑灰蝶	*Niphanda fusca* Bremer et Grey	麻栎、榆树	十堰、宜昌、荆门、黄冈、咸宁、恩施、神农架
锯灰蝶	*Orthomiella pontis* Elwes	杨、柳树、榆树	宜昌、随州、恩施
白灰蝶	*Phengaris atroguttata* Oberthür	不详	宜昌、随州
多眼灰蝶	*Polyommatus eros* Ochsenheimer	樱桃	黄石、宜昌、随州
酢浆灰蝶	*Pseudozizeeria maha* Kollar	海桐、栾树、木芙蓉、中华猕猴桃	黄石、宜昌、鄂州、咸宁、恩施、神农架
蓝燕灰蝶	*Rapala caerulea* Bremer et Grey	多花蔷薇、鼠李	宜昌

湖北省林业有害生物名录

续表

有害生物种类	拉丁学名	寄主植物	分布
霓纱燕灰蝶	*Rapala nissa* Kollar	榆叶梅、枣树、紫薇、柿	十堰、宜昌、恩施
燕灰蝶	*Rapala varuna* Horsfield	板栗、李、多花蔷薇、枣树、紫薇	十堰、恩施、神农架
优秀洒灰蝶	*Satyrium eximium* Fixsen	鼠李、小叶鼠李	宜昌、咸宁、恩施
大洒灰蝶	*Satyrium grande* Felder et Felder	苏铁	孝感、黄冈
幽洒灰蝶	*Satyrium iyonis* Oxta et Kusunoki	不详	宜昌、恩施
红斑洒灰蝶	*Satyrium ornata* Leech	不详	宜昌、恩施
刺痣洒灰蝶	*Satyrium spini* Denis et Schiffermüller	榆树、蔷薇	宜昌、恩施
珞灰蝶	*Scolitantides orion* Pallas	杉松、云杉、香椿	十堰、宜昌、恩施、神农架
山灰蝶	*Shijimia moorei* Leech	不详	孝感、黄冈、随州
生灰蝶	*Sinthusa chandrana* Moore	栎、悬钩子	黄石、咸宁
银线灰蝶	*Spindasis lohita* Horsfield	栓皮栎、榄仁树、番石榴	宜昌、襄阳、随州
豆粒银线灰蝶	*Spindasis syama* Horsfield	栎	宜昌、襄阳、随州、恩施
蚜灰蝶	*Taraka hamada* Druce	桃、紫荆、油茶、孝顺竹	宜昌、随州、恩施
线灰蝶	*Thecla betulae* Linnaeus	栓皮栎、樱桃、刺槐	宜昌、襄阳、随州、恩施
点玄灰蝶（密点玄灰蝶）	*Tongeia filicaudis* Pryer	柳、核桃、柑橘	十堰、宜昌、孝感、咸宁、恩施
玄灰蝶	*Tongeia fischeri* Eversmann	板栗、木瓜	荆州、仙桃、天门、潜江
纯灰蝶	*Una usta* Distant	云杉、栎	咸宁

续表

有害生物种类	拉丁学名	寄主植物	分 布
蛱蝶科 Nymphalidae			
娴蛱蝶	*Abrota ganga* Moore	不详	宜昌、咸宁
苎麻黄蛱(珍)蝶	*Acraea issoria* Hübner	杨梅、核桃、青冈、榆、桑、枇杷、刺槐、柑橘、盐肤木、漆树、茶、构树、胡枝子、桂花、泡桐	十堰、孝感、黄冈、咸宁、恩施
柳紫闪蛱蝶	*Apatura ilia* Denis et Schiffermüller	杨、柳、朴树、榆树、构树、猴樟、刺槐、柑橘、盐肤木、栾树、杜英、木芙蓉、柞木、石榴、黄荆	黄石、宜昌、孝感、咸宁、恩施、神农架
柳紫闪蛱蝶华北亚种	*Apatura ilia substitute* Butler	杨、垂柳、旱柳	十堰、宜昌、神农架
紫闪蛱蝶	*Apatura iris* Linnaeus	杨、柳、榆、核桃、枫杨、栎、朴树、桃、樱桃、苹果、刺槐、杜鹃	黄石、十堰、宜昌、孝感、荆州、恩施、神农架
曲带闪蛱蝶	*Apatura laverna* Leech	不详	孝感、神农架
布网蜘蛱蝶	*Araschnia burejana* Bremer	不详	宜昌、恩施
曲纹蜘蛱蝶	*Araschnia doris* Leech	枫香、茶	黄石、宜昌、孝感、随州
直纹蜘蛱蝶	*Araschnia prorsoides* Blanchard	栎	宜昌
绿豹蛱蝶	*Argynnis paphia* Linnaeus	紫罗兰	黄石、十堰、宜昌、孝感、荆州、黄冈、咸宁、恩施、神农架
斐豹蛱蝶	*Argyreus hyperbius* Linnaeus	马尾松、水杉、柏木、罗汉松、杨柳、板栗、苦槠树、栓皮栎、朴树、榆树、构树、三色堇、木槿、小叶栎	黄石、宜昌、襄阳、孝感、神农架

有害生物种类	拉丁学名	寄主植物	分布
老豹蛱蝶	*Argyronome laodice* Pallas	华山松、杨、柳树、核桃、朴树、榆树、桑、枇杷、合欢、木槿	黄石、十堰、孝感、黄冈、咸宁、随州、恩施、神农架
红老豹蛱蝶	*Argyronome ruslana* Motschulsky	杉、松	十堰、神农架
银豹蛱蝶	*Childrena childreni* Gray	绣球、悬钩子	黄石、十堰、宜昌、鄂州、孝感、黄冈、咸宁、恩施、神农架
幸福带蛱蝶	*Athyma fortuna* Leech	桂花、广玉兰、荚蒾	宜昌、荆门、孝感、恩施、神农架
玉杵带蛱蝶	*Athyma jina* Moore	樟、樱桃、胡枝子、忍冬	宜昌、咸宁、恩施
虬眉带蛱蝶	*Athyma opalina* Kollar	无患子、油茶、棕榈	宜昌、咸宁、恩施
玄珠带蛱蝶（算盘子蛱蝶）	*Athyma perius* Linnaeus	杉木、毛果算盘子	襄阳
新月带蛱蝶（棒带蛱蝶）	*Athyma selenophora* Kollar	水团花	宜昌、恩施
残锷带蛱蝶	*Athyma sulpitia* Cramer	朴树、桑、花椒、吴茱萸	黄石、宜昌、孝感、咸宁、随州、恩施、神农架
小豹蛱蝶	*Brenthis daphne* Deniset et Schiffermüller	垂柳、柳、榆树、蔷薇、悬钩子、牡荆、盐肤木	宜昌
大卫绢蛱蝶	*Calinaga davidis* Oberthür	桂花、栎	宜昌、恩施
多斑艳眼蝶	*Callerebia polyphemus* Oberthür	桤木、桢楠	宜昌、恩施
红锯蛱蝶	*Cethosia biblis* Drury	蛇藤	黄石、咸宁
白带鳌蛱蝶（茶褐樟蛱蝶、樟褐蛱蝶）	*Charaxes bernardus* Fabricius	垂柳、桑、白兰、猴樟、樟、枇杷、柑橘、紫藤、油茶、小叶女贞	黄石、宜昌、襄阳、孝感、荆州、咸宁、随州、恩施
曲纹银豹蛱蝶	*Childrena zenobia* Leech	不详	黄石

续表

有害生物种类	拉丁学名	寄主植物	分布
武铠蛱蝶（荒木小紫蛱蝶）	*Chitoria ulupi* Doherty	柳	宜昌、咸宁、恩施
牧女珍眼蝶	*Coenonympha amaryllis* Stoll	不详	孝感、黄冈
金斑蝶	*Danaus chrysippus* Linnaeus	山楂、枇杷	黄石、孝感、黄冈
虎斑蝶	*Danaus genutia* Cramer	幼林、菊花	黄石、宜昌、襄阳、孝感、荆州、恩施、天门、潜江
青豹蛱蝶	*Damora sagana* Doubleday	云杉、华山松、马尾松、杨、柳、青冈、榆、构、桑、杏、李、悬钩子、合欢、花椒、枣树、紫薇、喜树	黄石、宜昌、荆门、荆州、咸宁、随州、恩施
翠袖锯眼蝶	*Elymnias hypermnestra* Linnaeus	柑橘	宜昌
西藏翠蛱蝶	*Euthalia thibetana* Poujade	麻栎	宜昌、咸宁、恩施、神农架
灿福蛱蝶（烂福豹蛱蝶、凸纹豹蛱蝶）	*Fabriciana adippe* Denis et Schiffermüller	杨、山核桃、栎、厚朴、榆树、多花蔷薇、悬钩子、合欢、刺槐、牡荆	十堰、宜昌、孝感、荆州、黄冈、咸宁、恩施、神农架
捷豹蛱蝶	*Fabriciana adippe vorax* Butler	杨、榆树、花椒、木槿、野牡丹、柿、泡桐	十堰、恩施、神农架
灰翅串珠环蝶	*Faunis aerope* Leech	沙梨	宜昌、荆州、咸宁、恩施、神农架
银白蛱蝶	*Helcyra subalba* Poujade	珊瑚朴、榆、盐肤木	黄石、宜昌、孝感、咸宁、随州、恩施
傲白蛱蝶	*Helcyra superba* Leech	珊瑚朴、朴树、木槿、盐肤木	宜昌
黑脉蛱蝶（红星斑蛱蝶）	*Hestina assimilis* Linnaeus	杨、柳树、板栗、朴树、桑、牡荆、盐肤木、桂花	武汉、黄石、宜昌、荆门、孝感、咸宁、随州、恩施

湖北省林业有害生物名录

续表

有害生物种类	拉丁学名	寄主植物	分　布
蒺藜纹脉蛱蝶（蒺藜纹蛱蝶）	*Hestina nama* Doubleday	桤木、油茶、桂花	宜昌
拟斑脉蛱蝶	*Hestina persimilis* Westwood	水果	黄石、宜昌、孝感、咸宁
幻紫斑蛱蝶	*Hypolimnas bolina* Linnaeus	合欢、柑橘、木荷、桂花	宜昌
金斑蛱蝶	*Hypolimnas missipus* Linnaeus	构树、黄杨、木芙蓉	恩施
美眼蛱蝶（美目蛱蝶、美眼蛱蝶夏型、孔雀眼蛱蝶）	*Junonia almana* Linnaeus	板栗、栎、桑、大果榉、红花檵木、柑橘、油茶、野牡丹、桂花	武汉、黄石、宜昌、襄阳、孝感、荆州、黄冈、咸宁、恩施
黄裳眼蛱蝶	*Junonia hierta* Fabricius	灌木	宜昌、孝感、荆州、咸宁、恩施
钩翅眼蛱蝶	*Junonia iphita* Cramer	枫杨	宜昌、孝感、荆州、咸宁、恩施
蛇眼蛱蝶	*Junonia lemonias* Linnaeus	牡荆	襄阳
翠蓝眼蛱蝶	*Junonia orithya* Linnaeus	杨、板栗、柑橘、油桐、泡桐	十堰、宜昌、孝感、荆州、咸宁、恩施
枯叶蛱蝶中华亚种（中华枯叶蝶）	*Kallima inachus chinensis* Swinhoe	樟、猴樟、柑橘、虎皮楠、盐肤木、木槿、山拐枣、牡荆	宜昌、咸宁、恩施
玻璃蛱蝶	*Kaniska canacae* Linnaeus	杨、垂柳、板栗、麻栎、榆树、李、玫瑰、柑橘、红椿、乌桕、木槿、木荷	宜昌、襄阳、荆门、孝感、荆州、随州、恩施、神农架
多眼蝶	*Kirinia epaminondas* Staudinger	桂花、柠条锦鸡儿、刺竹子、胖竹、苦竹	武汉、十堰、宜昌、襄阳、恩施、神农架
星斗眼蝶	*Lasiommata cetana* Leech	垂枝香柏	十堰、神农架

续表

有害生物种类	拉丁学名	寄主植物	分布
斗毛眼蝶	*Lasiommata deidamia* Eversmann	旱榆、酸模、柠条锦鸡儿、香椿、牡荆	十堰、宜昌、孝感、恩施、神农架
小毛眼蝶	*Lasiommata minuscula* Oberthür	合欢、构树、马尾松	恩施
曲纹黛眼蝶	*Lethe chandica* Moore	柑橘、刺竹子、绿竹、单竹、青皮竹、桂竹、水竹、毛竹、胖竹	宜昌、咸宁
棕褐黛眼蝶	*Lethe christophi* Leech	樟	宜昌、孝感、黄冈、随州、神农架
白带黛眼蝶	*Lethe confusa* Aurivillius	崖柏、栓皮栎、桑、柑橘、盐肤木、喜树、桂花、慈竹、桂斑竹、水竹、胖竹、毛竹	十堰、宜昌、襄阳、孝感、黄冈、咸宁、恩施、神农架
苔娜黛眼蝶	*Lethe diana* Butler	竹	宜昌、咸宁、恩施、神农架
黛眼蝶	*Lethe dura* Marshall	构树、紫玉兰、小叶女贞、毛竹、苦竹	宜昌、恩施
边纹黛眼蝶	*Lethe marginalis* Motschulsky	竹	宜昌、恩施
黑带黛眼蝶	*Lethe nigrifascia* Leech	合欢	省内
八目黛眼蝶	*Lethe oculatissima* Poujade	竹	宜昌、恩施
连纹黛眼蝶	*Lethe syrcis* Hewsitson	马尾松、枫杨、栓皮栎、构树、桑、臭椿、油茶、慈竹、毛竹、苦竹	宜昌、襄阳、荆门、荆州、咸宁、神农架、仙桃、天门、潜江
重瞳黛眼蝶	*Lethe trimacula* Leech	不详	黄石、宜昌、恩施
朴喙蝶	*Libythea celtis chinensis* Godart	朴、石楠、盐肤木、黄荆、牡荆	宜昌、孝感、咸宁、随州、恩施

续表

有害生物种类	拉丁学名	寄主植物	分 布
扬眉线蛱蝶	*Limenitis helmanni* Kinderman	杨、毛白杨、枫杨、珊瑚朴、榆树、构树、桃、日本晚樱、稠李、桂花、忍冬	黄石、十堰、宜昌、荆门、咸宁、随州、恩施、神农架
缘线蛱蝶	*Limenitis latefasciata* Ménétriès	不详	十堰、神农架
红线蛱蝶	*Limenitis populi* Linnaeus	杨、柳、黄檗	十堰、宜昌、恩施
折线蛱蝶	*Limenitis sydyi* Lederer	杨、柳树、榆树、桑、绣线菊	黄石、宜昌、襄阳、咸宁、恩施、神农架
拟缕蛱蝶	*Litinga mimica* Poujade	不详	宜昌、恩施
黄环链眼蝶	*Lopinga achine* Scopoli	不详	宜昌、襄阳、孝感、恩施
蓝斑丽眼蝶	*Mandarinia regalis* Leech	榕树	咸宁、恩施
华北白眼蝶	*Melanargia epimede* Staudinger	杨、桦木	宜昌、恩施
甘藏白眼蝶（甘茂白眼蝶）	*Melanargia ganymedes* Ruhl-Heyne	竹节树	宜昌
白眼蝶（黑化白眼蝶）	*Melanargia halimede* Ménétriès	竹、杨、华山松	十堰、宜昌、恩施
黑纱白眼蝶	*Melanargia lugens* Honrath	苦竹	孝感、黄冈、恩施
曼丽白眼蝶	*Melanargia meridionalis* C. Felder et R. Felder	垂柳、构树	孝感、黄冈
山地白眼蝶	*Melanargia montana* Leech	不详	宜昌、恩施、神农架
稻暮眼蝶（暮眼蝶）	*Melanitis leda* Linnaeus	杨、油樟、柑橘、喜树、桂花、刺竹子、慈竹、毛竹	宜昌、咸宁
网蛱蝶	*Melitaea diamina* Lang	山胡椒	宜昌、恩施
大网蛱蝶	*Melitaea scotosia* Butler	侧柏、花椒	宜昌、恩施
迷蛱蝶	*Mimathyma chevana* Moore	榆树、荚蒾	宜昌、咸宁、随州、恩施、神农架

续表

有害生物种类	拉丁学名	寄主植物	分　布
夜迷蛱蝶	*Mimathyma nycteis* Ménétriès	柳树、朴树、旱柳、榆树	十堰、襄阳、孝感、黄冈、咸宁、恩施
白斑迷蛱蝶	*Mimathyma schrenckii* Ménétriès	杉、松、榆、杏、柞木、绿竹	宜昌、恩施
蛇眼蝶（二环眼碟）	*Minois dryas* Scopoli	柳、榆、山杏、苹果、梨、碧桃、桂竹	黄石、十堰、宜昌、孝感、黄冈、咸宁、随州、恩施、神农架
拟稻眉眼蝶	*Mycalesis francisca* Stoll	樟、李、刚竹、毛竹	宜昌、孝感、咸宁、随州、恩施
稻眉眼蝶（稻眼蝶）	*Mycalesis gotoma* Moore	柳杉、水杉、杨、栎、构树、鹅掌楸、樟、桃、枇杷、乌桕、杜鹃、慈竹、毛竹、胖竹、棕榈	武汉、黄石、十堰、宜昌、荆门、孝感、荆州、咸宁、随州、恩施、仙桃、天门、潜江
小眉眼蝶	*Mycalesis mineus* Linnaeus	油樟、柑橘、合果木、桂花	宜昌、孝感、咸宁、随州、恩施
密纱眉眼蝶	*Mycalesis misenus* De Nicéville	崖柏、构树	十堰、孝感、黄冈、咸宁
平顶眉眼蝶	*Mycalesis panthaka* Fruhstorfer	棕榈、毛竹	宜昌、孝感、咸宁、随州
云豹蛱蝶	*Nephargynnis anadyomene* Felder et Felder	桦、悬钩子	宜昌、孝感、随州、恩施
重环蛱蝶	*Neptis alwina* Bremer et Grey	杨、旱柳、板栗、榆树、桃、梅、山杏、杏、枇杷、苹果、稠李、李、红叶李、月季、胡枝子、柑橘、盐肤木、丁香	襄阳、咸宁、神农架
羚环蛱蝶	*Neptis antilope* Leech	木槿、鹅耳枥	宜昌、恩施
蛛环蛱蝶	*Neptis arachne* Leech	黄杨	宜昌、恩施
矛环蛱蝶	*Neptis armandia* Oberthür	卫矛	宜昌、恩施
折环蛱蝶	*Neptis beroe* Leech	鹅耳枥	宜昌、恩施

湖北省林业有害生物名录

续表

有害生物种类	拉丁学名	寄主植物	分布
珂环蛱蝶	*Neptis clinia* Moore	杨、朴树、榆树	武汉、宜昌、恩施
仿珂环蛱蝶	*Neptis clinioides* De Nicéville	山核桃、青冈	宜昌、孝感、随州
黄重环蛱蝶	*Neptis cydippe* Leech	杨、榆树	宜昌、恩施
德环蛱蝶	*Neptis dejeani* Oberthür	核桃、桤木、樟、盐肤木	襄阳
江崎环蛱蝶	*Neptis esakii* Nomura	不详	宜昌、恩施
莲花环蛱蝶	*Neptis hesione* Leech	不详	宜昌、恩施
中环蛱蝶	*Neptis hylas* Linnaeus	杨梅、青钱柳、核桃、桤木、栗、栓皮栎、青冈、榆树、桑、樟、枫香、桃、杏、石楠、李、梨、刺蔷薇	黄石、宜昌、荆门、黄冈、恩施
玛环蛱蝶	*Neptis manasa* Moore	鹅耳枥、桃、苹果	宜昌
弥环蛱蝶	*Neptis miah* Moore	李、栎	宜昌、恩施
娜环蛱蝶	*Neptis nata* Moore	糙叶树、大果榉、清风藤	宜昌、恩施
茂环蛱蝶	*Neptis nemorosa* Oberthür	不详	宜昌
伊洛环蛱蝶	*Neptis nycteus ilos* Fruhstorfer	朴树、榆树、忍冬	宜昌、恩施
啡环蛱蝶（咖环蛱蝶）	*Neptis philyra* Ménétriès	榆树、蔷薇	宜昌
朝鲜环蛱蝶	*Neptis philyroides* Staudinger	鹅耳枥	宜昌
链环蛱蝶	*Neptis pryeri* Butler	栓皮栎、榆树、桃、梅、杏、李、稠李、合欢、喜树	黄石、十堰、宜昌、襄阳、荆州、咸宁、恩施、神农架
回环蛱蝶	*Neptis reducta* Fruhstorfer	桢楠、茶	孝感、黄冈、随州

续表

有害生物种类	拉丁学名	寄主植物	分布
单环蛱蝶	*Neptis rivularis* Scopoli	板栗、旱榆、榆树、桃、杏、苹果、李、蔷薇、胡枝子	十堰、宜昌、神农架
断环蛱蝶	*Neptis sankara* Kollar	杨、核桃、栎、榆树、桃、枇杷、月季、胡枝子、刺槐、柑橘	十堰、宜昌、孝感、咸宁、恩施、神农架
小环蛱蝶	*Neptis sappho* Pallas	垂柳、桤木、樟、胡枝子、牡荆	武汉、黄石、十堰、宜昌、襄阳、孝感、荆州、咸宁、恩施
小环蛱蝶过渡亚种	*Neptis sappho intermedia* Pryer	胡枝子	十堰、宜昌、神农架
娑环蛱蝶	*Neptis soma* Moore	桑、胡枝子	黄石、宜昌、鄂州、咸宁、恩施
黄环蛱蝶	*Neptis themis* Leech	杨、鹅耳枥、板栗、榆树、桃、梅、杏、李、蔷薇、槐树	十堰、宜昌、荆州、咸宁、恩施、神农架
泰环蛱蝶	*Neptis thestias* Leech	樟	宜昌
海环蛱蝶	*Neptis thetis* Leech	榆树	宜昌、恩施
提环蛱蝶	*Neptis thisbe* Ménétriès	杨、柳树	宜昌、恩施
耶环蛱蝶	*Neptis yerburii* Butler	山核桃、榆树	宜昌、恩施
布莱荫眼蝶	*Neope bremeri* Felder	樟、胖竹	宜昌
黄荫眼蝶（桐木荫眼蝶）	*Neope contrasta* Mell	不详	咸宁
蒙链荫眼蝶（蒙链眼蝶）	*Neope muirheadi* Felder	马尾松、竹柏、樱桃、无患子、油茶、木荷、紫薇、水竹、毛竹、慈竹、箭竹	黄石、孝感
黄斑荫眼蝶	*Neope pulaha* Moore	玉山竹	宜昌、恩施

湖北省林业有害生物名录

续表

有害生物种类	拉丁学名	寄主植物	分　布
丝链荫眼蝶	*Neope yama* Moore	毛竹	宜昌、咸宁、恩施
凤眼蝶	*Neorina patria* Leech	竹	宜昌、襄阳、孝感、恩施
宁眼蝶	*Ninguta schrenkii* Ménétriès	竹、果树	黄石、宜昌、襄阳、孝感、恩施、神农架
黄缘蛱蝶	*Nymphalis antiopa* Linnaeus	冷杉、崖柏、杨、旱柳、旱榆、榆树、稠李、柳	宜昌、恩施
朱蛱蝶（榆黄黑蛱蝶）	*Nymphalis xanthomelas* Denis et Schiffermüller	柳杉、杨、旱柳、桦木、朴树、榆树、大果榉、杏、榆叶梅、漆树	宜昌、恩施
古眼蝶	*Palaeonympha opalina* Butler	栎、柑橘、油竹、毛竹	十堰、宜昌、襄阳、孝感、黄冈、恩施、神农架
黑绢斑蝶	*Parantica melanea* Cramer	夹竹桃	宜昌、恩施
大绢斑蝶	*Parantica sita* Kollar	杜英、桂花、南山藤	宜昌
白斑眼蝶	*Penthema adelma* Felder	柑橘、水竹、毛竹、青皮竹	宜昌、咸宁、恩施、神农架
蔼菲蛱蝶	*Phaedyma aspasia* Leech	不详	宜昌、恩施
珐蛱蝶（母生蛱蝶）	*Phalanta phalantha* Drury	杨、垂柳	宜昌、恩施
白钩蛱蝶（桦蛱蝶）	*Polygonia c-album* Linnaeus	杨、柳、核桃楸、板栗、栎、朴、榆、桑、醋栗、白桦、杏、红叶李、槐树、柑橘、花椒、冬青、柞木、女贞、忍冬	武汉、十堰、宜昌、孝感、荆州、黄冈、咸宁、随州

续表

有害生物种类	拉丁学名	寄主植物	分　　布
黄钩蛱蝶（金钩角蛱蝶、黄蛱蝶）	*Polygonia c-aureum* Linnaeus	银杏、杨、柳、板栗、栎、朴、榆、构、桑、玉兰、樟、桃、杏、刺槐、柑橘、臭椿、乌桕、白蜡树、石榴、桂花	武汉、黄石、十堰、宜昌、孝感、神农架
窄斑凤尾蛱蝶（黑荆二尾蛱蝶）	*Polyura athamas* Drury	合欢、山槐	随州
大二尾蛱蝶（拟二尾蛱蝶）	*Polyura eudamippus* Doubleday	鸡血藤、刺鼠李	黄石、十堰、宜昌、鄂州、孝感、黄冈、咸宁、恩施、神农架
二尾蛱蝶	*Polyura narcaea* Hewitson	杨、核桃、枫杨、栓皮栎、朴树、榆树、樟、枫香、樱桃、合欢、牡荆、盐肤木、黄檀、皂荚、刺槐、槐、乌桕、黄荆	黄石、十堰、宜昌、襄阳、孝感、黄冈、咸宁、随州、恩施、神农架
秀蛱蝶	*Pseudergolis wedah* Kollar	紫麻、水麻、胡枝子	宜昌、恩施、神农架
大紫蛱蝶	*Sasakia charonda* Hewitson	枫杨、盐肤木、榆、朴树、栓皮栎、牡荆、女贞、黄荆	黄石、十堰、宜昌、襄阳、孝感、黄冈、咸宁、随州、恩施、神农架
黑紫蛱蝶	*Sasakia funebris* Leech	不详	宜昌、恩施
黄纹蛱蝶（黄帅蛱蝶）	*Sephisa princeps* Fixsen	桦木、栎、朴树	黄石、宜昌、随州、恩施
素饰蛱蝶	*Stibochiona nicea* Gray	朴树、灯台树、牡荆、盐肤木、水麻	宜昌、黄冈、咸宁、恩施
箭环蝶（鱼尾竹环蝶、鱼纹环蝶）	*Stichophthalma howqua* Westwood	竹柏、鹅掌楸、茶、黄荆、刺竹子、箬叶竹、慈竹、水竹、毛竹、毛金竹、早竹、箭竹、棕榈	十堰、宜昌、荆门、荆州、咸宁、恩施、神农架

湖北省林业有害生物名录

续表

有害生物种类	拉丁学名	寄主植物	分　布
双星箭环蝶	*Stichophthalma neumogeni* Leech	银杏、杨、猴樟、毛竹	宜昌、咸宁、恩施
黄豹盛蛱蝶	*Symbrenthia brabira* Moore	青冈栎	宜昌、恩施
散纹盛蛱蝶	*Symbrenthia lilaea* Hewitson	杨、青钱柳、榆树、桂花	宜昌、咸宁、恩施
银斑豹蛱蝶	*Speyeria aglaja* Linnaeus	不详	孝感、黄冈
猫蛱蝶	*Timelaea maculata* Bremer et Grey	杨、柳树、朴树、构树、金橘、榆树、牡荆、盐肤木、猴樟、月季、石榴、紫檀、木槿、黄荆	黄石、十堰、宜昌、荆门、孝感、荆州、黄冈、咸宁、随州、恩施、神农架
青斑蝶	*Tirumala limniace* Cramer	鹅掌楸、广玉兰、含笑	省内
大红蛱蝶（印度赤蛱蝶）	*Vanessa indica* Herbst	杨、柳、栎、朴、榆、榉、猴樟、桃、杏、红叶李、刺槐、柑橘、黄檗、盐肤木、木芙蓉、柿、女贞、桂花、黄荆、忍冬	黄石、十堰、宜昌、襄阳、荆州、黄冈、咸宁、随州、恩施、神农架
矍眼蝶	*Ypthima balda* Fabricus	侧柏、青杨、柳树、构树、樟、枫香、樱桃、刺槐、毛竹、胖竹、苦竹	武汉、黄石、宜昌、孝感、神农架
中华矍眼蝶(中华眼蝶)	*Ypthima chinesis* Leech	青冈、桑、桃、李、柑橘、紫薇	十堰、宜昌、荆门、孝感、黄冈、咸宁、恩施、神农架
鹭矍眼蝶	*Ypthima ciris* Leech	不详	黄石、宜昌、咸宁、恩施
幽矍眼蝶	*Ypthima conjuncta* Leech	栎、乌桕、木荷、箬叶竹	黄石、十堰、宜昌、鄂州、孝感、黄冈、咸宁、恩施、神农架
江崎矍眼蝶	*Ypthima esakii* Shirozu	不详	恩施、神农架

续表

有害生物种类	拉丁学名	寄主植物	分 布
拟四眼矍眼蝶	*Ypthima imitans* Elwes et Edwards	不详	黄石、宜昌、黄冈、咸宁、恩施
魔女矍眼蝶	*Ypthima medusa* Leech	胖竹	黄石、宜昌、咸宁、恩施
乱云矍眼蝶（天目矍眼蝶）	*Ypthima megalomma* Butler	毛竹	宜昌、咸宁、恩施
东亚矍眼蝶（矍眼蝶）	*Ypthima motschulskyi* Bremer et Grey	垂柳、构树、柑橘、小叶女贞、水竹、毛竹、毛金竹、胖竹、麻竹	黄石、宜昌、孝感、咸宁、恩施、神农架
密纹矍眼蝶	*Ypthima multistriata* Butler	川泡桐、刚竹	宜昌、荆州、恩施
小矍眼蝶	*Ypthima nareda* Kollar	不详	宜昌、咸宁、恩施
融斑矍眼蝶	*Ypthima nikaea* Moore	不详	宜昌
完璧矍眼蝶	*Ypthima perfecta* Leech	毛竹	宜昌、咸宁、恩施
前雾矍眼蝶	*Ypthima praenubila* Leech	不详	宜昌、恩施
连斑矍眼蝶	*Ypthima sakra* Moore	不详	宜昌
大波矍眼蝶	*Ypthima tappana* Matsumura	樟、箬叶竹	宜昌、恩施
山中矍眼蝶	*Ypthima yamanakai* Sonan	松、悬钩子	宜昌、恩施
卓矍眼蝶	*Ypthima zodia* Butler	油樟、黄竹	宜昌、孝感、咸宁、恩施
曲斑矍眼蝶	*Ypthima zyzzomacula* Chou et Li	不详	宜昌、恩施
螟蛾科 Pyralidae			
梨斑螟	*Conobathra bifidella* Leech	梨	武汉、襄阳、孝感、神农架
梨云翅斑螟（梨大食心虫）	*Nephopteryx pirivorella* Matsumura	梨、桃、苹果	武汉、十堰、宜昌、荆门、孝感、咸宁、恩施、潜江

湖北省林业有害生物名录

续表

有害生物种类	拉丁学名	寄主植物	分　布
污鳞峰斑螟（果叶峰螟斑蛾）	*Acrobasis squalidella* Christoph	落叶松、苹果、梨、桃	武汉、襄阳、孝感、恩施、神农架
米缟螟（米黑虫）	*Aglossa dimidiata* Haworth	刺槐、茶	武汉、咸宁
白条紫斑螟	*Calguia defiguralis* Walker	杨、榆树、碧桃、杏	黄冈
果梢斑螟（油松球果螟、松果梢斑螟、红松球果螟）	*Dioryctria pryeri* Ragonot	华山松、马尾松、油松、赤松、黑松	恩施、神农架
云杉梢斑螟	*Dioryctria reniculelloides* Mutuura et Munroe	杉、云杉	宜昌
微红梢斑螟	*Dioryctria rubella* Hampson	马尾松、火炬松、湿地马尾松、华山松、云杉	十堰、宜昌、襄阳、鄂州、孝感、荆州、黄冈、咸宁、随州、恩施、天门
赤松梢斑螟	*Dioryctria splenddella* Ratzebury	松	襄阳、神农架
华山松梢斑螟	*Dioryctria yuennanella* Caradja	华山松	神农架
纹歧角螟	*Endotricha icelusalis* Walker	杨、栎、构树、茉莉花	宜昌
豆荚斑螟	*Etiella zinckenella* Treitschke	银杏、板栗、柠条鸡儿、刺槐、槐树	十堰、荆州
大蜡螟	*Galleria mellonella* Linnaeus	构树	恩施
桑绢野螟	*Diaphania pyloalis* Walker	桑、构树	神农架
灰双纹螟	*Herculia glaucinalis* Linnaeus	青冈	荆州、咸宁、神农架
赤巢螟（赤双纹螟）	*Herculia pelasgalis* Walker	杨、核桃、板栗、青冈、桃、李、油茶、茶、柿、柞木	荆州、咸宁、神农架

续表

有害生物种类	拉丁学名	寄主植物	分布
暗纹沟须丛螟	*Lamida obscura* Moore	盐肤木、板栗	黄冈
缀叶丛螟	*Locastra muscosalis* Walker	核桃、枫杨、黄连木、枫香、盐肤木	黄石、十堰、宜昌、鄂州、荆门、孝感、荆州、黄冈、咸宁、恩施
红云翅斑螟	*Nephoptergx semirubella* Scopoli	杨、柳	十堰、襄阳、孝感、荆州
叶瘤丛螟（樟巢螟、樟叶瘤丛螟）	*Orthaga achatina* Butler	山胡椒、山苍子、樟、楠、油茶、油桐	全省
艳双点螟	*Orybina regalis* Leech	杨、桃、刺槐	孝感、黄冈、恩施
印度谷斑螟	*Plodia interpunctella* Hübner	核桃、无花果、杏、枣、葡萄	省内
高粱条螟	*Procerata venosatum* Walker	板栗	黄冈
黑脉厚须螟	*Propachys nigrivena* Walker	杨、猴樟、樟、石楠、合欢、油茶	孝感、黄冈、咸宁、恩施、神农架
旱柳原野螟	*Proteuclasta stotzneri* Caradja	旱柳	十堰
泡桐卷野螟	*Pycnarmon cribrata* Fabricius	悬铃木、刺桐、泡桐	黄石、荆门、荆州、咸宁、恩施
锈纹螟蛾	*Pyralis pictalis* Curtis	柳树、核桃、枫杨、板栗、山柚子、枫香、槐树、香椿、灯台树、中华猕猴桃	恩施
中国腹刺斑螟	*Sacculocornutia sinicolella* Caradja	板栗、楠竹	黄冈、咸宁
阿米网丛螟	*Teliphasa amica* Butler	杨、板栗、油茶	黄冈
大豆网丛螟	*Teliphasa elegans* Butler	核桃楸、核桃、板栗、桃、玫瑰、柿	黄冈
黄头长须短颚螟	*Treban laflavlfrontalis* Leech	不详	孝感、黄冈、恩施

湖北省林业有害生物名录

续表

有害生物种类	拉丁学名	寄主植物	分　布
草螟科 Crambidae			
华丽野螟	*Agathodes ostetalis* Hübner	苦楮、刺桐、秋茄树、八角枫、小叶女贞	咸宁
白桦角须野螟	*Agrotera nemoralis* Scopoli	板栗、千金榆	黄冈
栀子三纹野螟	*Archernis tropicalis* Walker	栀子	孝感、黄冈
黄翅缀叶野螟（杨黄卷叶螟）	*Botyodes diniasalis* Walker	杨、柳、杨、核桃、麻栎	武汉、十堰、宜昌、荆门、孝感、荆州、咸宁、随州、恩施、仙桃、潜江
大黄缀叶野螟	*Botyodes principalis* Guenée	小叶杨、竹、枫香	宜昌
金黄镰翅野螟	*Circobotys aurealis* Leech	毛竹、凤尾竹、麻竹、慈竹、罗汉竹、斑竹、早竹、水竹、胖竹	咸宁
圆斑黄缘禾螟	*Cirrhochrista brizoalis* Walker	无花果、榕树、柑橘	黄石、宜昌、鄂州、孝感、咸宁、天门
桃蛀螟（桃柱螟）	*Conogethes punctiferalis* Guenée	银杏、华山松、马尾松、水杉、柿、桃、李、核桃、板栗	武汉、宜昌、襄阳、荆门、孝感、荆州、黄冈、随州、恩施
伊锥岐角螟	*Cotachena histricalis* Walker	山核桃、核桃、板栗、朴树、榆、小叶女贞	孝感、咸宁、神农架
毛锥岐角螟	*Cotachena pubescens* Warren	朴树	孝感
竹织叶野螟（竹螟、竹织野螟）	*Algedonia coclesalis* Walker	毛竹、淡竹、刚竹、刺竹、苦竹	武汉、黄石、十堰、宜昌、襄阳、荆门、荆州、咸宁、随州
黄杨绢野螟（黄杨野螟、黑缘透翅蛾）	*Diaphania perspectalis* Walker	杨、枫杨、黄杨、冬青、卫矛、女贞	武汉、十堰、宜昌、荆门、孝感、荆州、黄冈、咸宁、随州、恩施

续表

有害生物种类	拉丁学名	寄主植物	分布
竹云纹野螟	*Demobotys pervulgalis* Hampson	毛竹、慈竹、水竹、胖竹	咸宁
绿翅绢野螟	*Diaphania angustalis* Snellen	麻栎、栎、枫香、石楠、红叶李、刺桐、栾树、盆架子、灯台树	武汉、黄石、宜昌、孝感、咸宁、恩施、天门
瓜绢野螟	*Diaphania indica* Sauders	杨、板栗、桑、黄杨、木槿、梧桐、梓、常春藤	宜昌、荆门、孝感、荆州、恩施、神农架
褐翅绢野螟	*Diaphania nigribasalis* Caradja	不详	省内
竹芯翎翅野螟	*Epiparbattia gloriosalis* Caradja	慈竹	黄冈、咸宁、恩施
竹黄腹大草螟	*Eschata miranda* Bleszynski	刚竹	荆州、咸宁
桑螟	*Diaphania pyoalis* Walker	桑、柏	十堰、襄阳、荆门、孝感、荆州、黄冈、恩施、神农架
四斑绢野螟	*Diaphania quadrimaculalis* Bremer et Grey	柳、核桃	宜昌、襄阳
棉褐环野螟（棉大卷叶螟）	*Haritalodes derogata* Fabricius	梧桐、木槿、板栗、栎、桑、梨、月季	武汉、宜昌、荆门、孝感、荆州、咸宁、恩施、潜江
黄野螟（沉香黄野螟）	*Heortia vitessoides* Moore	楠木、桢楠、枫香、柑橘	咸宁
稻切叶野螟	*Herpetogramma licarsisalis* Walker	竹	孝感、咸宁
葡萄切叶野螟	*Herpetogramma luctuosalis* Guenée	红叶李、合欢、葡萄、木槿、白花泡桐	孝感
草地螟（网锥额野螟）	*Loxostege sticticalis* Linneaus	杨、柳树、榆、构、杏、刺槐、枣	十堰
豆荚野螟	*Maruca testulalis* Fabricius	柳树、刺槐、槐树、茶	黄石、宜昌、孝感、荆州、黄冈、咸宁、恩施

湖北省林业有害生物名录

续表

有害生物种类	拉丁学名	寄主植物	分　布
丛毛展须野螟	*Eurrhyparodes contortalis* Hampson	刺槐	孝感
斑点卷叶野螟	*Sylepta maculalis* Leech	盐肤木	恩施
扶桑四点野螟	*Lygropia quaternalis* Zeller	榆科、山麻黄属	省内
豆啮叶野螟	*Omiodes indicata* Fabricius	刺槐、槐、鱼藤	十堰
柚木野螟	*Pyrausta machaeralis* Walker	花榈木	恩施
白蜡绢野螟（白蜡卷须野螟）	*Palpita nigropunctalis* Bremer	杨、板栗、山胡椒、石楠、红叶李、黄杨、白蜡	黄石、宜昌、咸宁
方突绢须野螟（白腊拟绢野螟蛾）	*Palpita warrenalis* Swinhoe	漆树、女贞、丁香	咸宁、恩施
枇杷卷叶野螟	*Sylepta balteata* Fabricius	枇杷	鄂州、黄冈
三条蛀野螟	*Dichocrocis chlorophanta* Butler	枫杨、板栗、栎、悬铃木、盐肤木、泡桐	宜昌、孝感、黄冈、咸宁、恩施、神农架
四目卷叶野螟	*Sylepta inferior* Hampson	枇杷	宜昌
栀子花卷叶螟	*Protonoceras capitalis* Fabricius	红山栀	孝感、黄冈
杨大卷叶螟	*Pyrausta diniasalis* Walker	合欢	武汉、宜昌、襄阳
酸模野螟	*Pyrausta memnialis* Walker	不详	宜昌
豆野螟	*Pyrausta varialis* Bremer	槐树	黄冈
竹绒野螟	*Crocidophora evenoralis* Walker	竹、油桐	荆门、孝感、黄冈、咸宁
楸螟（楸蠹野螟）	*Omphisa plagialis* Wileman	杨、核桃楸、鹅掌楸、楸、梓、泡桐	十堰、襄阳、鄂州、孝感、荆州、黄冈、恩施

续表

有害生物种类	拉丁学名	寄主植物	分　布
甜菜青野螟	*Spoladea recurvalis* Fabricius	茶、羽叶甘蓝	黄石、黄冈、咸宁、恩施
四斑卷叶野螟	*Sylepta quadrimaculalis* Kollar	不详	宜昌、孝感
细条纹野螟	*Tabidia strigiferalis* Hampson	柳	孝感
咖啡浆果蛀野螟	*Thliptoceras octoguttale* Felder et Rogenhoffer	不详	恩施
黄黑纹野螟	*Tyspanodes hypsalis* Warren	桑	孝感、黄冈、恩施
橙黑纹野螟	*Tyspanodes striata* Butler	构	宜昌、孝感、黄冈、恩施
钩蛾科 Drepanidae			
青冈树钩蛾	*Zanclalbara scabiosa* Butler	青冈栎、栎	十堰、襄阳、孝感、神农架
栎距钩蛾	*Agnidra scabiosa fixseni* Bryk	板栗、栎、青冈栎	十堰、宜昌、恩施、神农架
中华豆斑钩蛾	*Auzata chinensis chinesis* Leech	栎、灯台木	荆州、恩施、神农架
褐斑黄钩蛾	*Callidrepana argenteola* Moore	杨、柑橘、花椒、中华卫矛、胡蔓藤	宜昌
豆点丽钩蛾	*Callidrepana gemina* Watson	山核桃、栎	十堰、恩施
肾点丽钩蛾（五倍树钩蛾）	*Callidrepana patrana patrana* Moore	不详	咸宁
赭圆钩蛾	*Cyclidia orciferaria* Walker	青冈栎、猴樟、樟、枫香	宜昌
洋麻圆钩蛾	*Cyclidia substigmaria* Hübner	梧桐、柳、栓皮栎、榆、构、枫香、柑橘、木槿、八角枫、黄荆	黄石、十堰、宜昌、襄阳、荆州、咸宁、恩施、神农架
赤杨镰钩蛾	*Drepana curvatula* Borkhausen	杨、柳树、枫杨、柞木	宜昌

湖北省林业有害生物名录

续表

有害生物种类	拉丁学名	寄主植物	分布
二点镰钩蛾	*Drepana dispilata dispilata* Warren	栎、杨、桂花	神农架
花篝波纹蛾	*Gaurena florescens* Walker	桃、苹果、海棠花、茶、杜鹃	省内
足华波纹蛾	*Habrosyne fraterna* Moore	不详	宜昌、咸宁
印华波纹蛾	*Habrosyne indica* Moore	不详	省内
华波纹蛾（浩波纹蛾）	*Habrosyne pyritoides* Hufnagel	杨、桤木、桦、麻栎、栓皮栎、榆、山楂、刺槐、葡萄、黄荆	宜昌
窗翅钩蛾（大窗钩蛾）	*Macrauzata fenestraria* Moore	杨、板栗、樟、猴樟、油茶、茶	黄石、黄冈、咸宁
中华大窗钩蛾	*Macrauzata maxima chinensis* Inoue	青冈栎、板栗、枫香、油杉	黄冈、咸宁、神农架
哑铃带钩蛾	*Macroeilix mysticata* Walker	核桃、栓皮栎、苹果、梧桐	咸宁、恩施
大波纹蛾	*Macrothyatira flavida* Butler	不详	神农架
网卑钩蛾（六点钩蛾）	*Betalbara acuminata* Leech	胡桃	襄阳、咸宁
日本线钩蛾（双带线钩蛾）	*Nordstromia japonica* Moore	杨、栎、栓皮栎、青冈栎、茶、柞木	孝感、神农架
交让木山钩蛾	*Oreta insignis* Butler	栎、桃、杏、苹果、李、梨	恩施
接骨木山钩蛾	*Oreta loochooana* Swinhoe	青冈栎、猴樟、接骨木、旱禾树	咸宁
三线钩蛾（眼斑钩蛾）	*Pseudalbara parvula* Leech	核桃、栎、栓皮栎、青冈栎、化香树、石楠、刺槐、八角枫	十堰、宜昌、孝感、恩施
古钩蛾	*Palaeodrepana harpagula* Esper	栎、赤杨、接骨木	十堰、黄冈、恩施、神农架

续表

有害生物种类	拉丁学名	寄主植物	分　布
阔洒波纹蛾	*Saronaga commifera* Warren	杨	宜昌
太波纹蛾	*Tethea ocularis* Linnaeus	杨	黄冈
波纹蛾	*Thyatira batis* Linnaeus	杨、栎、桑、悬钩子、算盘子、灯台树、柑橘	咸宁
波纹蛾台湾亚种（大斑波纹蛾）	*Thyatira batis formosicola* Matsumura	蔷薇、山莓	孝感、咸宁、恩施
白点黄钩蛾（银斑黄钩蛾）	*Tridrepana unispina* Watson	杨、猴樟、油茶	咸宁
枯叶蛾科 Lasiocampidae			
双线枯叶蛾	*Arguda decurtata* Moore	不详	宜昌、黄冈、咸宁
三线枯叶蛾	*Arguda vinata* Moore	不详	宜昌
秦岭小毛虫	*Cosmotriche monotona* Lajonquiere	华山松、油松	恩施、神农架
云南松毛虫（大柏毛虫）	*Dendrolimus houi* Lajonquiere	柳杉、柏、油松	十堰、宜昌、恩施
思茅松毛虫	*Dendrolimus kikuchii* Matsumura	华山松、马尾松、思茅松	黄石、宜昌、黄冈、咸宁、恩施
马尾松毛虫	*Dendrolimus punctatus* Walker	松	武汉、黄石、十堰、宜昌、襄阳、荆门、孝感、荆州、黄冈、咸宁、随州、恩施、神农架、天门
明纹柏松毛虫	*Dendrolimus suffuscus illustratus* Lajonquiere	侧柏、油松	黄冈、咸宁、恩施
柏松毛虫（侧柏松毛虫）	*Dendrolimus suffuscus suffuscus* Lajonquiere	侧柏、油松	省内
油松毛虫	*Dendrolimus tabulaeformis* Tsai et Liu	油松、华山松、马尾松	宜昌、神农架
阿纹枯叶蛾（竹斑毛虫）	*Euthrix albomaculata* Bremer	毛竹	黄石、宜昌、鄂州、孝感、黄冈、咸宁
台橘褐枯叶蛾	*Gastropacha pardale formosana* Tams	女贞、牡荆	恩施

湖北省林业有害生物名录

续表

有害生物种类	拉丁学名	寄主植物	分布
橘褐枯叶蛾（桔毛虫）	*Gastropacha pardale sinensis* Tams	柑橘、橙	孝感、恩施
杨褐枯叶蛾（杨枯叶蛾、杨树枯叶蛾）	*Gastropacha populifolia* Esper	杨、柳、栎、桃、李、梨	黄石、襄阳、孝感、荆州、黄冈、咸宁、随州、仙桃
李枯叶蛾	*Gastropacha quercifolia* Linnaeus	杨、柳、榆、核桃、桃、李、梅、枫杨	宜昌、襄阳、孝感、恩施
直纹杂毛虫	*Cyclophragma lineata* Moore	栎、油茶	恩施
黄斑波纹杂枯叶蛾（黄波纹杂毛虫、黄斑波纹杂毛虫）	*Cyclophragma undans fasciatella* Ménétriès	马尾松、华山松、油松、栎	恩施
波纹杂枯叶蛾（波纹杂毛虫）	*Cyclophragma undans* Walker	栎、松、油茶	十堰、宜昌
双斑杂毛虫	*Cyclophragma yamadai* Nagano	栎、青冈栎、杨	宜昌、恩施
松大毛虫（大灰枯叶蛾）	*Lebeda nobilis* Walker	松、油茶、栎、侧柏、枫香	荆州、咸宁
油茶枯叶蛾（油茶大毛虫、杨梅毛虫、松大毛虫）	*Lebeda nobilis sinina* Lajonquiere	油茶、油桐、板栗	黄石、十堰、襄阳、鄂州、孝感、黄冈、恩施
棕色天幕毛虫	*Malacosoma dentata* Mell	杨、榆、栎、槐、桦、核桃	孝感、荆州、黄冈、咸宁、恩施、神农架
高山天幕毛虫	*Malacosoma insignis* Lajonquiere	核桃、枫香	十堰
黄褐天幕毛虫（天幕枯叶蛾、顶针虫）	*Malacosoma neustria testacea* Motschulsky	杨、榆、栎、桦	十堰、宜昌、荆门、咸宁、恩施
大斑丫毛虫	*Metanastria hyrtaca* Cramer	甜槠、苦槠	黄石
苹果枯叶蛾	*Odonestis pruni* Linnaeus	杨、栎、李、桃、梨、梅、樱桃、苹果	宜昌、孝感、荆州、黄冈、咸宁
松栎枯叶蛾（栎毛虫）	*Paralebeda plagifera* Walker	栓皮栎、槲栎、麻栎、青冈栎	十堰、宜昌、襄阳、荆门、咸宁、随州、恩施、神农架

续表

有害生物种类	拉丁学名	寄主植物	分　　布
杨黑枯叶蛾（白杨枯叶蛾、白杨毛虫）	*Pyrosis idiota* Graeser	杨	十堰
刻缘枯叶蛾	*Takanea excisa yangtsei* Lajonquiere	栎	咸宁
台黄枯叶蛾（青黄枯叶蛾）	*Trabala vishnou guttata* Matsumura	杨、枫香、锥栗	荆州、咸宁、恩施
栗黄枯叶蛾（栎黄枯叶蛾）	*Trabala vishnou gigantina* Yang	栎类、枫香、檀、栗、核桃	黄石、十堰、宜昌、襄阳、鄂州、荆州、黄冈、咸宁、随州、恩施、神农架
带蛾科 Eupterotidae			
云斑带蛾	*Apha subdives yunnanensis* Mell	杨	恩施
中华金带蛾	*Eupterote chinensis* Leech	泡桐、乌桕、香椿	恩施、神农架
灰纹带蛾	*Ganisa cyanugrisea* Mell	女贞、光蜡树	黄石、宜昌、襄阳、孝感、荆州、咸宁、神农架
褐带蛾（褐袋蛾）	*Palirisa cervina* Moore	银杏、马尾松、杨、核桃、楷木、板栗、樟	十堰
灰褐带蛾	*Palirisa chinensis* Rothschild	华山松、马尾松、柏木、侧柏、板栗、青冈栎、山玉兰、蜡梅、马桑、柿	宜昌、恩施
箩纹蛾科 Brahmaeidae			
黄褐箩纹蛾	*Brahmaea certhia* Fabricius	女贞、水蜡、白蜡	武汉、黄石、十堰、宜昌、襄阳、孝感、荆州、咸宁、恩施
青球箩纹蛾	*Brahmophthalma hearseyi* White	油橄榄、女贞、水蜡	黄石、十堰、宜昌、孝感、咸宁、恩施
女贞箩纹蛾	*Brahmaea ledereri* Rogenhofer	女贞、白蜡	荆州
枯球箩纹蛾	*Brahmophthalma wallichii* Gray	冬青、女贞、水蜡、桂花	十堰、襄阳、荆州

湖北省林业有害生物名录

续表

有害生物种类	拉丁学名	寄主植物	分　布
蚕蛾科 Bombycidae			
三线茶蚕蛾（茶蚕蛾）	*Andraca bipunctata* Walker	枫杨、檫木、山茶、茶、油茶	咸宁
白线野蚕蛾	*Bombyx larelingias* Helf	桑	宜昌、孝感、咸宁
野蚕蛾（野蚕）	*Bombyx mandarina* Moore	桑、构	襄阳、荆门、孝感、荆州、恩施
黄波花蚕蛾	*Oberthueria caeca* Oberthür	榆、构、桑、刺槐、鸡爪槭、柞木	黄冈
桑蟥蚕蛾（桑蟥）	*Rondotia menciana* Moore	桑、构、柳	孝感、荆州、恩施
大蚕蛾科 Saturniidae			
短尾大蚕蛾	*Actias artemis artemis* Bremer et Gray	银杏、核桃、榆、椴、樱桃、桤木	黄冈、恩施
长尾大蚕蛾	*Actias dubernardi* Oberthür	女贞、杨、柳、胡桃	黄石、十堰、宜昌、荆州、恩施、天门
绿尾大蚕蛾	*Actias selene ningpoana* Felder	杨、柳、枫杨、樟、桂花、枫香、乌桕、核桃、栗、苹果、梨、葡萄	全省
红尾大蚕蛾	*Actias rhodopneuma* Röber	胡桃、油茶、栗、柳、冬青	黄石、十堰、宜昌、黄冈、咸宁、随州、恩施
燕尾水青蛾	*Actias selene* Hubn.	苹果、梨、葡萄	武汉
华尾大蚕蛾	*Actias sinensis* Walker	樟、枫香、槭、柳	黄冈、咸宁、恩施
乌氏小尾天蚕蛾	*Actias uljanae* Brechlin	不详	省内
丁目大蚕蛾	*Aglia tau amurensis* Jordan	桦、栎、榉、榛、椴	十堰
钩翅大蚕蛾（琥珀蚕、钩翅柞王蛾）	*Antheraea assamensis* Helfer	青冈栎、猴樟、悬铃木	十堰、宜昌、咸宁、随州、恩施
柞蚕	*Antheraea pernyi* Guèrin-Méneville	栎、核桃、樟、柞、柏、杨	黄石、宜昌、襄阳、孝感、荆州、黄冈、咸宁、随州、恩施

续表

有害生物种类	拉丁学名	寄主植物	分　布
藤豹大蚕蛾	*Loepa anthera* Jordan	华山松、藤槐	襄阳、恩施
黄豹大蚕蛾	*Loepa katinka* Westwood	杨梅、枫杨、栎、青冈栎、葡萄	十堰、宜昌、孝感、咸宁、神农架
豹大蚕蛾	*Loepa obertiiri* Leech	栓皮栎、桑、柑橘、常春藤	黄石、十堰、宜昌、襄阳、孝感、黄冈、咸宁、恩施
透目大蚕蛾	*Rhodinia fugax* Butler	柳、桦、青冈栎、榆、柞木	宜昌
曲线透目天蚕蛾	*Rhodinia jankowskii* Oberthür	不详	宜昌
猫目大蚕蛾	*Salassa thespis* Leech	柳、核桃、樟、枫杨、桤木	宜昌
樗蚕蛾（樗蚕）	*Samia cynthia cynthia* Drurvy	桂花、乌桕、臭椿、柳、冬青、梧桐、樟、泡桐	黄石、十堰、宜昌、襄阳、孝感、荆州、咸宁、恩施
蓖麻蚕	*Samia cynthia ricina* Donovan	桑、臭椿、乌桕、马桑、枣	黄石
王氏樗蚕	*Samia wangi* Naumann et Peigler	银杏、乌桕、榆、鹅掌楸、臭椿、紫玉兰、石榴	襄阳、荆州、咸宁
银杏大蚕蛾（白果蚕、核桃楸大蚕蛾）	*Dictyoploca japonica* Moore	银杏、板栗、樟、核桃、漆、紫荆、栾、栎	黄石、十堰、宜昌、襄阳、黄冈、咸宁、随州、恩施、神农架、天门
樟蚕	*Eriogyna pyretorum pyretorum* Westwood	樟、枫香、枫杨、榆、核桃、喜树、蔷薇、板栗	黄石、十堰、宜昌、襄阳、鄂州、荆州、黄冈、咸宁、恩施
后目大蚕蛾	*Dictyoploca simla* Westwood	杨、柳、枫杨、栎、榆、椴	宜昌
天蛾科 Sphingidae			
鬼脸天蛾	*Acherontia lachesis* Fabricius	桂花、女贞、紫薇、栓皮栎、青冈栎、柑橘	黄石、十堰、襄阳、荆州、咸宁

有害生物种类	拉丁学名	寄主植物	分 布
芝麻鬼脸天蛾	*Acherontia styx* Westwood	核桃、枫杨、苹果、刺槐、槐、女贞、桂花、泡桐	黄石、十堰、襄阳、荆州、黄冈、咸宁
灰天蛾（锯线天蛾）	*Acosmerycoides leucocraspis leucocraspis* Hampson	柳、核桃、麻栎、杜仲、苹果、刺槐、葡萄、夹竹桃、泡桐	宜昌
缺角天蛾	*Acosmeryx castanea* Rothschild et Jordan	杨、山核桃、核桃、桤木、麻栎、葡萄、中华猕猴桃、油茶、灯台树、桂花、泡桐	咸宁、恩施
黄点缺角天蛾	*Acosmeryx miskhni* Murray	葡萄、中华猕猴桃	咸宁
葡萄缺角天蛾	*Acosmeryx naga* Moore	桃、刺槐、木槿、爬墙虎、山葡萄、葡萄、木槿、中华猕猴桃、黄荆	孝感
白薯天蛾（甘薯天蛾）	*Herse convolvuli* Linnaeus	栀子、木通	十堰、孝感、黄冈、咸宁、恩施
日本鹰翅天蛾	*Oxyambulyx japonica* Rothschild	槭、五角枫	恩施
栎鹰翅天蛾	*Oxyambulyx liturata* Butler	山核桃、核桃楸、核桃、板栗、青冈栎、冬青、女贞	宜昌
鹰翅天蛾	*Oxyambulyx ochracea* Butler	核桃、槭、枫杨、栎	十堰、宜昌、襄阳、孝感、荆州、咸宁、随州、恩施
核桃鹰翅天蛾	*Oxyambulyx schauffelbergeri* Bremer et Grey	核桃、枫杨、栎、槭、悬铃木	十堰、宜昌
葡萄天蛾	*Ampelophaga rubiginosa rubiginosa* Bremer et Grey	杨、柳、桤木、苦槠、榆、桑、碧桃、合欢、刺槐、葡萄、爬墙虎、小果野葡萄、紫薇、石榴、泡桐	武汉、黄石、襄阳、鄂州、荆门、孝感、咸宁、恩施

续表

有害生物种类	拉 丁 学 名	寄主植物	分　　布
芒果天蛾	*Compsogene panopus* Cramer	漆树、夹竹桃	宜昌
榆绿天蛾（云纹天蛾）	*Callambulyx tatarinovi* Bremer et Grey	榆、杨、柳、刺槐、核桃、栎、椰榆、桑、杏、梨	宜昌、襄阳、孝感、荆州、咸宁、恩施、神农架
条背天蛾（棕绿背线天蛾、背线天蛾）	*Cechenena lineosa* Walker	杨	十堰、宜昌
平背天蛾	*Cechetra minor* Butler	杨、山核桃、桦、青冈栎、檫木、乌桕、八角枫、迎春花	黄石、十堰
咖啡透翅天蛾	*Cephonodes hylas* Linnaeus	杨、柳、黄杞、构、女贞、桂花、栀子	武汉、宜昌、荆州
南方豆天蛾	*Clanis bilineata bilineata* Walker	杨、柳、刺槐、油橄榄、泡桐	十堰、宜昌、荆州、恩施
豆天蛾	*Clanis bilineata tsingtauica* Mell	杨、柳、核桃、榆、刺槐、槲栎、山合欢、紫穗槐、酸枣、白蜡、桂花	黄石、十堰、宜昌、孝感、荆州、黄冈、咸宁
洋槐天蛾	*Clanis deucalion* Walker	山核桃、核桃、梓木、樱桃、刺槐、合欢、泡桐	十堰、宜昌、孝感、咸宁、恩施
灰斑豆天蛾	*Clanis undulosa* Moore	胡枝子	咸宁
月天蛾	*Parum porphyria* Butler	桑、榆、柑橘	孝感、荆州
绿白腰天蛾（夹竹桃天蛾）	*Deilephila nerii* Linnaeus	核桃、桃、夹竹桃	武汉、十堰、孝感
小星天蛾	*Dolbina exacta* Staudinger	山核桃、核桃、桉树	黄冈
大星天蛾	*Dolbina inexacta* Walker	青冈栎、猴樟、梣叶槭、女贞、桂花、泡桐	宜昌、孝感、咸宁、恩施
绒星天蛾	*Dolbina tancrei* Staudinger	榆、女贞、水蜡、桂花、泡桐	孝感、荆州、咸宁、恩施

有害生物种类	拉丁学名	寄主植物	分 布
横带天蛾	*Enpinanga transtriata* Chu et Wang	栓皮栎	十堰
大黑边天蛾	*Haemorrhagia alternata* Butler	臭椿	孝感
后黄黑边天蛾	*Haemorrhagia radians* Walker	槐、栎、狼牙刺	宜昌
黑龙江松天蛾	*Hyloicus morio heilongjiangensis* Zhou et Zhang	黑松	十堰
桂花天蛾	*Kentrochrysalis consimilis* Rothschild et Jordan	桂花、水蜡、紫丁香	十堰
女贞天蛾	*Kentrochrysalis streckeri* Staudinger	白蜡、女贞、丁香	十堰、孝感、咸宁
锯翅天蛾	*Langia zenzeroides* Moore	栎、桃、梅、樱桃、樱花、李	全省
川锯翅天蛾	*Langia zenzeroides szechuana* Chu et Wang	梅、李	宜昌、恩施
黄脉天蛾	*Amorpha amurensis* Staudinger	杨、柳、桦、椴、白蜡	十堰、孝感、恩施、神农架
青背长喙天蛾	*Macroglossum bombylans* Boisduval	山核桃、木瓜、李、槐树、花椒、算盘子	宜昌
长喙天蛾	*Macroglossum corythus luteata* Butler	板栗、楝树、山茶	武汉、宜昌、咸宁
九节木长喙天蛾	*Macroglossum fringilla* Boisduval	核桃、柑橘	孝感
湖南长喙天蛾	*Macroglossum hunanensis* Chu et Wang	黄杨、泡桐	宜昌
黑长喙天蛾	*Macroglossum pyrrhosticta* Butler	桤木、葡萄、木槿、桂花、刺槐、栀子、九节	十堰、孝感
小豆长喙天蛾（小豆喙天蛾）	*Macroglossum stellatarum* Linnaeus	榆、榆叶梅、刺槐、月季、合欢、木槿	十堰、孝感、咸宁
斑腹长喙天蛾	*Macroglossum variegatum* Rothschild et Jordan	海桐、盐肤木、葡萄、常春藤、白蜡、女贞	十堰、宜昌、孝感

续表

有害生物种类	拉丁学名	寄主植物	分布
椴六点天蛾	*Marumba dyras* Walker	核桃、桃、梨、香椿、椴、枣	宜昌、咸宁
苹六点天蛾	*Marumba gaschkewitschi carstanjeni* Staudinger	桃、苹果、李、梨、蔷薇、红果树、刺槐、枣、香果树	咸宁
梨六点天蛾	*Marumba gaschkewitschi complacens* Walker	枣、梨、李、桃、樱桃、苹果、枇杷	十堰、鄂州、黄冈
桃天蛾	*Marumba gaschkewitschi echephron* Boids	苹果、梨、李、桃	武汉
枣桃六点天蛾	*Marumba gaschkewitschi gaschkewitschi* Bremer et Grey	山核桃、核桃、板栗、枣、梨、李、桃、樱桃、枇杷	十堰、孝感、荆州、黄冈、咸宁、恩施
菩提六点天蛾	*Marumba jankowskii* Oberthüer	栓皮栎、桃、苹果、梨、枣、椴、柞木	十堰
枇杷六点天蛾	*Marumba spectabilis* Butler	枇杷	全省
栗六点天蛾	*Marumba sperchius* Ménétriès	栗、核桃、苦槠、槲栎、栓皮栎	黄石、宜昌、襄阳、孝感、荆州、恩施
钩翅天蛾	*Mimas tiliae christophi* Staudinger	桦、杨、榆、槲栎	省内
团角锤天蛾	*Gurelca hyas* Walker	鸡眼藤、茜草科	十堰
大背天蛾	*Meganoton analis* Felder	白蜡、青冈栎	黄石、襄阳、黄冈、咸宁、恩施、神农架
构月天蛾	*Parum colligata* Walker	构、桑、泡桐、苦槠	十堰、宜昌、襄阳、鄂州、孝感、荆州、黄冈、咸宁
斜绿天蛾	*Rhyncholaba acteus* Cramer	葡萄	宜昌、咸宁
红天蛾	*Pergesa elpenor lewisi* Butler	柳、葡萄、凤仙科、茜草科	武汉、十堰、宜昌、襄阳、荆州、黄冈、咸宁、恩施
盾天蛾	*Phyllosphingia dissimilis dissimilis* Bremer	杨、柳树、山核桃、核桃、板栗、苦槠、榆、桑、桃、杏、刺槐、黄檗	黄石、宜昌、孝感、荆州、恩施

湖北省林业有害生物名录

续表

有害生物种类	拉丁学名	寄主植物	分布
齿翅三线天蛾	*Polyptychus dentatus* Cramer	栎、蔷薇、刺槐、栾树、厚壳树	宜昌
三线天蛾	*Polyptychus trilineatus* Moore	厚壳树	宜昌、咸宁
丁香天蛾	*Psilogramma increta* Walker	女贞、油桐、油橄榄、楝、泡桐、悬铃木	孝感、荆州
霜天蛾	*Psilogramma menephron* Cramer	女贞、泡桐、楝、梓、楸、梧桐、水蜡	十堰、宜昌、襄阳、荆门、孝感、荆州、黄冈、咸宁、天门
华中白肩天蛾	*Rhagastis mongoliana centrosinaria* Chu et Wang	葡萄	咸宁、恩施
锯线白肩天蛾（喀白肩天蛾）	*Rhagastis acuta aurifera* Butler	栎、青冈栎、葡萄、常青藤、黄荆	宜昌
红带白肩天蛾	*Rhagastis gloriosa* Butler	草莓	宜昌
白肩天蛾（蒙古白肩天蛾、蒙天蛾）	*Rhagastis mongoliana* Butler	梅、小檗、苹果、红果树、槐树、葡萄、泡桐	孝感、咸宁
青白肩天蛾	*Rhagastis olivacea* Moore	柑橘、凤仙花	宜昌、黄冈
斜绿天蛾	*Rhyncholabe acteus* Cramer	葡萄	宜昌、咸宁
木蜂天蛾	*Sataspes tagalica tagalica* Boisduval	黄檀、葡萄、樱花	宜昌、恩施
合目天蛾（剑纹天蛾）	*Smerinthus kindermanni* Lederer	杨、柳、栎、榆、桂花	荆州
蓝目天蛾	*Smerinthus planus planus* Walker	杨、柳、毛竹、海棠、沙果、李、梅、桃、樱桃、樱花、油橄榄	黄石、十堰、荆州、黄冈、咸宁、恩施、潜江
葡萄昼天蛾	*Sphecodina caudata* Bremer et Grey	核桃、山葡萄、葡萄、中华猕猴桃、爬山虎	十堰

续表

有害生物种类	拉丁学名	寄主植物	分　布
松黑天蛾	*Hyloicus caligineus sinicus* Rothschild et Jordan	松	十堰、宜昌、孝感、黄冈、恩施
斜纹天蛾	*Theretra clotho clotho* Drury	枫香、紫藤、千年桐、葡萄、木槿、木荷、紫薇、常青藤、泡桐	武汉、黄石、宜昌、襄阳、荆门、荆州、黄冈、咸宁、随州、恩施、神农架
雀斜纹天蛾（雀纹天蛾）	*Theretra japonica* Orza	杨、柳、核桃、榆、构、桑、桃、葡萄、爬墙虎	十堰、襄阳、孝感、荆州、黄冈、咸宁、神农架
土色斜纹天蛾	*Theretra latreillei latreillei* Mcley	葡萄、木槿、秋海棠、牡荆	恩施
青背斜纹天蛾	*Theretra nessus* Drury	梣木、栎、构、枇杷、梨、葡萄、木槿、女贞、野海棠	咸宁
芋双线斜纹天蛾	*Theretra oldenlandiae* Fabricius	核桃、葡萄	宜昌、襄阳、黄冈、咸宁、恩施
芋单线斜纹天蛾（单线斜纹天蛾、芋单线天蛾）	*Theretra pinastrina pinastrina* Martyn	悬铃木	十堰、咸宁
凤蛾科 Epicopeiidae			
浅翅凤蛾	*Epicopeia hainesi sinicaris* Leech	山胡椒、茱萸	黄石、十堰、宜昌、黄冈、咸宁、恩施
榆凤蛾	*Epicopeia mencia* Moore	杨、柳、榆、核桃、枫杨、朴树、构	黄石、十堰、宜昌、襄阳、孝感、荆州、黄冈、咸宁
燕蛾科 Uraniidae			
斜线燕蛾	*Acropteris iphiata* Gnenée	栎、朴、榆、构、枫香、枇杷、石榴、红叶李、柑橘、黄杨、冬青、木槿、茶、柞木、夹竹桃	十堰、宜昌、荆州、随州
尺蛾科 Geometridae			
琴纹尺蛾	*Abraxaphantes perampla* Swinhoe	银杏、马尾松、杨、核桃、榆树、桑、樟、杜仲	恩施

湖北省林业有害生物名录

续表

有害生物种类	拉丁学名	寄主植物	分布
梅叶尺蛾	*Abraxas eurumede* Mats	李、梅	武汉、宜昌
马尾松点尺蛾（松尺蠖）	*Abraxas flavisnuata* Warren	油茶、马尾松	十堰、宜昌、襄阳、荆门、孝感、黄冈、随州、恩施
醋栗金星尺蛾（醋栗尺蛾）	*Abraxas grossudariata* Linnaeus	锥栗、醋栗	十堰、恩施
铅灰金星尺蛾	*Abraxas plumbeata* Cockerell	桦	咸宁、恩施
丝棉木金星尺蛾	*Calospilos suspecta* Warren	榆、刺槐、紫薇、卫矛	武汉、黄石、十堰、宜昌、襄阳、荆门、孝感、荆州、黄冈、咸宁、随州、恩施、神农架、天门
榛金星尺蛾	*Abraxas sylvata* Hampson	银杏、马尾松、杉木、柏木、杨、榆、紫薇	孝感、咸宁、恩施
萝摩艳青尺蛾	*Agathia carissima* Butler	杨、山核桃、板栗、榆、桑、杏、山楂	宜昌、孝感、恩施
夹竹桃艳青尺蛾	*Agathia lycaenaria* Kollar	夹竹桃	十堰、宜昌、襄阳、咸宁、恩施
焦斑艳青尺蛾	*Agathia curvifiniens* Prout	栎	十堰、孝感
栓皮栎尺蛾	*Erannis dira* Butler	栓皮栎、麻栎	十堰、宜昌、荆门、恩施
杉霜尺蛾	*Alcis angulifera* Butler	杨、柳、榆、柞木、杜鹃、桂花	宜昌
桦霜尺蛾	*Alcis repandata* Linnaeus	杨、红桦	襄阳、咸宁、恩施、神农架
针叶霜尺蛾	*Alcis secundaria* Esper	松	宜昌
锯齿尺蛾（锯翅尺蛾）	*Angerona glandinaria* Motschulsky	杨、垂柳、榆、刺槐、黄荆	宜昌
春尺蠖（春尺蛾）	*Apocheima cinerarius* Erschoff	杨、核桃、桦、化香、香椿、甜楮、桃、樱桃	十堰、宜昌、襄阳、荆门、荆州、黄冈、恩施

续表

有害生物种类	拉丁学名	寄主植物	分　　布
棂星尺蛾	*Arichanna jaguaria* Guenée	樟、檫木、油茶、油桐	宜昌、孝感、荆州、神农架
黄星尺蛾	*Arichanna melanaria fraterna* Butler	杉木、杨、山核桃、桤木、板栗、柿	宜昌
黄脉弥尺蛾	*Arichanna tetrica tetrica* Butler	不详	恩施、神农架
大造桥虫	*Ascotis selenaria* Denis et Schiffermüller	水杉、池杉、侧柏、旱柳、枫杨、青冈栎、枫香、红叶李、月季、合欢、刺槐	武汉、十堰、宜昌、孝感、黄冈、恩施
水杉尺蛾	*Ascotis selenaria dianeria* Hübner	水杉	荆州、黄冈
山枝子尺蛾	*Aspitates geholaria* Oberthür	刺槐、槐树、胡枝子、梨、栀子	省内
黑星白尺蛾	*Asthena melanosticta* Wehrli	核桃、枫香、樟、桃、李、刺桐、麻栎、刺槐、女贞	襄阳、恩施
对白尺蛾	*Asthena undulata* Wileman	不详	恩施
桦尺蛾	*Biston betularia* Linnaeus	桦、杨、椴、榆、栎	宜昌、孝感、荆州、黄冈、咸宁、恩施、神农架
油茶尺蛾（油茶尺蠖）	*Biston marginata* Matsumura	油茶、茶、乌桕、油桐、板栗、银杏、樱桃、桑	黄石、十堰、宜昌、孝感、荆州、咸宁
黄连木尺蛾	*Culcula panterinaria* Bremer et Grey	黄连木、梨、桃、核桃、枣、柿、乌桕、香椿、栎	十堰、宜昌、襄阳、鄂州、孝感、荆州、咸宁、恩施、神农架
双云尺蛾	*Biston regalis comitata* Moore	马尾松、油桐、杨、柳、山核桃、核桃、桦、板栗、榆、桑、刺槐、槐树、柑橘、臭椿、石榴、女贞	荆门、神农架

湖北省林业有害生物名录

续表

有害生物种类	拉丁学名	寄主植物	分布
焦边尺蛾	*Bizia aexaria* Walker	核桃楸、桑、构、桃、黄杨、紫薇	黄石、宜昌、荆州
褐线尺蛾	*Boarmia castigataria* Bremer	蔷薇	十堰
皱霜尺蛾	*Hypomecis roboraria displiscens* Butler	栎、槲栎	武汉、十堰、襄阳、孝感、荆州、咸宁
掌尺蛾（梳角枝尺蛾）	*Buzura recursaria superans* Butler	青冈栎、榆、桃、杏、刺槐、卫矛、女贞	宜昌、孝感、恩施
油桐尺蛾（桉树尺蛾）	*Buzura suppressaria* Guenée	油桐、油茶、漆树、乌桕、桑	十堰、宜昌、襄阳、荆门、孝感、咸宁、恩施
云尺蛾	*Buzura thibetaria* Oberthür	茶、油桐、桦、核桃、油茶	咸宁、恩施
常春藤卡尺蛾	*Callygris compositata* Guenée	不详	十堰
松回纹尺蛾（云南松涧纹尺蛾）	*Chartographa fabiolaria* Oberthür	松	黄冈、恩施
葡萄回纹尺蛾	*Chartographa ludovicaria praemutans* Prout	葡萄	神农架
橄榄绿尾尺蛾	*Chiasmia defixaria* Walker	银杏、杨、青冈栎、榆、鹅掌楸	咸宁
格庶尺蛾	*Semiothisa hebesata* Walker	胡枝子	孝感
褐纹绿尺蛾	*Comibaena amocenaria* Oberthür	栎	省内
长纹绿尺蛾	*Comibaena argentataria* Leech	槲栎	省内
盔绿尺蛾	*Comibaena cassidaria* Guenée	不详	恩施
云纹绿尺蛾	*Comibaena pictipennis* Butler	麻栎	省内
肾纹绿尺蛾	*Comibaena procumbaria* Pryer	杨、柳、杨梅、核桃、榆、桑、茶	荆门、孝感、荆州、黄冈、恩施、神农架

续表

有害生物种类	拉丁学名	寄主植物	分　布
栎绿尺蛾	*Comibaena delicator* Warren	杨梅、栓皮栎、麻栎、青冈栎、胡枝子、柞木、牡荆	宜昌、荆州、黄冈、恩施
镶纹绿尺蛾	*Comibaena subhyalina* Warren	不详	宜昌
毛穿孔尺蛾	*Corymica arnearia* Walker	杨、栎、构、石楠、冬青卫矛、栾树	宜昌、荆州、咸宁
小蜻蜓尺蛾（梅尺蛾）	*Cystidia couaggaria* Guenée	梨、苹果、李	十堰、宜昌、襄阳、荆门、黄冈、咸宁、恩施
蜻蜓尺蛾	*Cystidia stratonice* Stoll	梅、梨、李、桃、樱桃	省内
枞灰尺蛾（华山松灰尺蛾）	*Deileptenia ribeata* Clerck	华山松、杉、栎、刺槐、柞木	宜昌、荆州、咸宁
豹尺蛾	*Dysphania militaria* Linnaeus	华山松、栓皮栎、刺槐、柑橘、油茶、桃金娘	宜昌、咸宁
绣纹尺蛾	*Ecliptopera umbrosaria* Motschulsky	葡萄、白蜡	宜昌
松埃尺蛾（松尺蠖）	*Ectropis crepuscularia* Denis et Schiffermüller	马尾松	荆门、黄冈
灰茶尺蠖	*Ectropis grisescens* Warren	茶	武汉、孝感、咸宁
小茶尺蛾（小埃尺蛾）	*Ectropis obliqua* Warren	马尾松、湿地松、杨梅、核桃、刺槐、油茶、紫薇	武汉
茶尺蠖（茶尺蛾）	*Ectropis obliqua hyputina* Wehrli	水杉、山核桃、茶、栎、茅栗、木荷、桂花、泡桐	武汉、十堰、宜昌、鄂州、孝感、咸宁、恩施
兀尺蛾	*Elphos insueta* Butler	茶	宜昌
胡桃尺蛾	*Ennomos arenosa* Butler	核桃楸、核桃、栎、桃、柞木	十堰

湖北省林业有害生物名录

续表

有害生物种类	拉丁学名	寄主植物	分布
黄双线尺蛾	*Erastria perlutea* Wehrli	柳、板栗、桑、梅、杏、樱桃、刺槐、鼠李	孝感、咸宁
树形尺蛾	*Erebomorpha consors* Butler	核桃、核桃楸、桦、板栗、栎、柿	宜昌、咸宁、恩施
黑点尾尺蛾	*Euctenurapteryx nigrociliaria* Leech	三尖杉、粗榧	宜昌、襄阳、黄冈、咸宁、神农架
枯斑翠尺蛾	*Ochrognesia difficta* Walker	桦、柳、杨	十堰、孝感、荆州、黄冈、随州、恩施
彩青尺蛾	*Eucyclodes gavissima* Walker	栎、含笑、梨	宜昌
赭尾尺蛾	*Exurapteryx aristidaria* Oberthür	马尾松、栎	宜昌、咸宁
枯叶尺蛾	*Gandaritis flavata* Moore	马尾松、杨、核桃、麻栎、桑、葡萄、中华猕猴桃	宜昌
中国枯叶尺蛾	*Gandaritis sinicaria sinicaria* Leech	不详	宜昌、襄阳、恩施
水蜡尺蛾	*Garaeus parva distans* Warren	栎、桃、樱桃、石榴、女贞、水蜡	神农架
白脉青尺蛾	*Geometra albovenaria* Bremer	松、柏木、杨、柳、桦、苦槠、栓皮栎	黄石、襄阳、随州、神农架
蝶青尺蛾	*Geometra papilionaria* Linnaeus	桦、榛、桤木	孝感、恩施、神农架
白带青尺蛾	*Geometra sponsaria* Bremer	杨、柳树、桤木、麻栎、榆树	神农架
乌苏里青尺蛾	*Geometra ussuriensis* Sauber	不详	荆州、恩施
直脉青尺蛾	*Geometra valida* Feld et Rogenhofer	杨、树、化香树、板栗、栎、青冈栎、榆、厚朴、檫木、柞木、黄荆	恩施、神农架
细线无缰青尺蛾（细线无缰尺蛾）	*Hemistola tenuilinea* Alpheraky	栎、麻栎	孝感

续表

有害生物种类	拉丁学名	寄主植物	分布
折无缰青尺蛾	*Hemistola zimmermanni zimmermanni* Hedemann	杨	孝感
奇锈腰尺蛾	*Hemithea krakenaria* Holloway	板栗	黄冈
点锈腰尺蛾	*Hemithea stictochila* Prout	不详	宜昌
茶担尺蛾	*Heterarmia diorthogonia* Wehrli	柑橘、油茶、茶	宜昌、黄冈、咸宁、恩施
尘尺蛾	*Hypomecis punctinalis conferenda* Scopoli	樟、杨、垂柳、板栗、朴树、榆、枫香、红叶李、刺槐、蔷薇、桃	荆州
桃尺蛾	*Inurois punctigera* Prout	李、桃	省内
青辐射尺蛾	*Iotaphora admirabilis* Oberthür	杨、山核桃、核桃、枫杨、桤木、栎、栓皮栎、榆、八角、李、梨、喜树	十堰、宜昌、黄冈、咸宁、恩施
黄辐射尺蛾	*Iotaphora iridicolor* Butler	胡桃楸、柿	孝感、咸宁、恩施
茶用克尺蛾	*Jankowskia athleta* Oberthüer	月季、刺槐、柑橘、油茶、茶	武汉、宜昌、孝感、潜江
用克尺蠖	*Jankowskia exigua* Hübner	茶	十堰、襄阳、孝感
三角璃尺蛾	*Krananda latimarginaria* Leech	樟、猴樟、楠、含笑	荆州、咸宁
橄璃尺蛾	*Krananda oliveomarginata* Swinhoe	天竺桂、槐树、丁香	咸宁
玻璃尺蛾	*Krananda semihyalinata* Moore	核桃、柑橘、油茶、柿、桂花	咸宁、恩施
亚叉脉尺蛾	*Leptostegna asiatica* Warren	不详	黄石、咸宁
中国巨青尺蛾	*Limbatochlamys rosthorni* Rothschild	马尾松、柏木、杨、桦、锥栗、栎、栓皮栎、枫香、李、花椒、柿、黄荆	十堰、宜昌、襄阳、恩施

湖北省林业有害生物名录

续表

有害生物种类	拉丁学名	寄主植物	分　布
缘点尺蛾	*Lomaspilis marginata amurensis* Hedemann	柳、栎、桑、梨、鼠李	咸宁
续尖尾尺蛾（续尖尾绿尺蛾）	*Gelasma grandificaria* Graeser	不详	襄阳、咸宁、神农架
尖尾尺蛾	*Gelasma illiturata* Walker	桃、樱桃	宜昌
默尺蛾	*Medasima corticaria photina* Wehrli	杨、栎、茶、女贞	宜昌
柑桔尺蛾	*Menophra subplagiata* Walker	杨、樟、柑橘、油桐、油茶	十堰、宜昌、孝感、恩施、神农架
中国后星尺蛾	*Metabraxas clerica clerica* Butler	多种阔叶树	宜昌、襄阳、恩施
三岔镰翅绿尺蛾	*Mixochlora vittata* Moore	麻栎、栓皮栎、青冈栎	宜昌
刺槐尺蠖	*Napocheima robiniae* Chu	杨、桦、榆、桑、刺槐、槐	十堰、宜昌
女贞尺蛾	*Naxa seriaria* Motschulsky	柳杉、垂柳、桃、石楠、黄杨、柞木、紫薇、杜鹃、女贞、桂花、紫丁香、泡桐	黄石、十堰、孝感、荆州、黄冈、随州、恩施
双线新青尺蛾	*Neohipparchus vallata* Butler	板栗	十堰、黄冈
散长翅尺蛾	*Obeidia conspurcata* Leech	不详	宜昌
巨豹纹长翅尺蛾（豹纹尺蛾、巨长翅尺蛾）	*Obeidia gigantearia* Leech	华山松、马尾松、柏木、杨、核桃、锥栗、青冈栎、榆、枫香、蔷薇、刺槐、茶、枣、栀子、油桐	十堰、宜昌、荆门、孝感、咸宁、恩施
撒旦豹纹尺蛾	*Obeidia lucifera extranigricans* Wehrli	华山松、马尾松、核桃	恩施
后缘长翅尺蛾	*Obeidia postmarginata* Wehrli	不详	省内

续表

有害生物种类	拉丁学名	寄主植物	分 布
大斑豹纹尺蛾（虎鄂尺蛾）	*Obeidia tigrata maxima* Inoue	栓皮栎、麻栎、茅栗	武汉、十堰、宜昌、荆门、黄冈、咸宁、恩施、神农架
择长翅尺蛾	*Obeidia tigrata neglecta* Thierry-Mieg	柳、板栗、栎、茶	十堰、宜昌、荆门、咸宁、恩施
白眉黑尺蛾	*Odezia atrata* Linnaeus	山核桃、猴樟、苹果	宜昌
贡尺蛾	*Odontopera aurata* Prout	杨、柳杉、李、刺槐、槐、柑橘、茶	咸宁
茶贡尺蛾	*Odontopera bilinearia coryphodes* Wehrli	柳杉、桤木、勾儿茶、茶	咸宁
核桃星尺蛾	*Ophthalmodes albosignaria* Bermer et Grey	核桃、核桃楸、枫杨、板栗、柿	黄石、十堰、宜昌、襄阳、荆门、孝感、荆州、黄冈、咸宁、随州、恩施、神农架
四星尺蛾	*Ophthalmodes irrorataria* Bremer et Grey	枣、柑橘、苹果、鼠李	宜昌、鄂州、荆州、咸宁、随州
中华四星尺蛾（中华星尺蛾）	*Ophthalmodes sinensium* Oberthür	杨、山核桃、核桃、苹果、海棠花、刺槐、柑橘	宜昌
栉尾尺蛾	*Ourapteryx maculicaudaria* Motschulsky	柳、榆、刺槐	宜昌、咸宁
点尾尺蛾	*Ourapteryx nigrociliaris* Leech	三尖杉、粗榧、核桃、刺槐、枣	咸宁
雪尾尺蛾	*Ourapteryx nivea* Butler	粗榧、杨、桦、栓皮栎、青冈栎、冬青、榆、桑、厚朴、月季、刺槐、栀子	黄石、十堰、宜昌、襄阳、孝感、黄冈、咸宁、恩施、神农架
波尾尺蛾	*Ourapteryx persica* Ménétriès	杉木、粗榧、杨、榆、李、红果树、槐	荆州
接骨木尾尺蛾	*Ourapteryx sambucaria* Linnaeus	接骨木、柳、椴、栎、忍冬	宜昌、襄阳、孝感、黄冈、恩施
金星垂耳尺蛾	*Pachyodes amplificata* Walker	杜仲、枫杨	十堰

湖北省林业有害生物名录

续表

有害生物种类	拉丁学名	寄主植物	分布
江浙垂耳尺蛾	*Pachyodes iterans* Prout	不详	宜昌
柿星尺蛾（巨星尺蛾）	*Percnia giraffata* Guenée	核桃、柿	黄石、十堰、宜昌、襄阳、孝感、黄冈
拟柿星尺蛾（星白尺蛾）	*Percnia albinigrata* Warren	核桃、柿	武汉、宜昌、咸宁
胡麻斑白枝尺蛾	*Percnia ercnia albinigrata albinigrata* Warren	胡桃	十堰、宜昌、襄阳、孝感、荆州、黄冈、咸宁
南方散斑点尺蛾	*Percnia luridaria meridionalis* Wehrli	女贞、丁香	宜昌、神农架
桑尺蛾	*Menophra atrilineata* Butler	桑、榆、桃	十堰、孝感、荆州、恩施、潜江
槭烟尺蛾	*Phthonosema invenustaria* Leech	槭、柳、漆	黄冈、恩施
苹果烟尺蛾（苹烟尺蛾）	*Phthonosema tendinosaria* Bremer	桑、青冈栎、板栗、苹果、李、梨	黄石、十堰、宜昌、襄阳、孝感、恩施
粉尺蛾	*Pingasa alba* Swinhoe	杨、桤木、桑、枣、栀子	咸宁
八角尺蛾（八角尺蠖、双冠尺蛾）	*Pogonopygia nigralbata* Warren	枫杨、麻栎	省内
双目白姬尺蛾（白眼尺蛾）	*Problepsis albidior* Warren	栎、青冈栎、蔷薇、槐、香椿、紫薇、小叶女贞	襄阳、咸宁
指眼尺蛾	*Problepsis crassinotata* Prout	榆	宜昌
黑条眼尺蛾（长眉眼尺蛾）	*Problepsis diazoma* Prout	杨、柳、榆、桑、猴樟、樱桃、梨、合欢、木槿、柞木、女贞	黄冈、咸宁、恩施
猫眼尺蛾	*Problepsis superans* Butler	杨、柳、枫杨、桑、杏、柑橘、油桐、黄栌、白蜡、女贞	襄阳、孝感、咸宁
灰褐普尺蛾	*Pseudomiza obliquaria* Leech	榆树	孝感

续表

有害生物种类	拉丁学名	寄主植物	分布
杨姬尺蛾	*Scopula caricaria* Reutti	杨、旱柳、桃、杏、苹果、梨、柑橘	省内
忍冬尺蛾	*Somatina indicataria* Walker	忍冬	孝感、咸宁、神农架
麻岩尺蛾	*Scopula nigropunctata subcandida* Walker	杨、板栗、苹果、刺桐	恩施
茶银尺蠖	*Scopula subpunctaria* Herrich-Schäffer	茶、木荷	十堰、宜昌、恩施
国槐尺蛾(槐尺蛾,国槐尺蠖)	*Semiothisa cinerearia* Bremer et Grey	槐、刺槐	黄石、十堰、襄阳、孝感、荆州、咸宁、随州、天门
上海枝尺蛾	*Semiothisa shanghaisaria* Walker	杨、柳	孝感
枣尺蛾(枣步曲)	*Sucra jujuba* Chu	枣、桑、苹果	十堰、宜昌、襄阳、咸宁
叉线青尺蛾	*Tanaoctenia dehaliaria* Wehrli	杨、柳、桦、栎、桑、苹果、盐肤木	孝感
镰翅绿尺蛾	*Tanaorhinus reciprocata reciprocata* Walker	核桃、栎、青冈栎、黄杨、冬青、茶	宜昌、黄冈、咸宁、恩施
樟翠尺蛾	*Thalassodes quadraria* Guenée	杨、板栗、栎、桑、猴樟、樟、肉桂、月季、木荷、杜鹃、女贞、桂花	黄石、鄂州、黄冈、咸宁
黄蝶尺蛾	*Thinopteryx crocoptera* Kollar	枱木、栎、青冈、猴樟、桃、樱桃、葡萄、女贞	宜昌、孝感、恩施
紫线尺蛾(紫条尺蛾)	*Timandra griseata* Petersen	杨、柳、榆、构、樟、枇杷、西府海棠、石楠、红叶李、槐、黄杨、葡萄、茶、茉莉花	黄石、恩施
缺口镰翅青尺蛾	*Timandromorpha discdor* Warren	不详	孝感
橄缺口青尺蛾	*Timandromorpha olivaria* Han et Xue	栓皮栎	襄阳

湖北省林业有害生物名录

续表

有害生物种类	拉丁学名	寄主植物	分布
黑玉臂尺蛾	*Xandrames dholaria* Moore	马尾松、柏木、杨、柳、槐、栓皮栎、青冈栎、刺槐、核桃、栗、柑橘、香椿、油桐、卫矛、柿、小叶女贞	武汉、十堰、宜昌、孝感、黄冈、咸宁、恩施
刮纹玉臂尺蛾	*Xandrames latiferaria curvistriga* Warren	麻栎、槲栎、小叶栎、栓皮栎	神农架
中国虎尺蛾	*Xanthabraxas hemionata* Guenée	槭、乌饭、女贞、栎、油桐	恩施、神农架
桑褶翅尺蛾（桑刺尺蛾、核桃尺蛾）	*Zamacra excavata* Dyra	槐、杨、柳、核桃、刺槐、柑橘	省内

舟蛾科 Notodontidae

有害生物种类	拉丁学名	寄主植物	分布
新奇舟蛾	*Allata sikkima* Moore	槐树、蔷薇	孝感、黄冈
竹拟皮舟蛾	*Besaia anaemica* Leech	毛竹、刺竹、慈竹	咸宁
竹蓖舟蛾（竹篦舟蛾）	*Besaia goddrica* Schaus	核桃、栎、油桐、青皮竹、慈竹、水竹、毛竹	荆州、黄冈、咸宁
大双尾天社蛾	*Cerura erminea menciana* Moore	垂柳	恩施
黑带二尾舟蛾（杨双尾舟蛾）	*Cerura felina* Butler	杨、柳	襄阳
杨二尾舟蛾（杨双尾天社蛾）	*Cerura menciana* Moore	杨、柳、桦、枫杨、榆、桃、苹果、紫荆、刺槐、无患子、枣、枸杞	武汉、十堰、宜昌、荆门、孝感、荆州、黄冈、咸宁、恩施、仙桃、潜江
白二尾舟蛾	*Cerura tattakana* Matsumura	柳杉、杨、枫杨、柳叶箬	十堰、宜昌、孝感、恩施
杨扇舟蛾（白杨天社蛾）	*Clostera anachoreta* Fabricius	杨、柳、朴、榆、红花檵木、悬铃木、苹果、红叶李、刺槐、槐树、山枣、木芙蓉、喜树、女贞、桂花	全省

续表

有害生物种类	拉丁学名	寄主植物	分布
分月扇舟蛾（银波天色蛾）	*Clostera anastomosis* Linnaeus	杨、柳、枫杨	武汉、十堰、襄阳、孝感、荆州、黄冈
仁扇舟蛾	*Clostera restitura* Walker	杨、柳、枫杨	武汉、黄石、十堰、宜昌、襄阳、孝感、荆州、黄冈、恩施、仙桃、潜江
灰舟蛾	*Cnethodonta grisescens* Staudinger	椴、榆、栎、槭	神农架
双尾天社蛾	*Dicranura erminea menciana* Moore	苹果	省内
榆选舟蛾	*Dicranura tsvetajevi* Schintlmeister et Sviridov	榆	省内
榆二尾舟蛾	*Dicranura ulmi* Denis et Schiffermüller	杨、柳、榆	省内
著蕊尾舟蛾	*Dudusa nobilis* Walker	杨、枫杨、栓皮栎、青冈栎、三角枫、栾树、无患子	十堰、恩施
黑蕊尾舟蛾	*Dudusa sphingformis* Moore	杨、樱桃、槭、栾树、漆	十堰、宜昌、孝感、荆州、咸宁、恩施、神农架
黄二星舟蛾	*Euhampsonia cristata* Butler	杨、旱柳、麻栎、小叶栎、柞木、栓皮栎	十堰、宜昌、襄阳、荆门、孝感、黄冈、咸宁、随州、恩施、神农架
凹缘舟蛾	*Euhampsonia niveiceps* Walker	栎	省内
银二星舟蛾	*Euhampsonia splendida* Oberthür	杨、柳、栎、榆、檫木、桃、樱桃、山楂、李、黄荆	武汉、十堰、宜昌、孝感、黄冈
栎纷舟蛾（栎粉舟蛾）	*Fentonia ocypete* Bremer	栎、栗、槠、榛	襄阳、荆门、黄冈、随州、神农架
腰带燕尾舟蛾	*Furcula lanigera* Butler	杨、柳、柏、青冈栎、悬钩子、刺槐、槐	荆州

湖北省林业有害生物名录

续表

有害生物种类	拉丁学名	寄主植物	分 布
钩翅舟蛾	*Gangarides dharma* Moore	榆、杨、桦、栗、核桃、枫香、刺槐、黄荆	十堰、宜昌、孝感、黄冈、恩施
三线雪舟蛾	*Gazalina chrysolopha* Kollar	杨、桤木、苹果	宜昌、黄冈、恩施
双线雪舟蛾	*Gazalina transversa* Moore	不详	宜昌
金纹角翅舟蛾	*Gonoclostera argentata* Oberthür	杨、柳、栎	宜昌
角翅舟蛾	*Gonoclostera timoniorum* Bermer	杨、柳	荆州、恩施
怪舟蛾	*Hagapteryx admirabilis* Staudinger	杨、旱柳、山核桃、核桃、胡桃、青冈栎	荆州
岐怪舟蛾	*Hagapteryx mirabilior* Oberthür	杨、核桃楸、核桃、枸杞	咸宁
杨小二舟蛾（杨小二尾舟蛾）	*Harpyia furcula* Clerck	杨、柳	荆州
杨小双尾舟蛾	*Harpyia lanigera* Butler	杨、柳、柏	襄阳
栎枝背舟蛾	*Harpyia umbrosa* Staudinger	栗、栎、槲栎、杨、榆、刺槐	宜昌、襄阳、荆门、黄冈
白颈异齿舟蛾	*Hexafrenum leucodera* Staudinger	杨、栎、刺槐	神农架
杨小舟蛾	*Micromelalopha haemorrhoidalis* Kiriakoff	杨、柳、杨梅、枫杨、榆、苹果、梨、梧桐	全省
大新二尾舟蛾	*Neocerura wisei* Swinhoe	杨、垂柳、核桃、栎、青冈栎、梨	十堰、孝感、咸宁
新林舟蛾	*Neodryrnorzia delia* Leech	白檀	神农架
云舟蛾	*Neopheosia fasciata* Moore	樱花、栎、李	荆州
榆白边舟蛾	*Nericoides davidi* Oberthür	杨、榆	荆州、黄冈
窄翅舟蛾	*Niganda strigifascia* Moore	栎	黄冈

续表

有害生物种类	拉丁学名	寄主植物	分布
卵内斑舟蛾	*Peridea moltrechti* Oberthür	栎、榆、大果榉、桃、杏、樱桃、山楂、苹果、梨	宜昌
暗内斑舟蛾	*Peridea monetaria* Oberthür	杨、赤杨	宜昌
侧带内斑舟蛾	*Peridea lativitta* Wileman	桦、栎	恩施、神农架
异纩舟蛾(竹缕舟娥)	*Periergos dispar* Kiriakoff	栎、板栗、柞木、刺竹、毛竹、金竹	十堰、宜昌、襄阳、孝感、黄冈、咸宁、神农架
窄掌舟蛾	*Phalera angustipennis* Matsumura	栎、柞木	孝感
栎黄掌舟蛾(栎掌舟蛾)	*Phalera assimilis* Bremer et Grey	栎、杨、榆、板栗、青冈栎、桑、檫木、桃、樱桃、山楂、梨、李、刺槐、盐肤木、柞木	武汉、黄石、十堰、宜昌、襄阳、孝感、黄冈、咸宁、随州、恩施
圆黄掌舟蛾(圆掌舟蛾)	*Phalera bucephala* Linnaesu	榆、枫杨、杨、板栗、栎	宜昌、孝感
葛藤掌舟蛾	*Phalera cossioides* Walker	葛藤	十堰
苹掌舟蛾	*Phalera flavescens* Bremer et Grey	苹、梨、桃、李、栎、楝、板栗、桃、杏、樱桃、樱花、垂丝海棠、红叶李	十堰、宜昌、襄阳、孝感、荆州、黄冈、咸宁、恩施、神农架
榆掌舟蛾(榆毛虫)	*Phalera fuscescens* Butler	榆、杨、板栗、栎、桑、桃、樱桃、樱花、石楠、李、梨、紫荆、刺槐、盐肤木、迎春花	十堰、宜昌、襄阳、荆门、孝感、咸宁、随州、恩施
刺槐掌舟蛾	*Phalera grolei* Moore	刺槐	十堰、宜昌、襄阳、孝感、黄冈、咸宁、恩施、天门
纹掌舟蛾	*Phalera ordgara* Schaus	杨、栎	十堰
栎褐舟蛾	*Phalerodonta albibasis* Chiang	栎	荆州

湖北省林业有害生物名录

有害生物种类	拉丁学名	寄主植物	分　布
栎蚕舟蛾 （麻栎天社蛾、 栎褐天社蛾）	*Phalerodonta bombycina* Oberthür	麻栎、槲栎、小叶栎、栓皮栎、青冈栎、杏、柞木	孝感、随州
杨剑舟蛾	*Pheosia fusiformis* Natsumura	杨、柳树、榆、檫木、山枣	恩施
槐羽舟蛾	*Pterostoma sinicum* Moore	杨、核桃、槐、刺槐、苹果、海棠、紫薇、山合欢	孝感、荆州、黄冈、咸宁、神农架
白斑胯白舟蛾	*Quadricalcarifera fasciata* Moore	枫杨、栎	十堰、恩施
艳金舟蛾	*Spatalia doerriesi* Graeser	桦、细叶青冈、柞木	孝感、恩施
茅莓蚁舟蛾	*Stauropus basalis* Moore	榆、茅栗、海棠、悬钩子、山莓、刺槐	十堰、宜昌
苹蚁舟蛾	*Stauropus fagi persimilis* Butler	苹果、梨、樱桃、杨、连香	十堰、恩施
青胯舟蛾 （青白胯舟蛾）	*Syntypistis cyanea* Leech	山核桃、核桃楸、核桃、青冈栎	省内
肖剑心银斑舟蛾	*Tarsolepis japonica* Wileman et South	桦木、栎、青冈栎、猴樟、檫木、苹果、茶条槭	十堰、宜昌、荆州
土舟蛾	*Togepteryx velutina* Oberthür	栎、槭	宜昌、荆州
核桃美舟蛾	*Uropyia meticulodina* Oberthür	核桃楸、核桃、枫杨、栾树、女贞、楸	十堰、宜昌、荆门、孝感、黄冈、恩施
梨威舟蛾	*Wilemanus bidentatus bidentatus* Wileman	栓皮栎、梨、苹果、石楠	宜昌、黄冈、恩施
亚梨威舟蛾	*Wilemanus bidentatus ussuriensis* Püngeler	楠竹、槐、梨、苹果	省内
裳蛾科 Erebidae			
飞扬阿夜蛾（蓖麻夜蛾、白带蓖麻夜蛾）	*Achaea janata* Linnaeus	苹果、梨、桃、柑橘	武汉
阿夜蛾	*Achaea oedipodina* Madliie	梨、桃、柑橘	黄冈

续表

有害生物种类	拉丁学名	寄主植物	分布
大丽灯蛾	*Aglaomorpha histrio* Walker	马尾松、杉木、柏木、柳、枫杨、青冈栎、油茶、栓皮栎、牡荆、桑、柑橘、香椿、冬青、石榴、黄竹、斑竹、毛竹、苦竹、慈竹	十堰、宜昌、襄阳、孝感、荆州、黄冈、咸宁、恩施、神农架
煤色滴苔蛾	*Agrisius fuliginosus* Moore	桤木、柑橘	黄石、宜昌、襄阳、黄冈、咸宁
滴苔蛾	*Agrisius guttivitta* Walker	杨、桦、板栗、檫木、桃、枇杷、盐肤木、栾树	孝感、恩施
红缘灯蛾(红袖灯蛾)	*Aloa lactinea* Cramer	杨、柿、桑、柑橘、乌桕、桂花	宜昌、荆州、黄冈、咸宁、恩施、仙桃、潜江
白角鹿蛾	*Amata acrospila* Felder	核桃、樟、青皮槭	恩施
橙带鹿蛾	*Amata caspia* Staudinger	柳	恩施
蜀鹿蛾	*Amata davidi* Poujade	茶、柑橘	黄冈、恩施、神农架
广鹿蛾	*Amata emma* Butler	杨、垂柳、核桃、枫杨、榆、石楠、樟、紫荆、毛刺槐、柑橘、木槿、刺楸、山茶	武汉、黄石、十堰、宜昌、荆门、孝感、咸宁、恩施、仙桃
蕾鹿蛾	*Amata germana* Felder	茶、油茶、桑、柑橘、重阳木、冬青卫矛、木荷、木槿、紫薇、女贞、桂花、栀子	武汉、黄石、十堰、宜昌、襄阳、孝感、黄冈、咸宁、恩施、神农架
黄体鹿蛾	*Amata grotei* Moore	荚蒾、桑、茶	襄阳、孝感
掌鹿蛾	*Amata handelmazzettii* Zerny	臭椿	襄阳
闪光鹿蛾	*Amata hoenei* Obraztsov	垂柳、核桃、桑、海桐、柑橘、木槿、紫薇、黄荆	黄石

湖北省林业有害生物名录

续表

有害生物种类	拉丁学名	寄主植物	分　布
牧鹿蛾	*Amata pascus* Leech	马尾松、柏木、杨、核桃、桤木、板栗、青冈栎、榆、桑、合欢、紫薇	宜昌
中华鹿蛾（鹿蛾）	*Amata sinensis sinensis* Rothschild	华山松、柳杉、核桃、板栗、榆、桑、桃、杏、月季、刺槐、槐、茶、柿、杜英	十堰、襄阳、天门
小造桥虫（小造桥夜蛾、小桥夜蛾）	*Anomis flava* Fabricius	榆、桃、柑橘、梨、葡萄、苹果、木槿、香椿、槐、栾树	武汉、十堰、宜昌、襄阳、孝感、荆州、黄冈
超桥夜蛾	*Anomis fulvida* Guenée	杨、桤木、玉兰、油樟、枫香、桃、碧桃、苹果、梨、悬钩子、柑橘、臭椿、葡萄、木芙蓉、朱瑾、木槿、油茶	武汉、十堰、咸宁
桥夜蛾	*Anomis mesogona* Walker	杨、板栗、栎、桃、杏、苹果、李、梨、悬钩子、柑橘、花椒、葡萄、木槿、泡桐	武汉、宜昌
苎麻夜蛾	*Arcte coerulea* Guenée	构、胡枝子、刺槐、榆、藤麻	武汉、十堰、宜昌、襄阳、孝感、荆州、咸宁、恩施
豹灯蛾	*Arctia caja* Linnaeus	旱柳、榆、桑、刺槐、槐、柑橘、椴、柞木、接骨木	恩施
茶白毒蛾	*Arctornis alba* Bremer	油茶、茶、栎、杨、柳、榆、桦、苹果	十堰、襄阳、鄂州、黄冈、恩施
鹅点足毒蛾	*Redoa anser* Collenette	核桃、栎、榆、油茶、茶、刺楸、柿	宜昌、恩施

续表

有害生物种类	拉丁学名	寄主植物	分　布
桑毒蛾	*Arctornis chrysorroea* Linnaeus	苹果、梨、杏、桃	荆州
簪黄点足毒蛾（簪黄点毒蛾）	*Redoa crocophala* Collenette	樟、山茶、油茶	黄冈
白点足毒蛾	*Redoa cygnopsis* Collenette	茶、红椿、白蜡	黄冈、恩施
绢白毒蛾	*Arctornis gelasphora* Collenette	栎、栗、榆、油桐	荆州
薄纱毒蛾	*Arctornis kanazawai* Inoue	茶	宜昌、襄阳
白毒蛾	*Arctornis l-nigrum* Müller	茶、槭、杨、柳、栎、榆、榛	十堰、孝感、恩施
茶点足毒蛾	*Redoa phaeocraspeda* Collenette	杨、樟、油桐、乌桕、油茶、茶	黄冈
乌桕黄毒蛾（乌桕毒蛾、乌桕毛虫、枇杷毒蛾）	*Euproctis bipunctapex* Hampson	乌桕、油桐	十堰、宜昌、孝感、荆州、黄冈、咸宁、恩施
茶黄毒蛾（茶斑毒蛾、茶毛虫）	*Euproctis pseudoconspersa* Strand	樟、紫薇、油茶、茶、油桐、泡桐、柏、乌桕、枇杷、柿、樱桃、柑橘	武汉、十堰、宜昌、鄂州、孝感、荆州、咸宁、恩施、仙桃、潜江
珀色毒蛾	*Aroa substrigosa* Walker	竹、栎、榆	宜昌
镰大棱夜蛾	*Arytrura subfalcata* Ménétriès	油桐	孝感
条纹艳苔蛾	*Asura strigipennis* Herrich-Schäffer	杨、桦、桑、山胡椒、柑橘、油茶、茶	黄石、十堰、黄冈、咸宁
齿斑畸夜蛾	*Bocula quadrilineata* Walker	杨、蔷薇	孝感、黄冈
胞短栉夜蛾	*Brevipecten consanguis* Leech	桑、扶桑、朴树、木槿	神农架
毛健夜蛾（葱兰夜蛾）	*Brithys crini* Fabricius	杨、络石、珊瑚树	宜昌、荆门、荆州

湖北省林业有害生物名录

续表

有害生物种类	拉丁学名	寄主植物	分 布
清新鹿蛾	*Caeneressa diaphana* Kollar	松、竹、青冈栎、核桃、漆、茶、月季	黄石、十堰、宜昌、襄阳、孝感、神农架
红带新鹿蛾	*Caeneressa rubrozonata* Poujade	茅栗、麻栎、栓皮栎、樱花、火棘、悬钩子、栾树	十堰、襄阳、荆州
仿首丽灯蛾	*Callimorpha equitalis* Kollar	桤木、栎、青冈栎、柑橘、白蜡	恩施
点丽毒蛾	*Calliteara angulata* Hampson	栎	襄阳
松丽毒蛾（松茸毒蛾、松毒蛾、马尾松毒蛾）	*Calliteara axutha* Collenette	松、杉木、柏木、构、重阳木	武汉、十堰、宜昌、孝感、黄冈、咸宁、恩施
铅丽毒蛾（铅茸毒蛾）	*Calliteara chekiangensis* Collenette	杨、柳、榆	黄石、十堰、咸宁、恩施、神农架
连丽毒蛾（连茸毒蛾）	*Calliteara conjuncta* Wileman	刺槐、枫杨、杨、栎	黄冈
线丽毒蛾	*Calliteara grotei* Moore	垂柳、杨梅、核桃、板栗、青冈栎、泡桐、柑橘、桂花	黄石、宜昌、襄阳、荆州、咸宁、潜江
无忧花丽毒蛾	*Calliteara horsfieldii* Saunders	杨、柳、朴树、榆、榉、樟、悬铃木、海棠花、月季、刺槐、茶、柑橘、重阳木、柿、泡桐	省内
丽毒蛾（茸毒蛾）	*Calliteara pudibunda* Linnaeus	杨、柳、核桃、板栗、水青冈、栓皮栎、朴树、榆、樱花、山楂、垂丝海棠、黄檀、刺槐、槐、女贞、桂花、泡桐	襄阳、黄冈
大丽毒蛾（杉叶毒蛾）	*Calliteara thwaitesi* Moore	枫杨、青冈、油茶、桃	襄阳、黄冈

续表

有害生物种类	拉丁学名	寄主植物	分　布
平咀壶夜蛾	*Oraesia lata* Butler	柑橘、苹果、柳、桦、木槿	十堰、黄冈
花布灯蛾（黑头栎毛虫）	*Camptoloma interiorata* Walker	栗、栎、槠、柳、乌桕、刺槐、厚朴、柞木、灯台树	荆门、恩施
白肾裳夜蛾	*Catocala agitatrix* Graeser	杨、柳、核桃楸、桦木、栎、稠李、棠梨、楸	十堰、恩施
鸽光裳夜蛾	*Ephesia columbina* Leech	杨、垂柳、杨梅、栎、槲栎、榆、桑、山楂、重阳木	孝感
栎光裳夜蛾	*Ephesia dissimilis* Bremer	杨、枫杨、栎、榆、枇杷、苹果、梨、柑橘、柞木、石榴	孝感
茂裳夜蛾	*Catocala doerriesi* Staudinger	杨、柳、桃、蔷薇、梧桐、柿、女贞	黄石
柳裳夜蛾	*Catocala electa* Vieweg	杨、柳、枫杨、榆、苹果、刺槐、槭、枣	黄冈、恩施
意光裳夜蛾	*Ephesia ella* Butler	杨、臭椿	黄石
缟裳夜蛾	*Catocala fraxini* Linnaeus	杨、柳、榆、梅、山楂、刺槐、漆树、槭、椴、紫丁香	咸宁
光裳夜蛾	*Ephesia fulminea* Scopoli	杨、柳、核桃、槲栎、榆、桑、桃、杏、樱桃、山楂、杜梨、梅、梨、香果树	十堰、孝感
柿裳夜蛾	*Catocala kaki* Ishizuka	柿	孝感
白光裳夜蛾	*Ephesia nivea* Butler	杨、苹果、梨、柞木	宜昌、恩施
鸥裳夜蛾	*Catocala patala* Felder et Rogenhofer	杨、板栗、青冈栎、榆、山楂、苹果、李、梨、蔷薇、刺槐、柑橘	黄冈

湖北省林业有害生物名录

续表

有害生物种类	拉丁学名	寄主植物	分布
短带三角夜蛾	*Chalciope hyppasia* Gremer	苹果、梨、桃、柑橘	襄阳
白雪灯蛾	*Chionarctia nivea* Ménétriès	杨、柳、核桃、板栗、榆、桑、厚朴、悬铃木、桃、杏、垂丝海棠、月季、梧桐、茉莉花、女贞、桂花	十堰、宜昌、襄阳、孝感、荆州、黄冈、恩施、神农架
客来夜蛾	*Chrysorithrum amata* Bremer et Grey	杨、枫杨、青冈、胡枝子、麻栎、刺槐、柞木	孝感
筱客来夜蛾	*Chrysorithrum flavomaculata* Bremer	杨、柳、栎、榆、猴樟、紫穗槐、胡枝子、刺槐、槐、葡萄	宜昌
肾毒蛾（豆毒蛾）	*Cifuna locuples* Walker	油茶、柿、柳、榆、木芙蓉、扶桑、木槿、月季	武汉、十堰、宜昌、襄阳、孝感、荆州、黄冈、恩施、潜江
黑条灰灯蛾	*Creatonotus gangis* Linnaeus	茶、桑、柑橘、白蜡、女贞	黄石、孝感、荆州、黄冈、咸宁
八点灰灯蛾	*Creatonotus transiens* Walker	茶、杨、柳、桑、栎、青冈栎、悬铃木、刺槐、柑橘、乌桕、油茶、小叶女贞	宜昌、鄂州、孝感、荆州、咸宁、恩施
蛛雪苔蛾	*Cyana ariadne* Elwes	栎、厚朴、桃、刺槐	黄冈
美雪苔蛾	*Cyana distincta* Rothschild	枫杨、板栗、茅栗、栎、栓皮栎、榆、桑、柑橘、栾树、茶、木芙蓉	十堰、孝感、随州
红束雪苔蛾	*Cyana fasciola* Elwes	杜英、青冈栎	武汉、荆门
台雪苔蛾（三斑联苔蛾）	*Cyana formosana* Hampson	杨、黑壳楠、桂花	孝感

续表

有害生物种类	拉丁学名	寄主植物	分　布
优雪苔蛾	*Cyana hamata* Walker	杨、板栗、栎、构、桑、山柚子、柑橘、厚朴、猴樟、红叶李、刺槐、盐肤木、杜英、女贞、黄荆	孝感、恩施
橘红雪苔蛾	*Cyana interrogationis* Poujade	杨	黄冈、咸宁
明雪苔蛾	*Cyana phaedra* Leech	桢楠、李、柳、榆、栎	恩施、神农架
草雪苔蛾	*Cyana pratti* Elwes	杨、枫香、苹果、柑橘、楸	孝感、黄冈
血红雪苔蛾（雪红苔蛾）	*Cyana sanguinea* Bremer et Grey	杨、栎、青冈栎、桃、李、梨、盐肤木、女贞	襄阳、孝感、黄冈
红尺夜蛾	*Dierna timandra* Alpheraky	杨、榆树、油茶、八角枫	黄石、孝感、咸宁
肾巾夜蛾	*Dysgonia praetermissa* Warren	苹果、梨、柑橘	武汉、十堰、宜昌、荆州、黄冈、咸宁
玫瑰巾夜蛾	*Dysgonia arctotaenia* Guenée	马尾松、柳杉、柏木、杨、苹果、梨、玫瑰、月季	黄冈
弓巾夜蛾（污巾夜蛾）	*Parallelia curvata* Moore	苹果、梨、桃、柑橘	省内
小直巾夜蛾	*Dysgonia dulcis* Butler	苹果、梨、柑橘	武汉
霉巾夜蛾	*Dysgonia maturata* Walker	杨、水青冈、梨、李、苹果、玫瑰、月季、刺槐、柑橘、重阳木、石榴	十堰、宜昌、孝感、荆州、黄冈
紫巾夜蛾	*Dysgonia simillima* Guenée	马尾松、樟	恩施
石榴巾夜蛾	*Dysgonia stuposa* Fabricius	石榴、麻栎、乌桕	十堰、宜昌、鄂州、黄冈、咸宁、恩施

湖北省林业有害生物名录

续表

有害生物种类	拉丁学名	寄主植物	分布
白肾夜蛾	*Edessena gentiusalis* Walker	银杏、柳、枫杨、桤木、桦、栎、青冈栎、构、厚朴、猴樟、悬钩子、刺槐、柑橘、花椒、桂花、丁香	恩施
钩白肾夜蛾（肾白夜蛾）	*Edessena hamada* Felder et Rogenhofer	麻栎、卫矛、桑、檫木、苹果、乌桕、柞木	宜昌、襄阳、孝感、黄冈、恩施
黄缘苔蛾	*Eilema antica* Walker	女贞	恩施
端褐土苔蛾	*Eilema apicalis* Walker	樱桃	恩施
缘点土苔蛾	*Eilema costipuncta* Leech	橙	宜昌、襄阳、黄冈、咸宁、恩施
灰土苔蛾（两色土苔蛾）	*Eilema griseola* Hübner	杨、核桃、桤木、构、桑、含笑、天竺桂、樟、月季、柑橘、紫薇、喜树、女贞、桂花、泡桐	宜昌
乌土苔蛾	*Eilema ussurica* Daniel	构、檫木、枇杷、苹果、槐、重阳木、冬青、杜英、紫薇、桂花、黄荆	宜昌
银土苔蛾	*Eileme varana* Moore	柑橘	宜昌
代土苔蛾	*Eilema vicaria* Walker	橙、柑橘、乌桕	黄石、恩施
黄臀灯蛾	*Epatolmis caesarea* Goeze	垂柳	武汉、咸宁、仙桃
白线篦夜蛾（篦夜蛾）	*Episparis liturata* Fabricius	楝、乌桕、灯台树	宜昌、恩施
台湾篦夜蛾	*Episparis taiwana* Wileman et West	杨、油茶	咸宁

续表

有害生物种类	拉丁学名	寄主植物	分布
魔目夜蛾（诶目夜蛾）	*Erebus crepuscularis* Linnaeus	枫杨、栎、青冈栎、榆、柳、构、厚朴、樟、苹果、李、梨、柑橘、重阳木、槭、枣、泡桐	武汉、宜昌、孝感、恩施
毛目夜蛾（毛魔目夜蛾）	*Erebus pilosa* Leech	栎、刺槐	宜昌
桃红白虫	*Eublemma amasina* Eversmann	菊科植物	武汉、十堰
二红猎夜蛾	*Eublemma dimidialis* Fabricius	杏	咸宁
落叶夜蛾（凡艳叶夜蛾）	*Oligia fullonica* Linnaeus	杨、栎、构、枫香、桃、樱桃、枇杷、苹果、李、梨、柑橘、栾树、葡萄、黄荆	宜昌
镶艳叶夜蛾	*Eudocima homaena* Hübner	葡萄	荆州
艳叶夜蛾	*Eudocima salaminia* Gramer	柑橘、桃、苹果、柃木	黄冈、咸宁、恩施
枯艳叶夜蛾（枯叶夜蛾）	*Eudocima tyrannus* Guenée	柑橘、苹果、梨、枇杷、葡萄	宜昌、襄阳、孝感、荆州、黄冈、咸宁、恩施
灰良苔蛾	*Eugoa grisea* Butler	不详	宜昌
黑褐盗毒蛾	*Porthesia atereta* Collenette	茶、黄檀、乌桕、油茶、枣	宜昌
皎星黄毒蛾	*Euproctis bimaculata* Walker	枫杨、枫香	黄石
黄毒蛾	*Euproctis chrysorrhoea* Linnaeus	樱桃、栎、柏木、刺槐	十堰、襄阳、荆门、孝感、荆州
曲带黄毒蛾	*Euproctis curvata* Wileman	柏、桤木	咸宁、神农架
弧星黄毒蛾	*Euproctis decussata* Moore	榕、乌桕	恩施
双弓黄毒蛾	*Euproctis diploxutha* Collenette	板栗、梨、李、梅	十堰、宜昌、孝感

湖北省林业有害生物名录

续表

有害生物种类	拉丁学名	寄主植物	分　布
折带黄毒蛾	*Euproctis flava* Bremer	牡荆、盐肤木、柿、茶	武汉、十堰、襄阳、荆门、孝感、荆州、黄冈、咸宁、恩施、神农架
缘点黄毒蛾	*Euproctis fraterna* Moore	银杏、马尾松、杉木、侧柏、罗汉松、梨、蔷薇、泡桐	孝感
污黄毒蛾	*Euproctis hunanensis* Collenette	茶	恩施
缀黄毒蛾	*Euproctis karghalica* Moore	杨、柳、旱榆、桑、桃、杏、山楂、苹果、梨、沙枣	孝感
戟盗毒蛾	*Porthesia kurosawai* Inoue	杨、柳、山核桃、榆、桑、刺槐、茶、柑橘	孝感、荆州
沙带黄毒蛾	*Euproctis mesostiba* Collenette	杨、枫杨、锥栗、猴樟、石楠	荆门
梯带黄毒蛾	*Euproctis montis* Leech	茶、桑、柳、梨、桃、柑橘、葡萄	宜昌、神农架
云星黄毒蛾	*Euproctis niphonis* Butler	板栗、栎、榆、胡枝子	襄阳、神农架
豆盗毒蛾（茶豆盗毒蛾）	*Prothesia piperita* Oberthür	杨、柳、山核桃、核桃楸、核桃、茶、楸、板栗、悬铃木、桃、樱花、西府海棠、紫荆、刺槐、柑橘	十堰、宜昌、襄阳、孝感、荆州、黄冈
漫星黄毒蛾	*Euproctis plana* Walker	梨、油茶、梨、柞木、泡桐	恩施
双线盗毒蛾（棕夜黄毒蛾、桑褐斑毒蛾）	*Prothesia scintillans* Walker	杨、柳、桤木、枫杨、刺槐、枫香、茶、柑橘、梨	荆州、恩施

续表

有害生物种类	拉丁学名	寄主植物	分　布
盗毒蛾（黄尾毒蛾）	*Prothesia similis* Fueszly	柳、桑、樱桃、乌桕、枫杨、桂花、板栗	武汉、宜昌、襄阳、荆门、孝感、荆州、咸宁、随州、恩施、神农架
桑盗毒蛾（桑毛虫、桑毒蛾）	*Prothesia similis xanthocampa* Dyar	杨、旱柳、核桃、枫杨、板栗、苦槠、桑、香椿	十堰、宜昌、襄阳、恩施
肘带黄毒蛾	*Euproctis straminea* Leech	白兰、接骨木	宜昌
幻带黄毒蛾	*Euproctis varians* Walker	茶、油茶、柑橘、马尾松、侧柏	十堰、孝感、荆州、黄冈
黑栉盗毒蛾	*Prothesia virguncula* Walker	板栗、广玉兰、紫荆	恩施
象夜蛾（中带三角夜蛾）	*Grammodes geometrica* Fabricius	桃、梨、柑橘、石榴、悬钩子	黄石、孝感、咸宁
暗纹哈夜蛾	*Hamodes mandarina* Leech	不详	宜昌
弓须亥夜蛾（化香夜蛾）	*Hydrillodes morosa* Butler	化香	宜昌
笋髯须夜蛾	*Hypena claripennis* Butler	竹笋	宜昌
满髯须夜蛾（满卜馍夜蛾、满卜夜蛾）	*Hypena mandarina* Leech	刺槐	宜昌
两色髯须夜蛾（两色夜蛾）	*Hypena trigonalis* Guenée	桑、广玉兰、柑橘、竹笋	宜昌、襄阳、黄冈
白点闪夜蛾	*Sypna astrigera* Butler	麻栎、桃	襄阳、孝感
涂闪夜蛾	*Sypna picta* Butler	栎	荆州、黄冈
粉点朋闪夜蛾	*Hypersypnoides punctosa* Walker	栎	十堰、宜昌、荆州、黄冈、恩施、神农架
单闪夜蛾	*Hypersypnoides simplex* Leech	栓皮栎	咸宁
黄灰佳苔蛾	*Hypeugoa flavogrisea* Leech	不详	黄冈

湖北省林业有害生物名录

续表

有害生物种类	拉丁学名	寄主植物	分布
美国白蛾（秋幕毛虫）	*Hyphantria cunea* Drury	悬铃木、桑、榆、臭椿、山楂、杏、泡桐、白蜡、杨、枫杨	襄阳、孝感、随州、潜江
鹰夜蛾	*Hypocala deflorata* Fabricius	柿	黄冈
苹梢鹰夜蛾	*Hypocala subsatura* Guenée	杨、柳、桤木、板栗、梨、李、柿、苹果、柑橘	黄石、十堰、襄阳、荆州、黄冈、咸宁
变色夜蛾	*Hypopyra vespertilio* Fabricius	杨、朴树、桑、合欢、苹果、梨、桃、柑橘、柿	武汉、黄石、十堰、襄阳、孝感、荆州、黄冈
白线肾毒蛾	*Ilema jankoviskii* Oberthhür	葡萄、苹果、醋栗	黄石、十堰、咸宁
蓝条夜蛾	*Ischyja manlia* Cramer	苹果、梨、柑橘、月季	黄石、咸宁
榆毒蛾（榆黄足毒蛾）	*Ivela ochropoda* Eversmann	榆、柳、栎、栗、枫香	武汉、荆州、神农架
黄素毒蛾	*Laelia anamesa* Collenette	杨、柳、核桃、榆、刺槐	黄石、荆州、咸宁
素毒蛾（芦毒蛾）	*Laelia coenosa* Hübner	杨、榆、桂花、桃	十堰
脂素毒蛾	*Laelia gigantea* Butler	不详	武汉、孝感
瑕素毒蛾	*Laelia monoscola* Collenette	杨、榆	恩施、神农架
透黑望灯蛾	*Lemyra hyalina* Fang	不详	恩施
褐点望灯蛾（粉白灯蛾）	*Lemyra phasma* Leech	胡桃楸、板栗	十堰、襄阳、恩施
杨毒蛾（杨雪毒蛾）	*Stilpnotia candida* Staudinger	杨、柳、枫杨、桤木、板栗、榆、构、厚朴、桃、杏、李、梨、刺槐、槐、色木槭、紫薇、白蜡、女贞	全省
黑跗雪毒蛾	*Stilpnotia melanoscela* Collenette	柳、杨、榆	十堰

续表

有害生物种类	拉丁学名	寄主植物	分 布
柳毒蛾（雪毒蛾）	*Stilpnotia salicis* Linnaeus	杨、柳、紫薇、枫杨、桃、板栗、榆、杏、樱桃、山楂、苹果、李、梨、刺槐、重阳木、乌桕、栾树、枣、茶、紫薇、柿、白蜡、女贞、牡荆	武汉、宜昌、襄阳、荆门、孝感、荆州、黄冈、咸宁、随州、神农架、仙桃、潜江
四点苔蛾	*Lithosia quadra* Linnaeus	松、栎、杨、柳	宜昌、咸宁、恩施
底白盲裳夜蛾	*Lygniodes hypoleuca* Guenée	核桃、栎	孝感
肘纹毒蛾	*Lymantria bantaizana* Matsumura	核桃	恩施
汇毒蛾	*Lymantria bivittata* Moore	不详	十堰、襄阳、神农架
舞毒蛾（秋千毛虫、柿毛虫、松针黄毒蛾、吉普赛蛾）	*Lymantria dispar* Linnaeus	松、杨、柳、桑、板栗、榆、栎、茅栗、甜槠、苦槠、檫木、枫香、悬铃木、桃、梅、杏、樱桃、山楂、枇杷、山荆子、西府海棠、苹果、稠李、石楠、李、红叶李、梨、刺蔷薇、刺槐、槐、黄檗、臭椿、香椿、黄栌、盐肤木、阔叶槭、泡桐、枣、杜英、油茶、茶、紫薇、杜鹃、白蜡、忍冬、荚蒾	十堰、宜昌、荆州、咸宁、恩施
舞毒蛾日本亚种	*Lymantria dispar japonica* Motschulsky	柿、栎、栗、樱、槭、榆、柳	十堰、神农架
条毒蛾	*Lymantria dissoluta* Swinhoe	川柏、松、栎	十堰、宜昌、襄阳、黄冈
芒果毒蛾	*Lymantria marginata* Walker	板栗、栓皮栎、盐肤木	十堰、宜昌、恩施

湖北省林业有害生物名录

续表

有害生物种类	拉丁学名	寄主植物	分　布
栎毒蛾（栗毒蛾）	*Lymantria mathura* Moore	栓皮栎、麻栎、槲栎、板栗	十堰、宜昌、襄阳、荆门、随州
模毒蛾（松针毒蛾）	*Lymantria monacha* Linnaeus	日本落叶松、云杉、华山松、马尾松、杉木、水杉、侧柏、圆柏	恩施、神农架
枫毒蛾	*Lymantria nebulosa* Wileman	枫香、元宝槭、枫杨、木槿、紫薇、八角枫	荆门
灰翅毒蛾	*Lymantria polioptera* Collenette	不详	十堰、黄冈
纭毒蛾	*Lymantria similis* Moore	不详	宜昌
板栗毒蛾	*Lymantria uiola* Swinhoe	板栗、杉	孝感
纹灰毒蛾（枫木毒蛾）	*Lymantria umbrifera* Wileman	枫杨、栓皮栎、核桃、枫香、青冈栎、泡桐	武汉、宜昌、黄冈
乌闪网苔蛾（乌闪苔蛾）	*Paraona staudingeri formosana* Alpheraky	喜树	孝感、恩施
蚪目夜蛾	*Metopta rectifasciata* Ménétriès	柳、栎、枇杷、柑橘、枣、葡萄、菝葜、苹果、梨、桃	全省
异美苔蛾	*Miltochrista aberrans* Butler	杨、核桃、桤木、朴树、榆、桃、月季、刺槐、柑橘、木槿	黄石、孝感
黑缘美苔蛾	*Miltochrista delineata* Walker	杨、榆、桑、女贞	十堰、宜昌、恩施
美苔蛾	*Miltochrista miniata* Forster	杨、柳树、八角枫、桉树	孝感、咸宁
东方美苔蛾	*Miltochrista orientalis* Daniel	杨、核桃、枫杨、栎、青冈栎、构、桑、樟、猴樟、木姜子、刺槐、槐、柑橘、油桐、栾树、木荷、女贞	咸宁

续表

有害生物种类	拉丁学名	寄主植物	分　　布
黄边美苔蛾	*Miltochrista pallida* Bremer	杨、榆、杏	孝感、咸宁
蛛美苔蛾	*Miltochrista pulchra* Butler	杨、板栗、桑、樟、猴樟、绣线菊、刺槐、茶、女贞、桂花	十堰、荆州、黄冈、咸宁、恩施
华丽美苔蛾	*Miltochrista sauteri* Strand	水杉、栎	咸宁
优美苔蛾	*Miltochrista striata* Bremer et Grey	马尾松、黑松、水杉、杨、核桃、枫杨、板栗、栓皮栎、榆、桑、樱桃、樱花、苹果、李、蔷薇、刺槐、柑橘、油桐、盐肤木、栾树、油茶、茶、桂花	宜昌、孝感、黄冈、咸宁
之美苔蛾	*Miltochrista ziczac* Walker	杨、板栗、菝葜、桑、杜仲、碧桃、刺槐、槐树、柑橘、香椿、油桐、中华猕猴桃、野海棠、黄荆	十堰、襄阳、孝感、黄冈、咸宁、恩施
奚毛胫夜蛾	*Mocis ancilla* Warren	桃、苹果、柑橘、梨	武汉
懈毛胫夜蛾	*Mocis annetta* Butler	板栗、牡荆	宜昌
毛胫夜蛾	*Mocis undata* Fabricius	桃、木麻黄、鲫鱼藤、刺槐、柑橘、苹果、梨	宜昌、孝感、荆州、咸宁
黄斜带毒蛾	*Numenes disparilis* Staudinger	栎、槠、鹅耳枥	黄石、十堰、宜昌、黄冈、恩施、神农架
叉斜带毒蛾	*Numenes separata* Leech	茅栗、栓皮栎	咸宁、恩施

湖北省林业有害生物名录

续表

有害生物种类	拉丁学名	寄主植物	分　布
粉蝶灯蛾	*Nyctemera plagifera* Walker	华山松、马尾松、杉木、柳、桤木、苦槠、桑、樟、枫香、桃、苹果、梨、刺槐、柑橘、花椒、油茶、桂花	孝感、荆州、咸宁、恩施
枯安纽夜蛾	*Anua coronata* Fabricius	芸香科植物	恩施
青安纽夜蛾	*Ophiusa tirhaca* Cramer	漆树、柑橘	孝感
桔安纽夜蛾	*Ophiusa triphaenoides* Walker	苹果、梨、桃、柑橘	武汉、孝感、咸宁
羽壶夜蛾	*Oraesia capucina* Esper.	苹果、梨、桃、葡萄、无花果	荆门、荆州
咀壶夜蛾	*Oraesia emarginata* Fabricius	柑橘、桃、梨、李、枇杷、葡萄	黄冈、咸宁
鸟咀壶夜蛾（乌咀壶夜蛾）	*Oraesia excavata* Butler	柑橘、桃、梨、苹果、葡萄	黄冈
古毒蛾（角斑古毒蛾）	*Orgyia antiqua* Linnaeus	桦、枫杨、悬铃木、核桃、麻栎、马桑	十堰、襄阳、荆门、神农架
灰斑古毒蛾	*Orgyia antiquoides* Hübner	杨、柳、桦、栎、青冈栎、鼠李	十堰、襄阳
苹眉夜蛾	*Pangrapta obscurata* Butler	桃、梨、苹果、樱桃	宜昌、荆州、黄冈
鳞眉夜蛾	*Pangrapta squamea* Leech	不详	宜昌
刚竹毒蛾	*Pantana phyllostachysae* Chao	毛竹、斑竹、刚竹、绿竹、麻竹、慈竹、水竹、毛金竹、早竹、高节竹、金竹、甜竹、箭竹、万寿竹	武汉、黄石、荆州、黄冈、咸宁、恩施
暗竹毒蛾	*Pantana pluto* Leech	龟背竹、毛竹、金竹	荆州

续表

有害生物种类	拉丁学名	寄主植物	分　布
华竹毒蛾	*Pantana sinica* Moore	毛竹、水竹、红哺鸡竹、慈竹、毛金竹、早竹、金竹	荆州、咸宁
侧柏毒蛾（柏毛虫）	*Parocneria furva* Leech	侧柏、桧柏、圆柏、柏木、垂丝香柏、蜀柏	十堰、宜昌、襄阳、恩施
蜀柏毒蛾	*Parocneria orienta* Chao	侧柏、桧柏、圆柏、柏木、崖柏、蜀柏	襄阳、恩施
榕透翅毒蛾	*Perina nuda* Fabricius	杨、枫杨、桤木、板栗、栎、青冈栎、桑、樟、枫香、杏、枇杷、红叶李、刺槐、柑橘、楝、油桐、紫薇、桂花、女贞	宜昌
肖浑黄灯蛾	*Rhyparioides amurensis* Bremer	日本落叶松、华山松、马尾松、柳杉、柏木、栎、榆、柳、核桃、枫杨、桦、板栗、青冈栎、刺槐、卫矛、栾树、枣、李、紫薇、喜树、泡桐	黄石、襄阳、孝感、咸宁、随州、恩施
红点浑黄灯蛾	*Rhyparioides subvarius* Walker	枫杨、栎、榆、桑、柑橘、臭椿、茶条槭、柞木	黄石
黄羽毒蛾	*Pida strigienenis* Moore	樟、柳	黄冈、咸宁
宽夜蛾	*Platyja umminea* Cramer	苹果、梨、柑橘	武汉、十堰
纯肖金夜蛾	*Plusiodonta casta* Butler	苹果、桃、梨	武汉、宜昌、咸宁、随州
暗肖金夜蛾	*Plusiodonta coelonota* Kollar	苹果、梨、桃	十堰、咸宁、恩施、神农架、仙桃

湖北省林业有害生物名录

续表

有害生物种类	拉丁学名	寄主植物	分布
棘翅夜蛾	*Scoliopteryx libatrix* Linnaeus	杨、柳	神农架
铃斑翅夜蛾	*Serrodes campana* Guenée	榆、苹果、梨、无患子、柑橘	武汉、十堰
净污灯蛾（白污灯蛾）	*Spilarctia alba* Bremer et Grey	杨、桑、西府海棠、苹果、槐、木槿、山茶、栾树	十堰、恩施
黑须污灯蛾	*Spilarctia casigneta* Kollar	苹果、梨、樱桃	十堰、宜昌、孝感
近日污灯蛾	*Spilarctia melli* Daniel	核桃	十堰
尘污灯蛾	*Spilarctia obliqua* Walker	柳、桑、李、梨、柑橘、茶	十堰、襄阳、随州、恩施
强污灯蛾	*Spilarctia robusta* Leech	杨、核桃、枫杨、梨、青冈栎、朴树、榆、桑、桢楠、杏、梨、柑橘、臭椿、木荷、臭牡丹	武汉、黄冈、咸宁
姬白污灯蛾	*Spilarctia rhodophila* Walker	旱柳、桑、李、朴、杨	黄石、十堰、宜昌、襄阳、孝感、咸宁、恩施
连星污灯蛾	*Spilarctia seriatopunctata* Motschulsky	杨、核桃楸、榆、构树、杏、樱桃、枇杷、苹果、桑、红果树、桂花	宜昌、襄阳、咸宁、恩施
人纹污灯蛾（红腹白灯蛾）	*Spilarctia subcarnea* Walker	杨、柳、核桃、板栗、茅栗、锥栗、栓皮栎、桑、月季、榆、桃、杏、李、梨、柑橘、盐肤木、葡萄、木槿、油茶、茶、石榴、喜树、柿	武汉、黄石、十堰、宜昌、襄阳、荆门、孝感、荆州、黄冈、咸宁、随州、恩施、神农架

续表

有害生物种类	拉丁学名	寄主植物	分布
净雪灯蛾	*Spilosoma alba* Bremer et Grey	杨、核桃、桑、桃、樱桃、苹果、柑橘、女贞	十堰、宜昌、恩施
黄星雪灯蛾	*Spilosoma lubricipedum* Linnaeus	梨	武汉、襄阳、鄂州、咸宁、恩施
星白雪灯蛾（红腹灯蛾、黄腹灯蛾、星白灯蛾）	*Spilosoma menthastri* Esper	柳、桑、蔷薇、核桃、化香、板栗、栓皮栎、青冈栎、榆、构、玫瑰、香椿、枣	十堰、襄阳、孝感、荆州、咸宁、恩施
红星雪灯蛾	*Spilosoma punctarium* Stoll	杨、桑、山茱萸	武汉
环夜蛾（旋目夜蛾）	*Spirama retorta* Clerck	柑橘、合欢	黄石、宜昌、襄阳、孝感、黄冈、咸宁
黄痣苔蛾	*Stigmatophora flava* Bremer et Grey	银杏、杨、旱柳、榆、桑、猴樟、黄檗、葡萄、木芙蓉	襄阳、荆州、恩施
放射纹苔蛾	*Stigmatophora palmata* Moore	不详	十堰
玫痣苔蛾	*Stigmatophora rhodophila* Walker	杨、榆、桑	宜昌
涂析夜蛾	*Sypnoides picta* Butler	柳、栓皮栎、榆、悬钩子	十堰、恩施
肖毛翅夜蛾	*Thyas honesta* Hübner	李、柑橘、板栗、核桃、桦、木槿	黄石、宜昌、襄阳、黄冈、恩施
庸肖毛翅夜蛾	*Thyas juno* Dalman	板栗、柑橘、核桃、桦	黄石、孝感、咸宁
明毒蛾	*Topomesoides jonasi* Butler	接骨木、老叶儿树	襄阳、孝感、咸宁
白黑瓦苔蛾	*Vamuna ramelana* Moore	枫杨、桑	宜昌、恩施
杉镰须夜蛾	*Zanclognatha griselda* Butler	榆、冷杉	神农架

湖北省林业有害生物名录

续表

有害生物种类	拉丁学名	寄主植物	分布
灰镰须夜蛾	*Zanclognatha tarsicrinalis* Knoch	榆	孝感、神农架
瘤蛾科 Nolidae			
稻穗点瘤蛾	*Celama taeniata* Snellen	桑	省内
枇杷瘤蛾	*Melanographia flexilineata* Hampson	栎、枇杷、山杜英	襄阳、荆州
核桃瘤蛾	*Nola distributa* Walker	胡桃楸、板栗	宜昌
夜蛾科 Noctuidae			
两色绮夜蛾	*Acontia bicolora* Leech	旱柳、榆树、桑、桢楠、李、胡枝子、朱瑾、木槿、扶桑	省内
小剑纹夜蛾	*Acronicta omorii* Matsumura	柳、榆、桃、李	恩施
桃剑纹夜蛾	*Acronicta intermedia* Warren	杨、柳、榆、桃、核桃、樱花、山楂、西府海棠、苹果、刺槐、香椿、重阳木、紫薇、石榴	十堰、宜昌、襄阳、荆门、咸宁、恩施
剑纹夜蛾	*Acronicta leporina* Linnaeus	桃、腊梅	孝感
桑剑纹夜蛾（桑夜蛾）	*Acronicta major* Bremer	杨、柳、山核桃、核桃、榆、桑、香椿、桃、杏、梅、樱桃、山楂、稠李、李、梨、刺槐、柑橘、臭椿、女贞	孝感、咸宁
赛剑纹夜蛾	*Acronicta psi* Linnaeus	柳树、桦木、李、荷包牡丹、蔷薇	省内

续表

有害生物种类	拉丁学名	寄主植物	分布
梨剑纹夜蛾	*Acronicta rumicis* Linnaeus	杨、柳、桃、梨、李、山楂、樱花、西府海棠、苹果、石楠、红叶李、月季、花椒、重阳木、卫矛、色木槭、枣、木芙蓉、紫薇、石榴	武汉、宜昌、襄阳、孝感、荆州、黄冈
果剑纹夜蛾	*Acronicta strigosa* Denis et Schiffermüller	苹果、梨、桃、李、梅、樱桃	黄冈
小地老虎（土蚕、地蚕）	*Agrotis ypsilon* Rottemberg	松、杨、木荷、桂花、杜鹃、李、猴樟、榆、构、桑、桃、杏、樱桃、樱花、山楂、枇杷、垂丝海棠、苹果、石榴、梨、蔷薇、紫穗槐、刺槐、柑橘、黄檗、黄杨、女贞、枸杞、泡桐	武汉、黄石、十堰、宜昌、孝感、荆州、咸宁、恩施、仙桃、天门、潜江
赭尾地老虎	*Agrotis ruficauda* Warren	苗木	孝感
黄地老虎	*Agrotis segetum* Denis et Schiffermüller	松、杨、木荷、桂花、杜鹃、李、猴樟、榆、构、桑、桃、杏、樱桃、樱花、山楂、枇杷、垂丝海棠、苹果、石榴、梨、蔷薇、紫穗槐、刺槐、黄檗、黄杨、女贞、桂花、枸杞、泡桐	十堰、襄阳、荆州、黄冈、恩施

续表

有害生物种类	拉丁学名	寄主植物	分 布
大地老虎 （黑虫、地蚕、土蚕）	*Agrotis tokionis* Butler	银杏、冷杉、华山松、马尾松、杉木、柏木、侧柏、杨、柳、杨梅、核桃楸、核桃、桤木、板栗、榆树、桑、悬铃木、桃、杏、樱桃、木瓜、苹果、海棠花、石楠、李、紫穗槐、刺槐、槐树、黄檗、臭椿、楝树、栾树、枣树、葡萄、茶、紫薇、杜鹃、女贞、桂花、枸杞、泡桐	十堰、宜昌、孝感、咸宁、恩施、天门
紫黑杂夜蛾 （紫黑扁身夜蛾）	*Amphipyra livida* Denis et Schiffermüller	板栗、栎、檫木、李、紫穗槐、刺槐	孝感
大红裙杂夜蛾 （大红裙扁身夜蛾）	*Amphipyra monolitha* Guenée	银杏、杨、柳、核桃楸、核桃、枫杨、桦木、榆、桃、苹果、梨、葡萄、椴、柞木	宜昌、神农架
蔷薇杂夜蛾 （蔷薇扁身夜蛾）	*Amphipyra perflua* Fabricius	杨、柳、栎、榆	武汉、荆州
果红裙杂夜蛾 （果红裙扁身夜蛾）	*Amphipyra pyramidea* Linnaeus	枫香、杨、柳、栎	孝感
桦杂夜蛾 （桦扁身夜蛾）	*Amphipyra schrenkii* Ménétriès	桦	神农架
干煞夜蛾	*Anticarsia irrorata* Fabricius	不详	宜昌
月殿尾夜蛾	*Anuga lunnulata* Moore	不详	宜昌、咸宁
笋秀夜蛾 （笋秀禾夜蛾）	*Apamea apameoides* Draudt	桂竹、斑竹、水竹、毛竹、毛金竹、金竹、乌哺鸡竹、苦竹、慈竹、竹笋	荆州

续表

有害生物种类	拉丁学名	寄主植物	分　布
斜线关夜蛾（橘肖毛翅夜蛾）	*Artena dotata* Fabricius	桃梨、核桃、栗、泡桐、竹、马尾松	孝感
二点委夜蛾	*Athetis lepigone* Moschler	苹果	襄阳
线委夜蛾	*Athetis lineosa* Moore	杨	孝感
满丫纹夜蛾	*Autographa mandarina* Freyer	刺槐	宜昌
冷靛夜蛾	*Belciades niveola* Motschulsky	石楠、椴	孝感、恩施
柿癣皮夜蛾	*Blenina senex* Butler	柿	孝感、荆州、黄冈
白线散纹夜蛾	*Callopistria albolineola* Graeser	核桃楸、稠李、刺槐、喜树	孝感、恩施
弧角散纹夜蛾	*Callopistria duplicans* Walker	杨、桑、苹果、梨、桃、李、柑橘	武汉
散纹夜蛾	*Callopistria juventina* Stoll	构、香椿、女贞	咸宁
南方银纹夜蛾	*Chrysodeixis eriosoma* Doubleday	榕树	孝感
清流夜蛾	*Chytonix latipennis* Draudt	不详	宜昌
红衣夜蛾	*Clethrophora distincta* Leech	木槿	恩施
柳残夜蛾（残夜蛾）	*Colobochyla salicalis* Schiffermüller	杨、垂柳、旱柳	十堰、荆州
条首夜蛾	*Craniophora fasciata* Moore	不详	咸宁
银纹夜蛾	*Argyrogramma agnata* Staudinger	杨、柳、核桃、构、牡丹、厚朴、猴樟、西府海棠、苹果、海棠花、红叶李、刺槐、槐、柑橘、茶、紫薇、喜树、女贞、桂花、泡桐、栀子、油桐	黄石、孝感、恩施
白条夜蛾	*Argyrogramma albostriata* Bremer et Grey	杨、枫杨、朴树、榆、梨、油茶	黄冈

湖北省林业有害生物名录

续表

有害生物种类	拉丁学名	寄主植物	分布
三斑蕊夜蛾	*Cymatophoropsis trimaculata* Bremer	杨、板栗、青冈栎、桑、厚朴、桃、梅、苹果、李、梨、柑橘、枣	十堰、宜昌、荆州、黄冈、恩施、神农架
大斑蕊夜蛾	*Cymatophoropsis unca* Houlbert	不详	咸宁、恩施
高山翠夜蛾	*Daseochaeta alpium* Osbeck	桦、栎	恩施、神农架
翠夜蛾	*Daseochaeta pallida* Moore	桦、栎	十堰、宜昌、襄阳、黄冈、神农架
娓翠夜蛾	*Daseochaeta vivida* Leech	桦、栎	宜昌
曲带双衲夜蛾	*Dinumma deponens* Walker	合欢、樱桃	省内
饰翠夜蛾	*Diphtherocome pallida* Moore	核桃、栓皮栎	十堰
斑线夜蛾（迪夜蛾）	*Dyrzela plagiata* Walker	紫薇	黄石
粉缘钻夜蛾（粉绿金刚钻、柳金刚夜蛾）	*Earias pudicana* Staudinger	杨、柳、构、石榴、槐、梧桐、泡桐	孝感、荆州、黄冈
玫斑全刚钻	*Earias roseifera* Butler	野海棠、杜鹃	咸宁
旋夜蛾（臭椿皮蛾、臭椿皮夜蛾）	*Eligma narcissus* Cramer	杨、柳、核桃、栎、榆、猴樟、杜仲、桃、杏、山楂、苹果、李、梨、合欢、刺槐、臭椿、花椒、香椿	武汉、黄石、十堰、宜昌、襄阳、孝感、荆州、黄冈、咸宁、随州、恩施、神农架
绢夜蛾	*Elydnodes variegata* Leech	不详	恩施
锦夜蛾	*Euplexia lucipara* Linnaeus	白蜡、女贞	武汉、黄冈、咸宁、神农架
臂斑文夜蛾	*Eustrotia costimacula* Oberthür	不详	宜昌

续表

有害生物种类	拉丁学名	寄主植物	分布
白边切夜蛾（白边地老虎）	*Euxoa oberthuri* Leech	杨、柳、刺槐、白蜡	十堰、襄阳
银斑砌石夜蛾	*Gabala argentata* Butler	重阳木、盐肤木	宜昌
乌桕癞皮夜蛾（癞皮夜蛾）	*Gadirtha inexacta* Walker	乌桕	襄阳、孝感、荆州、黄冈
暗影饰皮夜蛾（栗皮夜蛾）	*Garella ruficirra* Hampaon	板栗	十堰、宜昌、襄阳、荆州、黄冈
棉铃虫（棉铃实夜蛾）	*Helicoverpa armigera* Hübner	杨、旱柳、山核桃、核桃、栎、榆、构、泡桐、木槿、桃、李	全省
烟实夜蛾（烟青虫、烟夜蛾）	*Helicoverpa assulta* Guenée	苹果	武汉
粉翠夜蛾	*Hylophilodes orientalis* Hampson	栎、青冈栎	黄石
太平粉翠夜蛾	*Hylophilodes tsukusensis* Nagano	重阳木、茶	黄石、咸宁
苹美皮夜蛾	*Lamprothripa lactaria* Graeser	苹果、枇杷	荆州
白点粘夜蛾	*Leucania loreyi* Duponchel	苹果、梨、桃、柑橘	省内
银锭夜蛾	*Macdunnoughia crassisigna* Warren	杨、垂柳、栎、桃、苹果、梨、玫瑰、葡萄、桂花	咸宁
淡银纹夜蛾	*Macdunnoughia purissima* Butler	杨、柳、香椿、泡桐	孝感、黄冈
甘蓝夜蛾	*Mamestra brassicae* Linnaeus	柳、榆、桑、桃、杏、苹果、梨、槐、冬青卫矛、葡萄、朱瑾、栀子	武汉、襄阳、黄冈
栗摩夜蛾	*Maurilia iconica* Walker	锥栗、板栗	恩施

湖北省林业有害生物名录

续表

有害生物种类	拉丁学名	寄主植物	分　布
焦毛眼夜蛾(焦艺夜蛾)	*Blepharita adusta* Esper	马尾松、杨	武汉
紫褐毛眼夜蛾	*Blepharita melanodonta* Hampson	稠李	咸宁、恩施
缤夜蛾	*Moma alpium* Osbeck	栎、榉、桦、刺槐、枔木	宜昌、襄阳、黄冈、咸宁、恩施
黄颈缤夜蛾	*Moma fulvicollis* Lattin	核桃、栎、青冈栎、桑、苹果、梨、胡枝子、花椒、紫薇、枔木	宜昌、襄阳、黄冈、恩施
宏秘夜蛾(光腹粘虫)	*Mythimna grandis* Butler	杨梅、栎、桑、厚朴、杏、刺槐、苹果、梨、柑橘	武汉
粘虫(粟夜盗虫、剃枝虫)	*Pseudaletia separata* Walker	杨、柳、栎、构、桃、碧桃、杏、麦李、苹果、红叶李、海棠花、梨、枸杞、枣、木槿、白蜡、女贞、板栗、乌桕	十堰、宜昌、襄阳、孝感、荆州、黄冈、咸宁
雪疽夜蛾	*Nodaria niphona* Butler	杨、化香、苹果、梨、秋海棠、泡桐	武汉、黄冈
基角狼夜蛾	*Ochropleura triangularis* Moore	不详	恩施
落叶夜蛾	*Oligia fullonica* Linnaeus	苹果、梨、桃、柑橘	武汉、黄石、十堰、宜昌、襄阳、荆州、咸宁
竹笋禾夜蛾(竹笋夜蛾、笋蛀虫)	*Oligia vulgaris* Butler	刚竹、毛竹、小方竹、桂竹、龟背竹	黄石、宜昌、鄂州、荆州、黄冈、咸宁
曲线禾夜蛾	*Oligia vulnerata* Butler	竹类	荆州、黄冈
杜仲梦尼夜蛾	*Orthosia songi* Chen et Zhang	杜仲	十堰

续表

有害生物种类	拉丁学名	寄主植物	分布
巾夜蛾	*Parallelia grarata* Guenee	苹果、梨、柑橘	荆州、黄冈、咸宁、神农架
闪夜蛾	*Perinaenia accipiter* Felder et Rogenhofer	朴树	恩施、神农架
赭灰裴夜蛾（丽夜蛾）	*Perynea ruficeps* Walker	不详	恩施
白条银纹夜蛾	*Plusia albostriata* Bremer et Grey	梨、柑橘	潜江
瘦连纹夜蛾	*Plusia confusa* Stephens	柑橘	宜昌
喋灰夜蛾	*Polia cucubali* Schiffermüller	不详	宜昌
鹏灰夜蛾	*Polia goliath* Oberthüer	柳、桦、李	神农架
红棕灰夜蛾	*Polia illoba* Bulter	柳、桑、樱桃、樱花、李、梨、月季、冬青卫矛	宜昌、黄冈
白肾灰夜蛾	*Polia persicariae*	杨、柳、桦、楸、桑	神农架
霉裙剑夜蛾	*Polyphaenis oberthuri* Staudinger	杨、柳、朴树、刺槐、油桐、重阳木、八角枫、刺楸、泡桐	十堰
碧夜蛾	*Pseudoips fagana* Fabricius	栎、榉	襄阳、神农架
淡剑袭夜蛾	*Spondoptera depravata* Butler	板栗	黄冈
选彩虎蛾	*Episteme lectrix* Linnaeus	茶	黄石
高山修虎蛾	*Seudyra bala* Moore	葡萄	恩施

湖北省林业有害生物名录

续表

有害生物种类	拉丁学名	寄主植物	分布
黑星修虎蛾	*Seudyra catocalina* Walker	葡萄	宜昌
黄修虎蛾	*Seudyra flavida* Leech	旱柳、枫杨、海棠、板栗、葡萄	宜昌、恩施、神农架
小修虎蛾	*Seudyra mandarina* Leech	栎、葡萄、李叶绣线菊	省内
白云修虎蛾	*Seudyra sabalba* Leech	葡萄、爬墙虎	十堰、宜昌、襄阳、恩施
葡萄修虎蛾	*Seudyra subflava* Moore	葡萄、爬山虎	十堰、宜昌、孝感、黄冈、随州、神农架
艳修虎蛾	*Seudyra venusta* Leech	葡萄、榆、刺槐	宜昌、黄冈、神农架
豪虎蛾	*Scrobigera amatrix* Westwood	葡萄、桑、构	黄石、襄阳、恩施
细皮夜蛾（枇杷黄毛虫）	*Selepa celtis* Moore	梅、枇杷、梧桐、紫薇、桂花	武汉、荆州、咸宁
寡夜蛾	*Sideridis velutina* Eversmann	不详	宜昌
亮刀夜蛾	*Simyra splendida* Staudinger	不详	宜昌
扇夜蛾	*Sineugraphe disgnosta* Boursin	刺槐、杉	恩施
核桃豹夜蛾	*Sinna extrema* Walker	椿、楠、栎、桑、杨、核桃、枫杨	武汉、十堰、宜昌、襄阳、孝感、荆州、黄冈、咸宁、恩施
日月明夜蛾	*Sphragifera biplagiata* Walker	杨、核桃、栎、青冈栎、李叶绣线菊、木槿、油茶、桂花	孝感、咸宁、恩施
丹日明夜蛾	*Sphragifera sigillata* Ménétriès	银杏、核桃楸、核桃、枫杨、栓皮栎、榆、构、桃、李、梨、刺槐、槐、紫藤、柑橘、柞木、牡荆	十堰、宜昌、孝感、黄冈、恩施

续表

有害生物种类	拉丁学名	寄主植物	分　布
甜菜夜蛾（贪夜蛾）	*Spodoptera exigua* Hübner	泡桐、刺槐、茶、侧柏	武汉、十堰、襄阳、荆州、咸宁
斜纹夜蛾（莲纹夜蛾、连纹夜蛾）	*Spodoptera litura* Fabricius	银杏、马尾松、湿地松、杉木、水杉、杨、柳、山核桃、板栗、朴、榆、桑、玉兰、猴樟、樟、檫木、李、梨、月季、多花蔷薇、槐树、香椿、重阳木、乌桕、冬青卫矛、葡萄、木槿、油茶、茶、石榴、白蜡树、桂花、泡桐	武汉、咸宁
交兰纹夜蛾	*Stenoloba confusa* Leech	不详	恩施
阴俚夜蛾	*Lithacodia stygia* Butler	竹	省内
中金翅夜蛾（中金弧夜蛾）	*Thysanoplusia intermixta* Warren	杨、槭、菊花	宜昌、恩施
掌夜蛾	*Tiracola plagiata* Walker	栎、榆、桃、悬钩子、花椒、茶、油茶、柑橘、黄荆	黄石、宜昌、咸宁、恩施
陌夜蛾（白戟铜翅夜蛾）	*Trachea atriplicis* Linnaeus	榆、苹果、梨、柑橘、石榴、月季	武汉、十堰、荆州、恩施
镶夜蛾	*Trichosea champa* Moore	杨、桦、栎、樱花、杜鹃、柃木	恩施
暗后夜蛾	*Trisuloides caliginea* Butler	柳、桑、苹果、梨、柳叶鼠李、柞木	黄冈、神农架
角后夜蛾	*Trisuloides corneria* Staudinger	不详	孝感
犁纹黄夜蛾	*Xanthodes transversa* Guenée	油樟、梨、木棉、桢楠、木芙蓉	省内

湖北省林业有害生物名录

续表

有害生物种类	拉丁学名	寄主植物	分布
八字地老虎	*Xestia c-nigrum* Linnaeus	松、杉、柏、杨、柳、栎、榆、桑、牡丹、悬铃木、桃、蔷薇、西府海棠、刺槐、黄檗、香椿、白蜡、枸杞、泡桐	恩施
褐纹鲁夜蛾	*Xestia fuscostigma* Bremer	柳、桦、榆、桃、刺槐	神农架
三角鲁夜蛾（三角地老虎）	*Xestia triangulum* Hufnagel	冷杉、落叶松、云杉、柳杉、杨、旱柳、核桃楸、榆、山楂、刺槐、黄檗	十堰、襄阳、神农架
花夜蛾	*Yepcalphis dilectissima* Walker	马尾松、杨、油茶、毛竹	黄冈

双翅目 Diptera 长角亚目 Nematocera 瘿蚊科 Cecidomyiidae

有害生物种类	拉丁学名	寄主植物	分布
花椒波瘿蚊	*Asphondylia zanthoxyli* Bu et Zheng	花椒	荆州
山核桃瘿蚊（柑橘花蕾蛆）	*Contarinia citri* Barnes	山核桃、柑橘	省内
梨瘿蚊	*Contarinia pyrivola* Riley	柳、栎、梨	省内
枣叶瘿蚊	*Dasineura amaramanjarae* Grover	桑、桃、臭椿、枣、酸枣、山枣	省内
刺槐叶瘿蚊	*Obolodiplosis robiniae* Haldemann	刺槐、槐	十堰
桔实雷瘿蚊	*Resseliella citrifrugis* Jiang	柑橘、文旦柚	恩施
柳瘿蚊（日本柳枝瘿蚊）	*Rhabdophaga salicis* Schrank	杨、旱柳、垂柳、杞柳	荆州、黄冈

毛蚊科 Bibionidae

有害生物种类	拉丁学名	寄主植物	分布
红腹毛蚊	*Bibio rufiventris* Duda	苦竹	咸宁

续表

有害生物种类	拉丁学名	寄主植物	分　布
环裂亚目 Cyclorrhapha　实蝇科 Tephritidae Trypetidae			
桔小实蝇（柑橘小实蝇、橘小寡鬃实蝇）	*Bactrocera dorsalis* Hendel	猴樟、桃、杏、樱桃、木瓜、枇杷、苹果、梨、柑橘、枣、葡萄、中华猕猴桃、石榴	武汉、宜昌、咸宁、潜江
橘大实蝇	*Bactrocera minax* Enderlein	刺槐、柑橘、樟、梨、李	武汉、十堰、宜昌
柑桔大实蝇	*Tetradacus citri* Chen	柑橘	十堰、宜昌、荆州、恩施
蜜柑大实蝇	*Tetradacus tsuneosus* Miyake	柑橘	十堰、宜昌
茎蝇科 Psilidae			
竹笋绒茎蝇	*Chyliza bambusae* Yang et Wang	刺竹子、毛竹、毛金竹	咸宁
花蝇科 Anthomyiidae			
江苏泉蝇	*Pegomya kiangsuensis* Fan	毛竹、毛金竹、金竹、早竹、苦竹、桂竹	咸宁
毛笋泉蝇	*Pegomya phyllostachys* Fan	水竹、毛竹、毛金竹、早竹、高节竹、早园竹、金竹	咸宁
落叶松球果花蝇	*Strobilomyia laricicola* Karl	落叶松、日本落叶松	宜昌

湖北省林业有害生物名录

续表

种　类	拉丁学名	寄　主	分　布
3-2 天敌昆虫			
缨翅目 Thysanoptera　纹蓟马科 Aeolothripidae			
横纹蓟马	*Aeolothrips fasciatus* Linnaeus	柑橘蚜虫	宜昌
蜻蜓目 Odonata　色蟌科 Calopterygidae			
黑色蟌	*Calopteryx atrata* Selys	多种昆虫	恩施
阔翅豆娘（青肌蜻蛉）	*Calopteryx virgo* Selys	不详	武汉、宜昌
透翅绿色蟌	*Mnais andersoni* Mclachlan	多种昆虫	襄阳
华艳色蟌	*Neurobasis chinensis* Linnaeus	多种昆虫	孝感、恩施
大蜓科 Cordulegasteridae			
巨圆臀大蜓	*Anotogaster sieboldii* Selys	多种昆虫	省内
蜻蛉科（蜻科）Libellulidae			
鼎异色灰蜻	*Orthetrum triangulare* Selys	多种昆虫	省内
黄蜻	*Pantala flavescens* Fabricius	小型蛾类	武汉、十堰、宜昌、襄阳、孝感、恩施
红蜻	*Crocothemis servilia* Drury	小型蛾类	武汉、十堰、宜昌、襄阳、孝感、恩施、天门
螳螂目 Mantodea　螳螂科 Mantidae			
广腹螳螂	*Hierodula patellifera* Serville	多种昆虫	武汉、十堰、宜昌、襄阳、荆门、孝感、黄冈、咸宁、恩施、神农架、仙桃、天门
薄翅螳螂	*Mantis religiosa* Linnaeus	毒蛾、枯叶蛾、尺蛾、舟蛾、蚜虫	武汉、襄阳、黄冈、咸宁、恩施、神农架
棕污斑螳	*Statilia maculata* Thunberg	多种昆虫	武汉、十堰、恩施
中华大刀螂	*Paratenodera sinensis* Saussure	多种昆虫	襄阳

续表

种 类	拉丁学名	寄 主	分 布
半翅目 Hemiptera　猎蝽科 Reduviidae			
多氏田猎蝽（暴猎蝽）	*Agriosphodrus dohrni* Signoret	毒蛾、枯叶蛾、叶甲幼虫	十堰、襄阳、孝感、咸宁、恩施
黑叉盾猎蝽（黑光猎蝽）	*Ectrychotes andreae* Thunberg	鞘翅目幼虫、鳞翅目幼虫	黄石、十堰、襄阳、黄冈、恩施
黑红八节猎蝽	*Ectrychotes comottoi* Lethierry	不详	省内
黑角嗯猎蝽	*Endochus nigricornis* Stål	多种昆虫	咸宁
褐菱猎蝽（茶褐猎蝽）	*Isyndus obcurus* Dallas	多种昆虫	十堰、孝感、荆州、黄冈
毛足菱猎蝽	*Isyndus pilosipes* Reuter	多种昆虫	武汉
圆肩菱猎蝽	*Isyndus planicollis* Lindberg	多种昆虫	荆门
短斑普猎蝽	*Oncocephalus confusus* Hsiao	多种昆虫	荆门
南普猎蝽	*Oncocephalus philippinus* Lethierry	蚜虫、夜蛾卵	孝感
黄足直头猎蝽	*Sirthenea flavipes* Stål	多种昆虫	武汉、宜昌、襄阳、荆门、孝感、荆州、黄冈、咸宁、随州
脉翅目 Neuroptera　草蛉科 Chrysopidae			
牯岭草蛉	*Chrysopa kulingensis* Navas	松蚜	襄阳、孝感、咸宁
大草蛉	*Chrysopa pallens* Rambur	蚜、螨、鳞翅目卵、鳞翅目幼虫	十堰、孝感、黄冈、咸宁、恩施、神农架
齿蛉科 Corydalidae			
东方巨齿蛉	*Acanthacorydalis orientalis* Mclachlan	蜻蜓、石蝇、蜉蝣	十堰、襄阳、孝感、咸宁、恩施、神农架
膜翅目 Hymenoptera　茧蜂科 Braconidae			
松毛虫脊茧蜂	*Aleiodes esenbckii* Hartig	马尾松毛虫幼虫	孝感

湖北省林业有害生物名录

续表

种　类	拉丁学名	寄　主	分　布
弄蝶绒茧蜂	*Apanteles baorfs* Wilkinson	螟蛾、小卷蛾	武汉、黄石、十堰、宜昌、鄂州、荆州、黄冈、咸宁、恩施
螟黄足盘绒茧蜂	*Apanteles flavipes* Cameron	螟蛾	武汉、十堰、宜昌、荆州、黄冈、咸宁
赤腹茧蜂	*Iphiaulax impostor* Scopoli	天牛幼虫	省内
菲岛长距茧蜂	*Macrocentrus philippinensis* Ashmead	卷叶螟、桑螟、白蜡绢野螟	襄阳、荆州
松梢螟长距茧蜂	*Macrocentrus resinellaelin*	松梢螟	十堰
斑痣悬茧蜂	*Meteorus pulchricornis* Wesmael	螟蛾、夜蛾、灯蛾、尺蛾	武汉、十堰、宜昌、荆门、孝感、荆州、仙桃、天门
天牛茧蜂	*Parabrulleia shibuensis* Matsumura	天牛幼虫	黄冈、随州
两色刺足茧蜂	*Zombrus bicolor* Enderlein	中华蜡天牛、橘褐天牛、双条杉天牛	神农架
青蜂科 Chrysididae			
上海青蜂	*Chrysis shanghalensis* Smith	多种昆虫	省内
跳小蜂科 Encyrtidae			
软蚧扁角跳小蜂	*Anicetus annulatus* Timberlake	蚧	省内
松毛虫跳小蜂	*Ooencyrtus dendrolimus* Chu	松毛虫	荆门
蜾蠃科 Eumenidae			
蜾蠃	*Eumenid poher* Wasps	鳞翅目幼虫	恩施
秀蜾蠃	*Pareumenes curvatus* Saussure	鳞翅目幼虫	恩施
姬蜂科 Ichneumonidae			
夹色奥姬蜂	*Auberterus alternecoloratus* Cushman	鳞翅目幼虫	武汉、黄石、十堰、宜昌、荆门、荆州、咸宁

续表

种　类	拉丁学名	寄　主	分　布
强背草蛉姬蜂	*Brachycyrtus nawail* Ashmead	大草蛉	十堰、孝感、黄冈、咸宁、神农架
棉铃虫齿唇姬蜂	*Campoletis chlorideae* Uchida	夜蛾幼虫	孝感、黄冈
黑足凹眼姬蜂	*Casinaria nigripes* Grvenhorst	马尾松毛虫幼虫	武汉、宜昌、襄阳、孝感、恩施
螟蛉悬茧姬蜂	*Charops bicolor* Szepligeri	夜蛾、毒蛾、尺蛾、舞毒蛾幼虫	武汉、十堰、宜昌、襄阳、荆门、孝感、荆州、黄冈、咸宁、随州、恩施、仙桃、天门
刺蛾紫姬蜂	*Chlorocryptus purpuratus* Smith	刺蛾蛹	十堰、荆州
满点瘤姬蜂	*Coccygomimus aethiops* Curtis	夜蛾、蚕蛾、竹节虫天敌	武汉、十堰、宜昌、襄阳、鄂城、荆门、黄冈、咸宁、神农架
舞毒蛾黑瘤姬蜂	*Coccygomimus disparis* Viereck	鳞翅目幼虫天敌	十堰、襄阳、孝感、荆州、黄冈
日本瘤姬蜂	*Coccygomimus nipponicus* Uchida	螟虫、粉蝶	武汉、十堰、襄阳、鄂城、荆门、咸宁、恩施
稻苞虫黑瘤姬蜂	*Coccygomimus parnarae* Viereck	樟蚕、袋蛾	省内
台湾瘦姬蜂	*Diadegma akoensis* Shiraki	螟虫	武汉、黄石、十堰、宜昌、襄阳、荆门、孝感、荆州、咸宁、恩施、神农架、仙桃
紫窄翅瘦姬蜂	*Dictyonotus purpurascens* Smith	葡萄天蛾	省内
花胫蚜蝇姬蜂	*Diplazon laetatorius* Fabricius	多种食蚜蝇蛹	武汉、十堰、襄阳、孝感、荆州、咸宁、恩施、神农架
何氏细颚姬蜂	*Enicospilus hei* He	多种昆虫	十堰
苹毒蛾细颚姬蜂	*Enicospilus pudibundae* Uchida	多种昆虫	省内

湖北省林业有害生物名录

续表

种　类	拉丁学名	寄　主	分　布
小地老虎细颚姬蜂	*Enicospilus pungens* Smith	地老虎	襄阳
地蚕大铗姬蜂	*Eutenyacra picta* Sonrank	地老虎	孝感、恩施
横带驼姬蜂	*Goryphus basilaris* Holmgren	松毛虫、袋蛾、斑蛾	十堰、咸宁
花胸姬蜂	*Gotra octocinctus* Ashmead	松毛虫蛹	孝感、黄冈
喜马拉雅聚瘤姬蜂	*Gregopimpla himalayensis* Cameron	鳞翅目幼虫	黄冈、神农架
桑蟥聚瘤姬蜂	*Gregopimpla kuwanae* Vlereck	桑螟、桑蟥、舟蛾、卷蛾、袋蛾、蚕蛾、枯叶蛾	十堰、宜昌、襄阳、荆州、黄冈、咸宁、恩施、天门
螟蛉瘤姬蜂	*Itoplectis naranyae* Ashmead	夜蛾、卷蛾、螟蛾	武汉、黄石、十堰、宜昌、襄阳、荆门、孝感、荆州、黄冈、咸宁、恩施、仙桃
盘背菱室姬蜂	*Mesochorus discitergus* Say	多种绒茧蜂	武汉、十堰、宜昌、襄阳、荆门、孝感、荆州、咸宁、恩施、仙桃、天门
黄茎马尾姬蜂	*Megarhyssa gloriosa* Matsumra	天牛、树蜂幼虫	仙桃
神农架畸脉姬蜂	*Neurogenia shennongjiaensis* He	不详	神农架
夜蛾瘦姬蜂	*Ophion luteus* Linnaeus	夜蛾、蚕蛾	武汉、十堰、宜昌、襄阳、荆门、荆州、咸宁、恩施、神农架
中国齿腿姬蜂	*Pristomerus chinensis* Ashmead	螟蛾、夜蛾、卷蛾	武汉、襄阳、孝感、荆州、仙桃、天门
武陵污翅姬蜂	*Spilopteron wulingensis* Wang	不详	恩施
菲岛抱缘姬蜂	*Temezucha philippinensis* Ashmead	螟蛾	武汉、十堰、宜昌、襄阳、荆门、荆州、咸宁

续表

种　类	拉丁学名	寄　主	分　布
脊腿囊爪姬蜂	*Theronia atalantae* Poda	枯叶蛾、蚕蛾、毒蛾、袋蛾、舞毒蛾	十堰、孝感、黄冈
条纹泥囊姬蜂	*Theronia zebra diluta* Gupta	枯叶蛾、蚕蛾、毒蛾、夜蛾、袋蛾、卷蛾	省内
黄眶离缘姬蜂	*Trathala flavo-orbitalis* Cameron	食心虫、螟虫	武汉、黄石、襄阳、荆门、荆州、咸宁、恩施
粘虫白星姬蜂	*Vulgichneumon leucaniae* Uchida	夜蛾、尺蛾卵	省内
松毛虫黑点瘤姬蜂	*Xanthopimpla pedator* Fabricius	松毛虫	武汉、黄石、宜昌、孝感、荆州、黄冈、咸宁
广黑点瘤姬蜂	*Xanthopimpla punctata* Fabricius	枯叶蛾、卷蛾、舟蛾、螟蛾	武汉、黄石、宜昌、襄阳、荆门、荆州、咸宁、恩施
赤眼蜂科 Trichogrammatidae			
松毛虫赤眼蜂	*Trichogramma dendrolimi* Matsumura	枯叶蛾、小卷蛾、舟蛾、毒蛾、刺蛾天敌	全省
土蜂科 Scoliidae			
白毛长腹土蜂	*Campsomeris annulata* Fabricius	多种幼虫金龟子	十堰、襄阳、荆门、孝感、黄冈
金毛长腹土蜂	*Campsomeris prismatica* Smith	多种幼虫金龟子	武汉、十堰、襄阳、荆州、咸宁
缘腹细蜂科 Scelionidae			
杨扇舟蛾黑卵蜂	*Telenomus closterae* Wu et Chen	杨扇舟蛾	孝感、随州
松毛虫黑卵蜂	*Telenomus dendrolimusi* Chu	松毛虫、舟蛾天敌	孝感、黄冈
长尾小蜂科 Torymidae			
中华长尾小蜂	*Torymus sinensis* Kamijo	栗瘿蜂幼虫	孝感

湖北省林业有害生物名录

续表

种　类	拉丁学名	寄　主	分　布
鞘翅目 Coleoptera　步甲科 Carabidae			
铜细胫步甲	*Agonum chalcomus* Bates	泡桐	荆门
日本细胫步甲	*Agonum japonicum* Motschulsky	卷叶蛾、灯蛾、螟蛾、负泥虫幼虫、蚜、稻蜱	荆门
暗步甲	*Amara mandschurica*	多种昆虫	孝感
大气步甲	*Brachinus scotomodes* Redtenbacher	多种昆虫	省内
灿丽步甲	*Callida splendidula* Fabricius	夜蛾、卷蛾幼虫	孝感
金星步甲	*Calosoma auropunctata dsungarica* Gebler	多种昆虫	襄阳
中华星步甲（中华金星步甲）	*Calosoma chinensis* Kirby	粘虫、地老虎、蛴螬、柞蚕	襄阳、荆门、孝感、荆州、黄冈
炼星步甲	*Calosoma davidis* Gehin	多种昆虫	省内
黑广肩步甲（大星步甲）	*Calosoma maximoviczi* Morawitz	鳞翅目幼虫	十堰、襄阳、孝感、荆州、黄冈、咸宁、恩施
麻步甲	*Carabus brandti* Faldermann	不详	咸宁
碎纹粗皱步甲（粗纹步甲）	*Carabus crassesculptus* Kraatz	不详	十堰
硕步甲（疣翅大步甲）	*Carabus davidis* Deyrolle et Fairmaire	多种昆虫	恩施
艾步甲	*Carabus elysii* Thomson	多种昆虫	孝感
信步甲	Carabus fiduciarius Thomson	多种昆虫	省内
拉步甲	*Carabus lafossei* Feisthamel	多种昆虫	恩施
疱步甲	*Carabus pustulifer guerryi* Born	多种昆虫	荆门、孝感、恩施
绿步甲	*Carabus smaragdinus* Fischer	多种昆虫	十堰、襄阳、孝感、咸宁

续表

种　类	拉丁学名	寄　主	分　布
双斑青步甲	*Chlaenius bioculatus* Motschulsky	鳞翅目幼虫	武汉、宜昌、荆门、孝感、天门、潜江
黄边青步甲	*Chlaenius circumdatus* Bruille	叶甲幼虫	黄冈、神农架
脊青步甲	*Chlaenius costiger* Chaudoir	螟蛾、夜蛾科幼虫	孝感、荆州、咸宁、神农架
狭边青步甲	*Chlaenius inops* Chaudoir	蛴螬、蝼蛄	武汉、荆州、咸宁
麻胸青步甲	*Chlaenius junceus* Andrewes	多种昆虫	咸宁
亮颈青步甲	*Chlaenius leucops* Wiedemann	多种昆虫	孝感、咸宁
黄斑青步甲	*Chlaenius micans* Fabricius	螟蛾、夜蛾科等幼虫	武汉、襄阳、孝感、荆州、仙桃、潜江
毛黄斑青步甲	*Chlaenius naeviger* Morawitz	麦蛾、卷叶蛾、螟蛾等幼虫	省内
地青步甲	*Chlaenius praefectus* Baly	多种昆虫	武汉、荆州
奇隆青步甲	*Chlaenius spoliatus* Rossi	多种昆虫	武汉、荆州
豆斑青步甲	*Chlaenius virgulifer* Chaudoir	鳞翅目幼虫	荆州、恩施
黄胫边步甲	*Craspedonotus tibialis* Schaumann	多种昆虫	宜昌、黄冈、天门
膝敌步甲	*Desera geniculata* Klug	多种昆虫	省内
奇膨胸步甲	*Dischissus mirandus* Bates	多种昆虫	十堰、宜昌、襄阳、孝感
蠋步甲	*Dolichus halensis* Schaller	蝼蛄、螟蛾、夜蛾幼虫、隐翅虫、蛴螬、寄蝇幼虫	武汉
毛婪步甲	*Harpalus griseus* Panzer	多种昆虫	省内
单齿婪步甲	*Harpalus simplicidens* Schauberger	多种昆虫	孝感

湖北省林业有害生物名录

续表

种　类	拉丁学名	寄　主	分　布
中华婪步甲	*Harpalus sinicus* Hope	多种昆虫	宜昌、仙桃、潜江
中国心步甲	*Nebria chinensis* Baly	多种昆虫	孝感
边圆步甲	*Omophron limbatum* Fabricius	多种昆虫	恩施
凹翅宽颚步甲	*Parena cavipennis* Bates	多种昆虫	咸宁
黄宽颚步甲	*Parena rufotestacea* Jedi	多种昆虫	咸宁
爪哇屁步甲	*Pheropsophus javanus* Dejean	多种昆虫	宜昌、孝感
广屁步甲	*Pheropsophus occipitalis* Macleay	软体幼虫	黄冈
麻头平步甲	*Planetia puncticeps* Andrewes	多种昆虫	省内
双齿蟓步甲	*Scarites acutidens* Chaudoir	多种昆虫	孝感

虎甲科 Cicindelidae

种　类	拉丁学名	寄　主	分　布
金斑虎甲	*Cicindela aurulenta* Fabricius	多种昆虫	十堰、宜昌、恩施
中华虎甲	*Cicindela chinenesis* De Geer	多种昆虫	全省
曲纹虎甲	*Cicindela elisae* Motschulsky	地老虎	全省
星斑虎甲	*Cicindela kaleea* Bates	多种昆虫	孝感、恩施
钳端虎甲	*Cicindela lobipennis* Bates	小型昆虫	武汉、宜昌
离斑虎甲	*Cicindela separata* Fleutiaux	多种昆虫	孝感、恩施
镜面虎甲	*Cicindela specularis* Chaudoir	地老虎	武汉、宜昌、襄阳、黄冈、恩施
断纹虎甲（纵纹虎甲、连斑虎甲）	*Cicindela striolata* Illiger	小型昆虫	襄阳
膨边虎甲	*Cicindela sumatrensis* Herbst	夜蛾幼虫	十堰、荆州、黄冈

续表

种　类	拉丁学名	寄　主	分　布
郭公甲科 Cleridae			
中华食蜂郭公虫（红斑郭公虫、黑斑棋纹甲、黑斑红毛郭公虫、中华郭公虫、青带郭公虫）	*Trichodes sinae* Chevrolat	多种昆虫	黄冈
瓢甲科 Coccinellidae			
六斑异瓢虫	*Aiolocaria hexaspilota* Hope	蚜、蚧、螨	十堰、宜昌、襄阳、孝感、恩施、神农架
奇变瓢虫	*Aiolocaria mirabilis* Motschulsky	蚜虫	十堰、宜昌、襄阳、孝感
二双斑唇瓢虫	*Chilocorus bijugus* Mulsant	盾蚧、白蜡虫	全省
华裸瓢虫	*Calvia chinensis* Mulsant	蚜虫	咸宁
四斑裸瓢虫	*Calvia muiri* Timberlake	蚜虫	咸宁
十四星裸瓢虫	*Calvia quatuordecimguttata* Linnaeus	多种昆虫	省内
十五星裸瓢虫	*Calvia quindecimguttata* Fabricius	蚜	十堰、宜昌、襄阳、孝感、荆州、黄冈、恩施
链纹裸瓢虫	*Calvia sicardi* Mader	蚜	省内
红点唇瓢虫	*Chilocorus kuwanae* Silvestri	蚧类	十堰、襄阳、孝感、荆州、黄冈、咸宁、恩施、神农架
黑缘红瓢虫	*Chilocorus rubidus* Hope	油茶棉蚧、桃球蚧	孝感、神农架
七星瓢虫	*Coccinella septempunctata* Linnaeus	木瓜、苹果、桃	十堰、宜昌、襄阳、孝感
瓜黑斑瓢虫（瓜茄瓢虫）	*Epilachna admirabilis* Crotch	板栗	十堰
横斑食植瓢虫	*Epilachna confusa* Li	灌木	宜昌

湖北省林业有害生物名录

续表

种　类	拉丁学名	寄　主	分　布
菱斑食植瓢虫	*Epilachna insignis* Gorham	不详	孝感
异色瓢虫	*Harmonia axyridis* Pallas	多种昆虫	武汉、十堰、宜昌、襄阳、荆门、咸宁、仙桃
隐斑瓢虫	*Harmonia yedoensis* Takizawa	杉、红豆杉	十堰
茄廿八星瓢虫（茄二十八星瓢虫）	*Henosepilachna vigintioctopunctata* Fabricius	桂花、板栗	武汉、孝感、恩施
素鞘瓢虫	*Illeis cincta* Fabricius	紫薇	荆门
柯氏素菌瓢虫（柯氏菌瓢虫）	*Illeis koebelei* Timberlake	不详	孝感
圆环盘瓢虫	*Coelophra circumvelata* Mulsant	蚜虫	襄阳
红颈盘瓢虫	*Coelophra melanaria* Mulsant	蚜虫、粉虱	省内
黄斑盘瓢虫	*Coelophra saucia* Mulsant	蚜虫	襄阳、孝感
六斑月瓢虫	*Menochilus sexmaculata* Fabricius	桃蚜、橘蚜	荆州、恩施
黄缘巧瓢虫	*Oenopia sauzeti* Mulsant	蚜虫	省内
龟纹瓢虫	*Propylaea japonica* Thunberg	蚜、螨、虱	十堰、宜昌、襄阳、孝感、荆州、黄冈、恩施、神农架
红环瓢虫	*Rodolia limbata* Motschulsky	桑	襄阳、荆州
大红瓢虫	*Rodolia rufopilosa* Mulsant	吹棉蚧、螨、蚜	荆门
十二斑褐菌瓢虫	*Vibidia duodecimguttata* Poda	苹果	宜昌、咸宁
坚甲科 Colydiidae			
花绒坚甲	*Dastarcus longulus* Sharp	光肩星天牛	武汉、孝感、荆州
双翅目 Diptera　麻蝇科 Sarcophagidae			
松毛虫缅麻蝇	*Burmanomyia beesoni* S.W.	松毛虫	十堰、孝感、荆州、黄冈

续表

种　类	拉丁学名	寄　主	分　布
白头亚麻蝇	*Parasarcophaga albiceps* Meigen	松毛虫	省内
肥须亚麻蝇	*Parasarcophaga crassipalpis*	资源昆虫	省内
东方亚麻蝇	*Parasarcophaga orientaloides* S. W.	松毛虫	宜昌
东方麻蝇	*Sarcophaga orientaloide* S. W.	鳞翅目幼虫	省内

食蚜蝇科 Syrphidae

种　类	拉丁学名	寄　主	分　布
黑带食蚜蝇	*Episyrphus balteatus* De Geer	蚜虫	恩施
长尾裸芒蚜蝇	*Eristalis tenax* Linnaeus	多种昆虫	武汉、十堰、黄冈、恩施

寄蝇科 Tachinidae

种　类	拉丁学名	寄　主	分　布
选择盆地寄蝇	*Bessa selecta fugax* Rondani	巢蛾、卷蛾、尺蛾、毒蛾	省内
松小卷蛾寄蝇	*Blondelia inclusa* Hartig	卷叶蛾	省内
紊狭额寄蝇	*Carcelia cofurutens*	不详	宜昌、恩施
黄斑狭额寄蝇	*Carcelia flavimacu* Zcaa	卷叶蛾类	宜昌、恩施
拱瓣狭额寄蝇	*Carcelia iridipennis*	不详	宜昌、恩施
松毛虫狭额寄蝇	*Carcelia matsukarehae*	毒蛾、枯叶蛾、舞毒蛾类	孝感、黄冈
来西拉狭额寄蝇	*Carcelia rasella*	舟蛾、尺蛾类	宜昌、恩施
苏门答腊狭额寄蝇	*Carcelia sumatrana*	不详	宜昌、恩施
黄毛脉寄蝇	*Ceramyia silace* Meigen	夜蛾类	十堰
黑须刺蛾寄蝇	*Chaetexorista atripalpis*	松毛虫	十堰
健壮刺蛾寄蝇	*Chaetexorista eutachinoides* Baranov	黄刺蛾	宜昌、黄冈、恩施、神农架
爪哇刺蛾寄蝇	*Chaetexorista javana*	绿刺蛾	宜昌、恩施

湖北省林业有害生物名录

续表

种　　类	拉丁学名	寄　主	分　布
蚕饰腹寄蝇	*Crossocosmia zebina* Walker	多种鳞翅目幼虫、蛹	十堰、宜昌、荆门、孝感、黄冈、恩施、仙桃、天门、潜江
蓝黑栉寄蝇	*Ctenophorocera pavida* Meigen	毒蛾、绿刺蛾	十堰、襄阳、神农架
平庸赘寄蝇	*Drino inconspicua* Meigen	鳞翅目多种幼虫	十堰、襄阳、荆州、黄冈、咸宁
粉带伊乐寄蝇	*Elodia ambulatoria* Meigen	不详	宜昌、恩施
亮黑伊乐寄蝇	*Elodia morio* Fallen	梨小食心虫	宜昌、恩施
采花广颜寄蝇	*Eurithia anthophila*	不详	宜昌、恩施
伞裙追寄蝇	*Exorista civilis* Rondani	鳞翅目多种幼虫	十堰、宜昌、孝感、恩施、神农架
红尾追寄蝇	*Exorista xanthaspis* Wiedemann	松毛虫、榆凤蛾	十堰、宜昌
条纹追寄蝇	*Exorista fasciata* Fallen	鳞翅目多种幼虫	宜昌、恩施
日本追寄蝇	*Exorista japonica* Tyler-Townsend	鳞翅目多种幼虫	全省
毛虫追寄蝇	*Exorista rossica* Mesnil	鳞翅目多种幼虫	全省
家蚕追寄蝇	*Exorista sorbillans* Wiedemann	松毛虫、尺蠖	荆州、咸宁、恩施
闪色宽额寄蝇	*Frontina adusta*	不详	宜昌、恩施
夜蛾膝芒寄蝇	*Gonia chinensis*	夜蛾幼虫	十堰、宜昌、恩施
饰额短须寄蝇	*Linnaemya compta* Fallen	夜蛾幼虫	十堰、荆门、孝感、荆州、黄冈、恩施
查禾短须寄蝇	*Linnaemya zachvatkini* Zimin	地老虎、粘虫	恩施

续表

种　类	拉丁学名	寄　主	分　布
松毛虫小盾寄蝇	*Nemosturmia amoena* Meigen	天幕毛虫、松毛虫、蚕蛾	十堰、神农架
双斑截尾寄蝇	*Nemorilla maculosa* Meigen	草地螟	十堰、襄阳、荆州、恩施
普通怯寄蝇	*Phryxe vulgaris* Fallen	夜蛾、天幕毛虫	十堰、孝感
金龟长喙寄蝇	*Prosena siberita* Fabricius	金龟子、蛾蝶幼虫	十堰、宜昌、荆州、黄冈、恩施、神农架
稻苞虫赛寄蝇	*Pseudoperichaeta insidiosa* Robineau-Desvoidy	卷叶蛾	全省

4. 螨类 Mites

蜱螨目 Acarina　叶螨科 Tetranychidae

种　类	拉丁学名	寄　主	分　布
柑桔始叶螨	*Eotetranychus kankitus* Ehara	葡萄、八角枫、朴树、胡枝子、柑橘、桃、天目木姜子	宜昌、恩施
六点始叶螨	*Eotetranychus sexmaculatus* Riley	茶、柑橘、木姜子、梅、樱桃、槭、胡枝子、火棘、樟、油桐	宜昌、咸宁
法桐小爪螨	*Oligonychus platanus* Haishi	悬铃木	荆门
针叶小爪螨（板栗红蜘蛛）	*Oligonychus ununguis* Jacobi	雪松、赤松、马尾松、黑松、杉木、水杉、刺柏、圆柏、红豆杉、锥栗、板栗、栓皮栎	黄冈
柑桔全爪螨（柑橘红蜘蛛）	*Panonychus citri* McGregor	桃、柑橘、山柚子、无花果、沙梨、八角枫、茶、楝、桂花	武汉、宜昌、襄阳、荆门、荆州
榆全爪螨（苹果红蜘蛛、苹果全爪螨、苹果叶螨）	*Panonychus ulmi* Koch	梨、核桃、刺槐、榆、朴、桑、椴	十堰

湖北省林业有害生物名录

续表

种　类	拉丁学名	寄　主	分　布
食竹裂爪螨	*Schizotetranychus celarius* Banks	竹	荆州、咸宁
朱砂叶螨（棉红蜘蛛）	*Tetranychus cinnabarinus* Boisduval	山核桃、核桃、锥栗、板栗、构、桑、樱桃、桃、樱花、枣、梅、杏、山楂、垂丝海棠、西府海棠、苹果、李、红叶李、月季、玫瑰、刺槐、槐、柿	十堰、宜昌、荆州、黄冈、天门、潜江
二斑叶螨	*Tetranychus urticae* Koch	桂花、樱桃、槐、刺槐、枫香、杨、桑	省内
山楂叶螨（山楂红蜘蛛）	*Tetranychus viennensis* Zacher	杨、柳、桃、梅、杏、樱桃、樱花、山楂、垂丝海棠、苹果、李、月季、玫瑰、枣树、紫薇、石榴、迎春花、桂花、枸杞、泡桐、悬铃木	十堰、荆门
细须螨科 Tenuipalpidae			
卵形短须螨（茶短须螨）	*Brevipalpus obovatus* Donnadieu	黄檀、刺槐、栎、茅栗、桑、柿、女贞	武汉、宜昌、襄阳、黄冈
桃细须螨	*Tenuipalpus taonicus* Ma et Yuan	梅花	武汉
瘿螨科 Eriophyidae			
茶橙瘿螨	*Acaphylla theae* Watt	茶、檀树、油茶、漆树	咸宁、恩施
湖北瘤瘿螨	*Aceria hupehensis* Kuang et Hong	板栗、栎	武汉、十堰、襄阳、孝感、黄冈、恩施
枫杨瘿螨（枫杨瘤瘿螨）	*Aceria pterocaryae* Kuang et Gong	枫杨、青冈栎、朴树、刺桐、三角槭、木荷	荆州

续表

种　　类	拉丁学名	寄　主	分　布
长毛刺皮瘿螨	*Aculops longispinosus* Kuang et Hong	槭	省内
呢柳刺皮瘿螨	*Aculops niphocladae* Keifer	柳	黄石、襄阳、荆州、黄冈
女贞刺瘿螨	*Aculus ligustri* Keifer	女贞、小叶女贞	十堰
龙首丽瘿螨（茶叶瘿螨）	*Calacarus carinatus* Green	茶、山茶	省内
樱桃双羽爪瘿螨	*Diptacus pseudocerasis* Kuang et Hong	樱桃	孝感、恩施
梨瘿螨	*Epitrimerus pyri* Nalepa	梨	省内
栗树瘿螨	*Eriophyes castanis* Lu	板栗、锥栗、茅栗	十堰、恩施
柑橘锈瘿螨	*Eriophyes oleivora* Ashm.	柑橘	十堰
桔瘿螨（柑橘瘤螨）	*Eriophyes sheldoni* Ewing	柑橘	荆门
葡萄瘿螨	*Eriophyes vilis* Pagenst	葡萄	武汉、宜昌、咸宁
柑桔皱叶刺瘿螨	*Phyllocoptruta oleivora* Ashmead	柑橘	十堰、宜昌
杨四刺瘿螨	*Tetraspinus populi* Kuang et Hong	杨	荆州

湖北省林业有害生物名录（植物界植物类）

有害生物种类	拉丁学名	寄主或生境	危害	分布
Ⅱ.植物界 Plantae				
5.植物类 Plants				
禾本目 Graminales　禾本科 Gramineae				
野燕麦	*Avena fatua* Linnaeus	疏林地、灌木林、幼林、苗圃	排挤	咸宁
牛筋草	*Eleusine indica* Linnaeus Gaertn.	疏林地、灌木林、幼林、苗圃	排挤	咸宁
白茅（白茅草）	*Imperata cylindrica* Linnaeus Beauv.	疏林地、灌木林、幼林、苗圃	排挤	十堰、宜昌、咸宁
狗尾草	*Setaria viridis* Linnaeus Beauv.	疏林地、灌木林、幼林、苗圃	排挤	宜昌、咸宁、恩施
粉状胚乳目 Farinosae　雨久花科 Pontederiaceae				
凤眼莲（水葫芦）	*Eichhornia crassipes* Mart. Solme	湖泊湿地	排挤	宜昌
荨麻目 Urticales　桑科 Moraceae				
葎草	*Humulus scandens* Lour. Merr.	林地	缠绕	咸宁
檀香目 Santalales　桑寄生科 Loranthaceae				
南桑寄生	*Loranthus guizhouensis* H. S. Kiu.	栓皮栎、桢楠、桑、小叶青冈	干、枝梢	襄阳、恩施
槲寄生	*Viscum coloratum* Kom. Nakai	山杨、柳树、野核桃、核桃、赤杨、板栗、白桦、苦槠栲、麻栎、槲栎、栓皮栎、青冈、栎子青冈、榆树、枫杨、山杏、杏、苹果、杜梨、沙梨、漆树、椴树	干、枝梢	十堰、宜昌、恩施、神农架
枫香槲寄生	*Viscum liquidambaricolum* Hayata	栎、枫香、油桐	干、枝梢	恩施
蓼目 Polygonales　蓼科 Polygonaceae				
巴天酸模	*Rumex patientia* Linnaeus	疏林地、灌木林、幼林、苗圃	排挤	宜昌
中央种子目 Centrospermae　苋科 Amaranthaceae				
空心莲子草（喜旱莲子草、水花生）	*Alternanthera philoxeroides* Mart. Griseb.	疏林地、幼林、湿地、沟渠、苗圃	排挤	宜昌、恩施
刺苋	*Amaranthus spinosus* Linnaeus	疏林地、苗圃	排挤	

续表

有害生物种类	拉丁学名	寄主或生境	危害	分布
商陆科 Phytolaccaceae				
垂序商陆（美洲商陆）	*Phytolacca americana* Linnaeus	疏林地、苗圃、林地	有毒	咸宁
毛茛目 Ranales　樟科 Lauraceae				
无根藤	*Cassytha filiformis* Linnaeus	灌丛、疏林地	缠绕	恩施
蔷薇目 Rosales　豆科 Leguminosae				
野葛	*Pueraria lobata* Willd. Ohwi	疏林地、灌木林、幼林、苗圃	缠绕	十堰、宜昌、襄阳、鄂州、荆门、孝感、黄冈、咸宁、随州、恩施
牻牛儿苗目 Geraniales　酢浆草科 Oxalidaceae				
铜锤草（红花酢浆草）	*Oxalis corymbosa* DC.	疏林地、灌木林、苗圃	排挤	咸宁
捩花目 Contortae　夹竹桃科 Apocynaceae				
络石	*Trachelospermum jasminoides* Lindl. Lem.	林地	缠绕	咸宁
管状花目 Tubiflorae　旋花科 Convolvulaceae				
南方菟丝子	*Cuscuta australis* R. Br.	构树、樟树、枫香、苹果、石榴、刺桐、柑橘、油茶、茶、桉树、女贞、木犀、柚木	缠绕，干、枝梢	咸宁、恩施
菟丝子（中国菟丝子）	*Cuscuta chinensis* Lam.	山杨、旱柳、杨梅、核桃楸、核桃、枫杨、桤木、板栗、麻栎、栓皮栎、青冈栎、榆、构、荷花玉兰、含笑、樟树、天竺桂、木姜子、桢楠、海桐、枫香、悬铃木、山桃、桃、山杏、杏、苹果、石榴、李、梨、野蔷薇、黄刺玫、紫穗槐、锦鸡儿、刺桐、刺槐、槐树、柑橘、橙、臭椿、楝树、香椿、油桐、长叶黄杨、黄栌、黄连木、盐肤木、漆树、栾树、枣、酸枣、中华猕猴桃、红花油茶、油茶、茶、木荷、紫薇、野牡丹、鹅掌柴、白蜡、女贞、紫丁香、夹竹桃、枸杞、泡桐、梓、楸、山胡椒、川黄檗	缠绕，干、枝梢	武汉、十堰、宜昌、襄阳、鄂州、荆州、咸宁
金灯藤（日本菟丝子）	*Cuscuta japonica* Choisy	野核桃、蔷薇、冬青、木槿、杜鹃、桂花、六月雪、女贞、鸡爪槭	缠绕，干、枝梢	十堰、襄阳

湖北省林业有害生物名录

续表

有害生物种类	拉丁学名	寄主或生境	危害	分布
茄科 Solanaceae				
喀西茄	*Solanum aculeatissimum* Jacquin	林地、疏林地	排挤	咸宁
玄参科 Scrophulariaceae				
常春藤婆婆纳	*Veronica hederaefolia* Linnaeus	林地	排挤	十堰
紫葳科 Bignoniaceae				
猫爪藤	*Macfadyena unguis-cati* Linnaeus A. Gentry	林地	攀援	咸宁
车前目 Plantaginales 车前科 Plantaginaceae				
平车前（车前草）	*Plantago depressa* Willd.	疏林地、灌木林、幼林、苗圃	排挤	宜昌、咸宁、恩施
桔梗目 Campanulales				
鬼针草（三叶鬼针草）	*Bidens pilosa* Linnaeus	疏林地、灌木林、幼林、苗圃	排挤	咸宁
剑叶金鸡菊	*Coreopsis lanceolata* Linnaeus	林地、灌木林、疏林地	排挤	十堰、孝感
一年蓬	*Erigeron annuus* Linnaeus Pers.	疏林地、灌木林、幼林、苗圃	排挤	咸宁
加拿大一枝黄花	*Solidago canadensis* Linnaeus	疏林地、灌木林、幼林、苗圃、林地	排挤	武汉、宜昌、孝感、黄冈、咸宁、恩施、天门
苍耳	*Xanthium sibiricum* Patrin et Widder	疏林地、灌木林、幼林、苗圃	排挤	武汉、宜昌、咸宁

湖北省林业有害生物名录（菌物界真菌类）

有害生物种类	病害名称	拉丁学名	寄主植物	危害部位	分　布
Ⅲ.菌物界 Fungi					
6.真菌类 Fungi					
卵菌亚门 Oomycotina					
霜霉目 Peronosporales　霜霉科 Peronosporaceae					
葡萄生轴霜霉	葡萄霜霉病	*Plasmopara viticola* (Berk. et Curt.) Berl. et de Toni	葡萄、枇杷、苹果	叶部	黄石、十堰、孝感、荆州、恩施、潜江
腐霉目 Pythiales　腐霉科 Pythiaceae					
恶疫霉	梨疫腐病（梨黑胫病、干基湿腐病）	*Phytophthora cactorum* (Lebert et Cohn) Schröt.	沙梨、白梨、苹果、柑橘、中华猕猴桃	枝梢部、叶部	恩施
樟树疫霉	雪松根腐病	*Phytophthora cinnamomi* Rands；*Phytophthora cinchonae* Sawada；*Phytophthora drechsleri* Tucker；*Phytophthora parasitica* Dast.	雪松、樟树、刺槐、槐树、中华猕猴桃、山茶	根部	宜昌、恩施
	刺槐干腐病		樟树、刺槐	干部	恩施
柑橘褐腐疫霉	柑橘苗疫病（芽腐、茎腐、根腐病）	*Phytophthora citrophthora* (R. E. Smith et E. H. Smith) Leon.	木瓜、柑橘、花椒	根部	恩施
	花椒流胶病		花椒	干部	恩施
终极腐霉	杉木根腐病（苗木猝倒病、立枯病）	*Pythium ultimum* Trow.	银杏、雪松、杉木、马尾松、柳杉	根部	荆州、恩施
子囊菌亚门 Ascomycotina					
腐皮壳菌目 Diaporthales　黑盘壳科 Melanconidaceae					
胡桃黑盘壳	核桃枯枝病（核桃顶枯病）	*Melanconis juglandis* (Ell. et Ev.) Groves；*Melanconium juglandinum* Kunze	山核桃、核桃、核桃楸、枫杨、板栗	干部、枝梢部	十堰、宜昌、恩施

湖北省林业有害生物名录

续表

有害生物种类	病害名称	拉丁学名	寄主植物	危害部位	分布
栗拟小黑腐皮壳	板栗溃疡病（板栗枝枯病）	*Pseudovalsella modonia* (Tul.) Kobayashi; *Melanconis modonia* Tul.; *Coryneum kunzei* Corda var. *castaneae* Sacc. et Roum.	核桃、板栗、茅栗	枝梢部、干部	十堰、宜昌、襄阳、孝感、黄冈、恩施

黑腐皮壳科 Valsaceae

有害生物种类	病害名称	拉丁学名	寄主植物	危害部位	分布
寄生隐丛赤壳	板栗疫病（板栗干枯病）	*Cryphonectria parasitica* (Murr.) Barr.; *Endothia parasitica* (Murr.) P. J. et H. W. Anderson	板栗、茅栗、锥栗、漆树	干部、枝梢部、叶部、根部	武汉、十堰、宜昌、襄阳、孝感、黄冈、咸宁、恩施、神农架
葡萄生小隐孢壳	葡萄蔓割病（葡萄蔓枝病）	*Cryptosporella viticola* (Redd.) Shear; *Fusicoccum viticolum* Redd.	葡萄、山葡萄	枝梢部	恩施
柑橘间座壳	柑橘流脂病（柑橘枝枯病）	*Diaporthe citri* (Fawcett) Wolf.; *Phomopsis citri* Fawcett	柑橘、橙	干部	宜昌
球果间座壳菌	落叶松干枯病	*Diaporthe conorum* (Desm.) Niessl	日本落叶松、落叶松	干部、叶部	宜昌
栎日规壳	栎炭疽病	*Gnomonia quercina* Kleb.; *Gloeosporium quercinum* West.	栓皮栎、刺叶栎、白毛石栎、青冈栎	叶部	宜昌、荆州、恩施
小原盾球壳	榆树黑斑病	*Stegophora oharana* (Nishikado et Matsumoto) Petrak; *Gnomonia oharana* Nishikado et Matsumoto; *Asteroma ulmi* (Klotz.) Cke.	山杨、桤木、旱榆、椰榆、榆、梨、枣	叶部	十堰、恩施
弗氏黑腐皮壳	落叶松枝枯病（落叶松茎腐病、落叶松根腐病）	*Valsa friesii* (Duby) Furkel; *Cytospora friesii* Sacc.	日本落叶松	根部	恩施
苹果黑腐皮壳	梨树腐烂病（苹果烂皮病）	*Valsa mali* Miyabe et Yamada; *Valsa ceratosperma* (Tode ex Fr.) Maire	桃、杏、樱桃、山楂、西府海棠、野海棠、苹果、李、白梨、沙梨	干部、枝梢部、叶部、根部、种实	恩施
苹果黑腐皮壳	苹果腐烂病		苹果	干部、枝梢部、叶部、根部、种实	恩施
泡桐黑腐皮壳	泡桐腐烂病	*Valsa paulowniae* Miyabe et Hemmi; *Cytospora paulowniae* Miyabe et Hemmi	泡桐	干部	恩施

续表

有害生物种类	病害名称	拉丁学名	寄主植物	危害部位	分　布
柳属黑腐皮壳	柳树烂皮病	*Valsa salicina* Pers. ex Fr.；*Cytospora salicis* (Corda) Rab.	垂柳、旱柳	干部	恩施
污黑腐皮壳	杨树烂皮病（杨树腐烂病）	*Valsa sordida* Nitsch.；*Cytospora chrysosperma* (Pers.) Fr.	杨、垂柳、旱柳、山核桃、核桃、板栗、榆	干部	武汉、黄石、十堰、宜昌、襄阳、鄂州、孝感、荆州、咸宁、随州、潜江

座囊菌目 Dothideales　葡萄座腔菌科 Botryosphaeriaceae

有害生物种类	病害名称	拉丁学名	寄主植物	危害部位	分　布
贝伦格葡萄座腔菌	苹果干腐病	*Botryosphaeria berengeriana* de Not.；*Botryosphaeria ribis* (Tode) Grooenb. et Dugg.；	苹果、杨、桃、梅、杏、山楂、海棠花、梨、刺槐、泡桐	枝梢部、叶部	恩施
	漆树溃疡病	*Dothiorella gregaria* Sacc.	漆树	干部	恩施
杉木葡萄座腔菌	杉木溃疡病（杉木枝枯病）	*Botryosphaeria cunninghamiae* Huang	杉木	枝梢部	十堰
葡萄座腔菌	桃树流胶病（桃流胶病）	*Botryosphaeria dothidea* (Moug. et Fr.) Ces. et de Not.	桃、樱桃、李、杏、紫叶李	干部、枝梢部、种实、根部	武汉、十堰、宜昌、襄阳、鄂州、荆门、孝感、荆州、黄冈、随州、恩施、仙桃
	柳树溃疡病（柳大斑溃疡病、柳树水泡溃疡病）				
			杨	叶部	恩施
落叶松葡萄座腔菌	落叶松枯梢病（落叶松枯枝病）	*Botryosphaeria laricina* (Sawada) Shang	日本落叶松、罗汉松	叶部、枝梢部	宜昌、咸宁、恩施

煤炱科 Capnodiaceae

有害生物种类	病害名称	拉丁学名	寄主植物	危害部位	分　布
柑橘霉炱	柑橘烟煤病	*Capnodium citri* Berk. et Desm.	柑橘	叶部、枝梢部、种实	武汉、黄石、十堰、宜昌、荆州、恩施
油橄榄煤炱	油橄榄煤污病	*Capnodium eleaophilum* Pril.	油橄榄	枝梢部、叶部	恩施
茶煤炱	茶煤污病	*Capnodium theae*	茶	叶部	恩施

湖北省林业有害生物名录

续表

有害生物种类	病害名称	拉丁学名	寄主植物	危害部位	分布
田中新煤炱	柿树煤污病（柿煤污病）	*Neocapnodium tanakae* (Shirai et Hara) Yamam.; *Capnodium tanakae* Shirai et Hara	柿、黄檗	枝梢部、叶部	恩施
头状胶壳炱	油桐煤污病	*Scorias capitata* Saw.	油桐	枝梢部、叶部	恩施

刺盾炱科 Chaetothyriaceae

有害生物种类	病害名称	拉丁学名	寄主植物	危害部位	分布
瓜哇黑壳炱	女贞煤污病	*Phaeosaccardinula javanica* (Zimm.) Yamam.; *Capnodium javanica* Zimm.	紫薇、女贞、木犀、冬青卫矛	干部、枝梢部、叶部	荆门、荆州、恩施

球腔菌科 Mycosphaerellaceae

有害生物种类	病害名称	拉丁学名	寄主植物	危害部位	分布
油桐球腔菌	油桐黑斑病（油桐角斑病）	*Mycosphaerella aleuritidis* (Miyake) Ou.; *Pseudocercospora aleuritidis* (Miyake) Deighton	油桐、枫香	叶部、种实	黄石、黄冈、恩施
日本落叶松球腔菌	落叶松落叶病（落叶松早期落叶病）	*Mycosphaerella larici-leptolepis* Ito et al.; *Sphaerella laricina* R. Hartig	日本落叶松、华山松	叶部	恩施
斑形球腔菌	栎叶斑病（栎叶蛙眼病）	*Mycosphaerella maculiformis* (Pers.) Auersw.	栓皮栎、板栗、白毛石栎	叶部、枝梢部	十堰、随州、恩施
东北球腔菌	杨叶灰斑病（杨肿茎溃疡病）	*Mycosphaerella mandshurica* Miura; *Coryneum populinum* Bresad	杨	叶部	十堰、荆州、恩施
杨梅球腔菌	杨梅褐斑病	*Mycosphaerella myricae* Saw.	杨梅	叶部	恩施
柿叶球腔菌	柿树圆斑病（柿圆斑病）	*Mycosphaerella nawae* Hiura et Ikata	柿	叶部	十堰、恩施
梨球腔菌	梨褐斑病（梨叶斑病）	*Mycosphaerella sentina* (Fr.) Schröt.; *Sphaerella sentina* (Fr.) Fuck.; *Septoria piricola* Desm.	沙梨	叶部	襄阳、恩施
	梨灰斑病		秋子梨、沙梨	叶部、种实	荆州、黄冈、恩施

黑星菌科 Venturiaceae

有害生物种类	病害名称	拉丁学名	寄主植物	危害部位	分布
梨黑星菌	梨黑星病	*Venturia piritna* Aderh.; *Fusicladium pirinum* (Lib.) Fuck.	沙梨、秋子梨	叶部、种实	宜昌、孝感、荆州、恩施、潜江

续表

有害生物种类	病害名称	拉丁学名	寄主植物	危害部位	分布
杨黑星菌	杨树黑星病	*Venturia populina*（Vuill.）Fabr.；*Venturia macularis*（Fr.）E. Muller	杨	叶部	十堰、宜昌

属未定位 Incertae sedis

有害生物种类	病害名称	拉丁学名	寄主植物	危害部位	分布
竹黄	竹赤团子病	*Shiraia bambusicola* P. Henn.	毛竹、雷竹、高节竹	枝梢部	黄石、咸宁

白粉菌目 Erysiphales　白粉菌科 Erysiphaceae

有害生物种类	病害名称	拉丁学名	寄主植物	危害部位	分布
栾树白粉菌	栾树白粉病	*Erysiphe koelreuteriae*（Miyake）Tai	栾、栲树	叶部	恩施
悬铃木白粉菌	悬铃木白粉病（法桐白粉病）	*Erysiphe platani*（Howe）U. Baraun et S. Takam	悬铃木	叶部、枝梢部	荆州、恩施、天门
粉状叉丝壳	栎白粉病（青冈栎白粉病）	*Microsphaera alphitoides* Griff. et Maubl.；*Microsphaera alni*（DC.）Wint.	青冈栎	叶部	宜昌、随州、恩施
小檗叉丝壳	小檗白粉病	*Microsphaera berberidis*（DC.）Lév.	小檗属	叶部	十堰
忍冬叉丝壳	忍冬白粉病	*Microsphaera lonicerae*（DC.）Wint.	金银花	叶部	十堰
叶底珠叉丝壳	臭椿白粉病	*Microsphaera securinegae* Tai et Wei	臭椿	叶部、枝梢部	孝感、恩施
蜡瓣花球针壳	桦树白粉病	*Phyllactinia corylopsidis* Yu et Han	杨、构	叶部	恩施
胡桃球针壳	核桃白粉病	*Phyllactinia juglandis* Tao et Qin	核桃、山核桃	叶部、种实、干部	十堰、宜昌、黄冈、
柿生球针壳	枣白粉病（枣树白粉病）	*Phyllactinia kakicola* Saw.	枣	枝梢部、叶部	恩施
柿生球针壳	柿白粉病（柿子白粉病）	*Phyllactinia kakicola* Saw.	柿	叶部、种实、枝梢部	孝感、恩施
桑生球针壳	桑白粉病	*Phyllactinia moricola*（P. Henn.）Homma.	桑	枝梢部、叶部	恩施
杨球针壳	杨树白粉病	*Phyllactinia populi*（Jacz.）Yu	杨	叶部	十堰、宜昌、荆门、孝感、荆州、恩施

湖北省林业有害生物名录

续表

有害生物种类	病害名称	拉丁学名	寄主植物	危害部位	分布
栎球针壳	板栗白粉病（栎白粉病）	*Phyllactinia roboris* (Gachet) Blum.；*Erysiphe roboris* Gachet；*Erysiphe quercus* Mérat	板栗、茅栗、栓皮栎、麻栎、小叶栎、槲栎、青冈栎、石栎	叶部、枝梢部、干部	武汉、黄石、十堰、宜昌、孝感、荆州、黄冈、咸宁、随州、恩施
乌桕球针壳	乌桕白粉病	*Phyllactinia sapii* Saw.	乌桕	叶部	孝感
隐蔽叉丝单囊壳	山楂白粉病	*Podosphaera clandestina* (Wallr.；Fr.) Lév.	山楂	枝梢部、叶部	恩施
白叉丝单囊壳	山梨白粉病（梨白粉病）	*Podosphaera leucotricha* (Ell. et Ev.) Salm.	沙梨	叶部	宜昌
	苹果白粉病		苹果	叶部	恩施
三指叉丝单囊壳	桃白粉病	*Podosphaera tridactyla* (Wallr.) de Bary	桃、杏、李	枝梢部、叶部、种实、干部	十堰、宜昌、恩施
多裂叉钩丝壳	樟树白粉病	*Sawadaia polyfida* (Wei) Zheng et Chen；*Uncinula polyfida* Wei	樟	干部、枝梢部、叶部	荆门
毡毛单囊壳	月季白粉病（蔷薇白粉病、玫瑰白粉病、刺梨白粉病）	*Sphaerotheca pannosa* (Wallr. Fr.) Lév.	月季、野蔷薇	叶部、枝梢部、种实	十堰、宜昌、荆门、恩施
葡萄钩丝壳	葡萄白粉病	*Uncinula necator* Schw. Burr.	葡萄	干部、枝梢部、叶部、种实	十堰、恩施、潜江
中国钩丝壳	槐树白粉病	*Uncinula sinensis* Tai et Wei	槐	叶部、干部、枝梢部	荆门、恩施
漆树钩丝壳	漆树白粉病（黄栌白粉病）	*Uncinula verniciferae* P. Henn.	漆树、黄栌	叶部	十堰
南方小钩丝壳	紫薇白粉病	*Uncinuliella australiana* McAlp. Zheng et Chen；*Uncinula australiana* McAlp.	紫薇、木犀、紫麻	叶部、枝梢部、干部	武汉、黄石、十堰、宜昌、襄阳、荆门、孝感、荆州、恩施

肉座菌目 Hypocreales　麦角菌科 Clavicipitaceae

有害生物种类	病害名称	拉丁学名	寄主植物	危害部位	分布
瘤座菌	竹丛枝病	*Balansia take* Miyake Hara；*Aciculosporium take* Miyake	刚竹、毛竹、斑竹、竹芋	叶部、枝梢部、干部	武汉、黄石、十堰、荆州、恩施、神农架

续表

有害生物种类	病害名称	拉丁学名	寄主植物	危害部位	分布
肉座菌科 Hypocreaceae					
油桐丛赤壳	油桐枝枯病（油桐丛枝病）	*Nectria aleuritidis* Chen et Zhang；*Cylindrocarpon aleuritum* Chen et Zhang	油桐	枝梢部	恩施
朱红丛赤壳	榆枯枝病（红疣枝枯病、榆树烂皮病）	*Nectria cinnabarina* (Tode) Fr.；*Nectria ochracea* (Grev. et Fr.) Fr.；*Tubercularia vulgaris* Tode	榆	干部、枝梢部	荆门、恩施
明盘菌科 Hyaloscyphaceae					
韦氏小毛盘菌	落叶松癌肿病（落叶松溃疡病）	*Lachnellula willkommii* (Hart.) Dennis.；*Dasysypha willkommii* (Hart.) Rehm；*Trichoscyphella willkommii* (Hart.) Nannf.	日本落叶松	干部	恩施
锤舌菌科 Leotiaceae					
冷杉薄盘菌	松烂皮病	*Cenangium abietis* (Pers.) Duby；*Cenangium ferruginosum* Fr. ex Fr.；*Dothichiza ferruginosa* Sacc.	华山松、日本落叶松	干部、枝梢部、根部	恩施
侧柏绿胶杯菌	侧柏叶枯病	*Chloroscypha platycladus* Dai	侧柏	枝梢部、叶部	十堰、咸宁、恩施
核盘菌科 Sclerotiniaceae					
桦杯盘菌	桦树种子僵化病	*Ciboria betulae* (Woronin in Nawashin) W. L. White	锥栗、桦	种实	恩施
核果链核盘菌	桃褐腐病、梨褐腐病	*Monilinia laxa* (Aderh. et Ruhl.) Honey；*Monilia cinerea* Bon.	桃、李、杏、枇杷、沙梨	叶部、种实	武汉、咸宁、恩施
小煤炱目 Meliolales 小煤炱科 Meliolaceae					
箣竹小煤炱	苦竹煤污病	*Meliola bambusae* Pat.	苦竹	枝梢部、叶部	十堰
山茶小煤炱	山茶煤污病	*Meliola camelliiae* (Catt.) Sacc.；*Fumago camelliae* Catt.	山茶、油茶、茶	枝梢部、叶部	恩施
山茶生小煤炱	油茶煤污病	*Meliola camellicola* Yam.	油茶、茶、山茶	叶部、种实、干部、枝梢部	武汉、黄石、十堰、鄂州、荆门、孝感、荆州、黄冈、咸宁、恩施

湖北省林业有害生物名录

续表

有害生物种类	病害名称	拉丁学名	寄主植物	危害部位	分布
柄果栲小煤炱	板栗煤污病	*Meliola castanopsina* Yam.	板栗	枝梢部、叶部	恩施
刚竹小煤炱	刚竹煤污病（竹煤污病、毛竹煤污病）	*Meliola phyllostachydis* Yam.	刚竹、毛竹、雷竹、高节竹	叶部、干部、枝梢部、根部	黄石、宜昌、荆州、黄冈、咸宁、恩施

黑痣菌目 Phyllachorales　黑痣菌科 Phyllachoraceae

有害生物种类	病害名称	拉丁学名	寄主植物	危害部位	分布
围小丛壳	林木炭疽病	*Glomerella cingulata* (Stonem.) Spauld. et Schrenk；*Glomerella mume* (Hori) Hemmi；*Colletotrichum gloeosporioides* Penz.	杉木、罗汉松、红豆杉、杨、核桃	叶部、枝梢部	宜昌、荆门、恩施
	白玉兰炭疽病		玉兰、白兰花	叶部、干部、枝梢部	武汉、十堰、荆门、荆州、恩施、潜江
	八角炭疽病		八角	叶部、种实	恩施
	樟树炭疽病		樟	叶部、干部、枝梢部	宜昌、荆门
	枇杷炭疽病		枇杷	叶部、种实	十堰、荆州、恩施
	苹果炭疽病		苹果	叶部、种实	恩施
	杨树炭疽病		杨	叶部、干部、枝梢部	十堰、孝感、神农架
	茶炭疽病		油茶、茶	叶部、种实	十堰、宜昌、孝感
	山茶炭疽病		油茶、山茶	叶部、枝梢部、种实	宜昌、恩施
	油茶炭疽病		油茶、山茶	枝梢部、叶部、种实、干部、根部	武汉、黄石、十堰、宜昌、鄂州、荆门、孝感、荆州、黄冈、咸宁、随州、恩施
	葡萄炭疽病		葡萄	枝梢部、叶部、种实	恩施
	山葡萄炭疽病		山葡萄	叶部	十堰
	女贞炭疽病		女贞	干部、枝梢部、叶部、根部	荆门、随州
黄檀生黑痣菌	黄檀黑痣病	*Phyllachora dalbergiicola* P. Henn.	黄檀	叶部	恩施

续表

有害生物种类	病害名称	拉丁学名	寄主植物	危害部位	分　布
圆黑痣菌	慈竹黑痣病	*Phyllachora orbicula* Rehm	慈竹	叶部	恩施
	竹黑痣病		竹	叶部	恩施
刚竹黑痣菌	竹黑痣病	*Phyllachora phyllostachydis* Hara	青皮竹、毛竹	叶部	恩施
李疗座霉	李红点病（李疗病）	*Polystigma rubrum* (Pers.) DC.；*Polystigma rubra* Sacc.	李、樱花	枝梢部、叶部	恩施

斑痣盘菌目 Rhytismatales　斑痣盘菌科 Rhytismataceae

有害生物种类	病害名称	拉丁学名	寄主植物	危害部位	分　布
皮下盘菌	马尾松赤落叶病	*Hypoderma commume* Fr. Duby	马尾松、湿地松	叶部	黄石、十堰、宜昌、襄阳、鄂州、孝感、咸宁
	杉木落针病（杉木叶枯病）		杉木	叶部	宜昌、恩施
落叶松小皮下盘菌	落叶松落叶病	*Hypodermella laricis* Tub.	日本落叶松	叶部	恩施
茶散斑壳	油茶黑痣病	*Lophodermium camelliae* Teng	油茶	叶部、种实	恩施
松针散斑壳	松落针病	*Lophodermium pinastri* (Schrad.) Chév.	马尾松、湿地松、华山松	叶部	黄石、宜昌、黄冈、恩施
云杉散斑壳	云杉落针病（云杉叶枯病）	*Lophodermium piceae* (Fuckel) V. Höehn.	云杉	叶部	恩施
喜马拉雅斑痣盘菌	冬青漆斑病	*Rhytisma himalense* Syd. et Butler	冬青	叶部	恩施
斑痣盘菌	枫香漆斑病	*Rhytisma punctatum* (Pers.) Fr.；*Melasmia punctatum* Sacc. et Roum.	枫香	叶部	黄冈、恩施
柳斑痣盘菌	柳树漆斑病（柳树黑痣病）	*Rhytisma salicinum* (Pers.) Fr.；*Melasmia salicina* Lév.	垂柳、旱柳	叶部	恩施

粪壳菌目 Sordariales　毛球壳科 Lasiosphaeriaceae

有害生物种类	病害名称	拉丁学名	寄主植物	危害部位	分　布
毛竹喙球菌	毛竹枯梢病	*Ceratosphaeria phyllostachydis* S. X. Zhang.	毛竹、麻竹	枝梢部	恩施

外囊菌目 Taphrinales　外囊菌科 Taphrinaceae

有害生物种类	病害名称	拉丁学名	寄主植物	危害部位	分　布
畸形外囊菌	桃缩叶病	*Taphrina deformans* (Berk) Tul.	桃、李	叶部、枝梢部、种实	武汉、荆门、孝感、随州、恩施

湖北省林业有害生物名录

续表

有害生物种类	病害名称	拉丁学名	寄主植物	危害部位	分布
鹿角菌目 Xylariales　鹿角菌科 Xylariaceae					
拟曼毛座坚壳	云杉毡枯病	*Rosellinia herpotrichioides* Hepting et Davidson	云杉	枝梢部、叶部	恩施
褐座坚壳	板栗白纹羽病	*Rosellinia necatrix*（Hart.）Berl.	板栗	干部、枝梢部	恩施
科未定位 Familia incertae sedis					
核桃囊孢壳	核桃干腐病	*Physalospora juglandis* Syd. et Hara	核桃	枝梢部	恩施
梨囊孢壳	梨轮纹病	*Physalospora piricola* Nose；*Macrophoma kuwatsukai* Hara	沙梨	叶部、种实、干部	武汉、孝感、荆州、潜江
担子菌亚门 Basidiomycotina					
伞菌目 Agaricales　口蘑科 Tricholomataceae					
假蜜环菌（蜜环菌）	杨树根腐病（林木根朽病）	*Armillariella tabescens*（Scop.）Singer；*Armillaria mellea*（Vahl. et Fr.）Quél.	黑杨	根部	宜昌、恩施
金针菇	刺槐茎腐病（干部白色腐朽）	*Flammulina velutipes*（M. A. Curtis；Fr.）Singer	刺槐	根部	恩施
角担菌目 Ceratobasidiales　角担菌科 Ceratobasidiaceae					
瓜亡革菌	漆树立枯病（立枯病）	*Thanatephorus cucumeris*（Frank）Donk；*Rhizoctonia solani* Kühn.	漆树	根部	恩施
刺革菌目 Hymenochaetales　刺革菌科 Hymenochaetaceae					
鲍姆木层孔菌	桦木腐朽病（心材白色腐朽）	*Phellinus baumii* Pilát；*Phellinus linteus*（Berk. et M. A. Curt）Teng	桦	干部	恩施
火木层孔菌	杨心材腐朽病（阔叶树心材白色腐朽）	*Phellinus igniarius*（L. et Fr.）Quél.	杨	干部	恩施
松木层孔菌	针叶树心材白腐	*Phellinus pini*（Brot.；Fr.）A. Ames；*Fomes pini* Thore P. Karst.	云杉、冷杉、华山松、马尾松	干部、枝梢部	恩施
卧孔菌目 Poriales　革盖菌科 Coriolaceae					
粗毛拟革盖菌	合欢立木腐朽病（边材白色腐朽）	*Coriolopsis gallica*（Fr.）Ryvardon；*Funalia trogii*（Berk.）Bond. et sing.	合欢	干部	恩施
	杨立木腐朽病（边材白色腐朽）		杨	干部	恩施

续表

有害生物种类	病害名称	拉丁学名	寄主植物	危害部位	分布
毛革盖菌	樟树白腐病（白色腐朽）	*Coriolus hirsutus*（Wulf.）Quél	樟	干部	荆门
裂拟迷孔菌	栎白腐病（心材白色腐朽）	*Daedaleopsis confragosa* (Bolton.;Fr.) J. Schröt.; *Daedalea confragosa* (Bolton. et Fr.) Pers.	白毛石栎	干部	恩施
红缘拟层孔菌	块状褐色腐朽（心材块状褐色褐腐）	*Fomitopsis pinicola* (Sow.;Fr.) P. Karst.	马尾松	干部	恩施
硬拟层孔菌	板栗褐腐病（板栗心材褐腐病）	*Fomitopsis spraguei* (Berk. et M. A. Curtis) Gilb. et Ryvarden	茅栗、板栗	干部	十堰、恩施
硬毛栓孔菌	刺槐白腐病（边材白色腐朽）	*Funalia trogii*（Berk.）Bondartsev et Singer; *Funalia gallica*（Fr.）Pat.	刺槐	根部	恩施
	柳树立木腐朽病		垂柳	干部	恩施
小孔异担子菌	针叶树干基腐朽	*Heterobasidion parviporum* Niemelä et Korhonen; *Heterobasidion annosum*（Fr.）Bref.	马尾松、华山松、桦	根部	随州、恩施
硫磺菌	针阔叶树干基褐腐	*Laetiporus sulphureus* (Bull.;Fr.) Murrill	马尾松、华山松	干部	恩施
	栎树干基腐朽		青冈栎		恩施
栗褐暗孔菌	针叶树干基褐腐	*Phaeolus schweinitzii*（Fr.）Pat.	马尾松	干部	恩施
桦剥管孔菌	桦心材褐腐（心材块状褐色腐朽）	*Piptoporus betulinus* (Bull. et Fr.) P. Karst.	桦	干部	恩施
血红孔菌	板栗白腐病（海绵状白色腐朽）	*Pycnoporus sanguineus* (L. et Fr.) Murrill	板栗	干部、枝梢部	恩施
香栓孔菌	枫杨腐朽病（心材海绵状白色腐朽）	*Trametes suaveolens*（Fr.;Fr.）Fr.	枫杨	干部	恩施

裂褶菌目 Schizophyllales 裂褶菌科 Schizophyllaceae

裂褶菌	皂荚裂褶菌木腐病（边材海绵状白色腐朽）	*Schizophyllum commune* Fr.	石楠	叶部	十堰、荆州
	油桐腐朽病（边材海绵状白色腐朽）		油桐	干部	恩施

湖北省林业有害生物名录

续表

有害生物种类	病害名称	拉丁学名	寄主植物	危害部位	分布
隔担菌目 Septobasidiales 隔担菌科 Septobasidiaceae					
茂物隔担耳	板栗膏药病（灰色膏药病）	Septobasidium bogoriense Pat.	板栗、茅栗、核桃、细叶青冈、青冈栎	干部、枝梢部、叶部	武汉、黄石、十堰、宜昌、荆门、孝感、黄冈、咸宁、随州、恩施
	栎膏药病（灰色膏药病）		构、合欢、化香、李、栓皮栎	干部	十堰
	核桃膏药病（灰色膏药病）		山核桃、核桃、核桃楸	干部、枝梢部	十堰、宜昌、襄阳、恩施
	油桐膏药病（灰色膏药病）		油桐	干部	恩施
	花椒膏药病		花椒	干部	恩施
	漆树腐朽病		漆树	干部、根部	恩施
	女贞膏药病		女贞	干部	荆门
	刚竹膏药病		刚竹	干部	恩施
白丝隔担耳	樟树膏药病	Septobasidium leucostemum Pat.	樟	干部、枝梢部	荆门
韧革菌目 Stereales 伏革菌科 Corticiaceae					
碎纹伏革菌	油茶白朽病（油茶半边疯）	Corticium scutellare Berk et M. A. Curt.	油茶	干部	恩施
韧革菌科 Stereaceae					
烟色韧革菌	麻栎腐朽病	Stereum gausapatum Fr.; Haematostereum gausapatum (Fr.) Pouzar	大叶石栎	干部	恩施
锈菌目 Uredinales 鞘锈菌科 Coleosporiaceae					
沃罗宁金锈菌	云杉芽锈病	Chrysomyxa woroninii Tranzschel	云杉	枝梢部	恩施
臭牡丹鞘锈	臭牡丹叶锈病	Coleosporium clerodendri Dietel	臭牡丹	叶部	恩施

续表

有害生物种类	病害名称	拉丁学名	寄主植物	危害部位	分布
黄檗鞘锈菌	松针锈病	*Coleosporium phellodendri* Komarov	黄檗、松	叶部	十堰、宜昌、荆门、黄冈、恩施、神农架
花椒鞘锈菌	花椒锈病	*Coleosporium zanthoxyli* Dietel et P. Syd.	花椒	叶部	荆州、恩施
柱锈菌科 Cronartiaceae					
松芍柱锈菌	马尾松锈病（二针松疱锈病）	*Cronartium flaccidum* (Alb. et Schwein.) G. Winter	马尾松、槲栎	枝梢部、叶部	宜昌、荆州
栎柱锈菌	松瘤锈病	*Cronartium quercuum* (Berk.) Miyabe et Shirai	马尾松、麻栎、华山松、湿地松		十堰、宜昌、荆门、随州、恩施
	板栗锈病		板栗	叶部	武汉、十堰、随州
	栎锈病（松瘤锈病）		栓皮栎、马尾松、白毛石栎	叶部、干部、枝梢部	十堰、宜昌、恩施
茶藨生柱锈菌	松疱锈病（红松疱锈病）	*Cronartium ribicola* J. C. Fischer et Rab.	马尾松、华山松	干部、枝梢部、叶部	十堰、宜昌
栅锈菌科 Melampsoraceae					
北极栅锈菌	柳树锈病（柳叶锈病）	*Melampsora arctica* Rostr.	垂柳、旱柳	叶部	荆州
拟鞘锈栅锈菌	垂柳锈病	*Melampsora coleosporioides* Dietel	垂柳	叶部	荆州、恩施
马格栅锈菌	毛白杨锈病	*Melampsora magnusiana* G. Wagner	毛白杨	叶部	恩施
杨栅锈菌	杨树锈病（山杨叶锈病）	*Melampsora populnea* (Pers.) P. Karst.; *Melampsora laricis* Hartig; *Melampsora larici-tremula* Kleb.	杨	叶部、枝梢部	武汉、十堰、宜昌、襄阳、荆门、孝感、荆州、恩施、仙桃、潜江
层锈菌科 Phakopsoraceae					
枣砌孢层锈菌	枣锈病	*Phakopsora ziziphi-vulgaris* (Henn.) Dietel	枣	叶部	恩施
多胞锈菌科 Phragmidiaceae					
短尖多胞锈菌	蔷薇锈病	*Phragmidium mucronatum* (Pers.) Schltdl.	野蔷薇、月季、玫瑰	叶部	恩施

湖北省林业有害生物名录

续表

有害生物种类	病害名称	拉丁学名	寄主植物	危害部位	分　布
柄锈菌科 Pucciniaceae					
梨胶锈菌	梨桧锈病	*Gymnosporangium asiaticum* Miyabe et Yamada；*Gymnosporangium haraeanum* Syd. et P. Syd.；*Gymnosporangium japonicum* Shirai (non P. Syd.)	圆柏、柏木、刺柏	枝梢部、叶部	武汉、黄石、十堰、宜昌、襄阳、鄂州、荆门、孝感、荆州、黄冈、咸宁、随州、恩施
	山楂锈病		山楂	叶部	恩施
	木瓜锈病		木瓜	枝梢部、叶部、种实	十堰、襄阳、恩施
	梨锈病(梨赤星病)		雪梨、沙梨、木瓜、杨、板栗、香椿、白梨、秋子梨、山楂、杜梨、川梨	叶部、种实、枝梢部、干部	武汉、黄石、十堰、宜昌、襄阳、鄂州、荆门、孝感、荆州、黄冈、咸宁、随州、恩施、神农架、天门、潜江
山田胶锈菌	苹果锈病	*Gymnosporangium yamadai* Miyabe	柏	叶部、枝梢部	十堰、荆门、恩施
长角柄锈菌	竹叶锈病	*Puccinia longicornis* Pat. et Har.	水竹、毛竹、雷竹、高节竹	叶部	十堰、宜昌、咸宁
皮状硬层锈菌	竹杆锈病	*Stereostratum corticioides* (Berk. et Br.) Magn.；*Puccinia corticioides* Berk. et Syn.	毛竹、刚竹、高节竹	干部	黄石、宜昌、鄂州、咸宁、恩施
茎生单胞锈菌	槐树锈病(槐树干锈病)	*Uromyces truncicola* Henn. et Shirai	槐	干部、枝梢部	荆门
膨痂锈菌科 Pucciniastraceae					
桦长栅锈菌	桦树叶锈病	*Melampsoridium betulinus* (Desm.) Kleb.	桦	叶部	恩施
栗膨痂锈菌	板栗锈病(板栗粉锈病)	*Pucciniastrum castaneae* Dietel	板栗、茅栗、锥栗	叶部、干部、枝梢部	十堰、宜昌、襄阳、恩施

续表

有害生物种类	病害名称	拉丁学名	寄主植物	危害部位	分布
伞锈菌科 Raveneliaceae					
日本伞锈菌	合欢锈病	*Ravenelia japonica* Diet. et Syd.	合欢	叶部	恩施
球锈菌科 Sphaerophragmrniaceae					
香椿花孢锈菌	香椿叶锈病（香椿叶斑病）	*Nyssopsora cedrelae* (Hori) Tranzschel	香椿、黄檗	叶部	十堰、宜昌、恩施
栾花孢锈菌	栾树锈病（叶锈病）	*Nyssopsora koelreuteria* (Syd. et P. Syd.) Tranz.	栾树	叶部	宜昌、孝感、恩施
落叶松拟三孢锈菌	落叶松叶锈病	*Triphragmiopsis laricinum* (Y. L. Chou) Tai	日本落叶松	干部、枝梢部、叶部	恩施
属未定位 Incertae sedis					
女贞锈孢锈菌	女贞叶锈病（叶锈病）	*Aecidium klugkistianum* Diet.	女贞、胡颓子	叶部	十堰、荆州、恩施
桑锈孢锈菌	桑叶锈病（桑赤锈病）	*Aecidium mori* Barclay	桑	叶部	荆州
花椒锈孢锈菌	野花椒锈病	*Aecidium zanthoxyli-schinifolii* Dietel	花椒	叶部	恩施
桃不休双胞锈菌	桃白锈病	*Leucotelium pruni-persicae* (Hori) Tranzschel	桃、李	叶部	恩施
圆痂夏孢锈菌	白杨叶锈病	*Uredo tholopsora* Cummis; *Melampsora rostrupii* Wagn.; *Melampsora magnusiana* Wagn.	杨	叶部、干部、枝梢部	荆门、荆州
外担菌目 Exobasidiales 外担菌科 Exobasidiaceae					
细丽外担子菌	油茶茶苞病	*Exobasidium gracile* (Shirai) Syd.	油茶	叶部、种实	黄石、孝感、咸宁、恩施
泛胶耳目 Platyloeales 泛胶耳科 Platyloeaceae					
紫卷担子菌	银杏根腐病	*Helicobasidium purpureum* (Tul.) Pat.; *Helicobasidium mompa* Tanaka	银杏、杉木、云杉、板栗、榆、桃等	根部	孝感、恩施
	杨树紫根腐病（根部白色腐朽）		杨	根部	襄阳、恩施
	白蜡紫纹羽病		木犀、白蜡	根部	恩施
	泡桐紫纹羽病		泡桐、刺槐	根部	恩施

湖北省林业有害生物名录

续表

有害生物种类	病害名称	拉丁学名	寄主植物	危害部位	分布
黑粉菌目 Ustilaginales 黑粉菌科 Ustilaginaceae					
竹黑粉菌	竹黑粉病	*Ustilago shiraiana* P. Henn.	毛竹	干部、叶部	恩施
半知菌亚门 Deuteromycotina					
蔷薇放线孢	月季黑斑病（玫瑰黑斑病）	*Actinonema rosae* (Lib.)Fr.；*Diplocarpon rosae* Wolf.	月季、玫瑰	叶部	黄石、十堰、恩施
油茶伞座孢	油茶软腐病	*Agaricodochium camelliae* Liu, Wei et Fan	油茶	叶部、种实、根部、枝梢部	武汉、黄石、十堰、荆州、咸宁、随州、恩施
链格孢	圆柏叶枯病	*Alternaria alternata* (Fr.;Fr) Keissl.；*Alternaria tenuis* Nees	圆柏、柏木	叶部、枝梢部、干部	十堰、宜昌、孝感、随州、恩施
	杨树叶枯病（杨树叶焦枯病）		杨	叶部	孝感、恩施
	枣褐斑病		枣	叶部	恩施
洋腊梅链格孢	蜡梅叶斑病	*Alternaria calycanthi* (Cav.) Joly	蜡梅	叶部	十堰
梨黑斑链格孢	梨黑斑病（果树叶枯病）	*Alternaria gaisen* K. Nagano；*Alternaria kikuchiana* Tanaka	沙梨、秋子梨	叶部、种实	宜昌、孝感、荆州、恩施
细极链格孢	柑橘黑斑病(叶枯病)	*Alternaria tenuissima* (Fr.) Wiltsh	柑橘	叶部、种实	十堰、宜昌
柳梨孢	柳树煤污病	*Apiosporium salicinum* (Pers.) Kunze	垂柳、旱柳	叶部	荆州、恩施
	栾树煤污病		栾树	枝梢部、叶部	恩施
枇杷壳二孢	桂花轮斑病（桂花叶斑病）	*Ascochyta eriobotryae* Vogl.	桂花	叶部	宜昌、荆门、荆州、恩施
淡竹壳二孢	淡竹叶斑病	*Ascochyta lophanthi* Davis var.；*Ascochyta osmophila* Davis	刚竹、毛竹	叶部	荆州
李生壳二孢	桃轮纹灰斑病（桃叶斑病）	*Ascochyta prunicola* P. K. Chi	桃、杏、李	叶部	荆州、恩施
山杨壳二孢	毛白杨轮斑病（毛白杨叶斑病）	*Ascochyta tremulae* Thuem.	杨	叶部	荆州

续表

有害生物种类	病害名称	拉丁学名	寄主植物	危害部位	分　布
榆壳二孢	榆溃疡病	*Ascochyta ulmi*（West.）Kleber	榆	干部、枝梢部、叶部、根部	荆门、恩施
可可球色单隔孢	肉桂枝枯病（果树溃疡病）	*Botryodiplodia theobromae* Pat.；*Lasiodiplodia theobromae* Pat.；*Physalospora rhodina* Berk. et Curt.	柚、板栗、核桃	枝梢部	恩施
灰葡萄孢	落叶松烂叶病（灰霉病）	*Botrytis cinerea* Pers.；*Botryotinia fuckeliana*（de Bary）Whetzel.	日本落叶松、云杉、枇杷	干部、枝梢部、叶部	恩施
碟形葡萄孢	雪松枯梢病（马尾松枯梢病）	*Botrytis latebricola* Jaap.	雪松、马尾松、湿地松	枝梢部、叶部、干部	武汉、黄石、宜昌、咸宁、恩施
女贞尾孢	女贞褐斑病（女贞叶斑病）	*Cercospora ligustri* Roum.	女贞、重阳木	叶部	恩施
枸杞尾孢	枸杞灰斑病	*Cercospora lycii* Ell. et Halst.	枸杞	叶部	恩施
泡桐尾孢	泡桐叶斑病	*Cercospora paulowniae* Hori	泡桐	叶部	宜昌、恩施
蔷薇尾孢	蔷薇叶斑病（月季叶斑病）	*Cercospora rosae*（Fuck.）Höehn.	野蔷薇、月季、玫瑰	叶部	荆州
花椒尾孢	花椒褐斑病	*Cercospora zanthoxyli* Cooke	花椒	叶部	恩施
嗜果枝孢	桃疮痂病	*Cladosporium carpophilum* Thüm.	桃、梅、杏	种实、干部、枝梢部、叶部	黄冈、恩施
多主枝孢	猕猴桃霉斑病（叶霉病）	*Cladosporium herbarum*（Pers.）Link	中华猕猴桃	叶部、种实	宜昌、恩施
嗜果刀孢	桃霉斑穿孔病（桃褐色穿孔病）	*Clasterosporium carpophilum*（Lév.）Aderh.	桃、梅、杏、樱花	叶部	恩施

湖北省林业有害生物名录

续表

有害生物种类	病害名称	拉丁学名	寄主植物	危害部位	分布
枇杷刀孢	枇杷污叶病	*Clasterosporium eriobotryae* Hara	枇杷	叶部	恩施
桑刀孢	桑污叶病	*Clasterosporium mori* Syd.	桑	叶部、枝梢部	荆州、恩施
盘长孢状刺盘孢	杉木炭疽病	*Colletotrichum gloeosporioides* Penz.；*Colletotrichum agaves* Cav.；*Colletotrichum camelliae* Mass.；*Colletotrichum coffeanum* Noack；*Colletotrichum piri* Noack；*Gloeosporium acaciae* McAip；*Gloeosporium citri* Cooke et Mass；*Gloeosporium hevene* Petch；*Gloeosporium syringae* Allesoh；*Gloeosporium zanthoxyli* Diet. et Syd.；*Glomerella cingulata* (Stonem.) Spauld. et Schrenk	杉木、马尾松	枝梢部、叶部、干部	武汉、黄石、十堰、宜昌、襄阳、黄冈、咸宁、随州、恩施
盘长孢状刺盘孢	铅笔柏炭疽病		铅笔柏	枝梢部、叶部	恩施
盘长孢状刺盘孢	肉桂炭疽病		肉桂	叶部、种实	咸宁、恩施
盘长孢状刺盘孢	桃苗炭疽病		桃	枝梢部、根部	恩施
盘长孢状刺盘孢	石楠炭疽病		石楠、胡桃、鹅掌柴	叶部、种实	十堰、宜昌、孝感
盘长孢状刺盘孢	悬铃木炭疽病		悬铃木	叶部	恩施
盘长孢状刺盘孢	板栗炭疽病		茅栗、板栗	叶部、种实、干部、枝梢部	十堰、宜昌、荆门、孝感、黄冈、咸宁、恩施
盘长孢状刺盘孢	核桃炭疽病		核桃、山核桃、核桃楸	叶部、种实、枝梢部、干部、根部	十堰、宜昌、襄阳、随州、恩施
盘长孢状刺盘孢	油桐炭疽病		油桐	叶部、枝梢部、种实	十堰、恩施

续表

有害生物种类	病害名称	拉丁学名	寄主植物	危害部位	分 布
盘长孢状刺盘孢	猕猴桃炭疽病		中华猕猴桃	枝梢部、叶部、种实	恩施
	枣炭疽病		枣	枝梢部、叶部、种实	恩施
	柑橘炭疽病		柑橘	叶部、种实、枝梢部	黄石、十堰、宜昌、襄阳、荆州、黄冈、恩施
	花椒炭疽病		花椒	叶部、枝梢部	十堰、恩施
	油橄榄炭疽病		油橄榄	叶部、种实	十堰
	桂花炭疽病		桂花、山桂花、银桂	叶部、种实、枝梢部、干部	武汉、黄石、十堰、宜昌、荆门、孝感、荆州、咸宁、随州、恩施
	枸杞炭疽病		枸杞	枝梢部、叶部	恩施
	泡桐炭疽病		泡桐	叶部、枝梢部	黄石、十堰、宜昌、恩施
箣竹梨孢	竹霉病（竹叶霉病）	Coniosporium bambusae (Thün. et Bolle.) Sacc.	水竹、毛竹	叶部	恩施
橄榄色盾壳霉	漆树褐斑病（漆树叶点病）	Coniothyrium olivaceum Bon.	漆树、楝	叶部	恩施
葡萄盾壳霉	葡萄白腐病（葡萄腐烂病）	Coniothyrium vitivora Miura	葡萄	种实	恩施
核桃生壳囊孢	核桃树腐烂病	Cytospora juglandicola Ell. et Barth.	核桃、核桃楸、山核桃	干部、种实、叶部、枝梢部	十堰、恩施
核桃楸壳囊孢	核桃烂皮病	Cytospora juglandina (DC.) Sacc.	核桃、核桃楸、山核桃	干部、种实、叶部、枝梢部	十堰、恩施
胡桃壳囊孢	核桃腐烂病	Cytospora juglandis (DC.) Sacc.	核桃、核桃楸、山核桃	干部、种实、叶部、枝梢部	十堰、恩施
裂口壳囊孢	悬铃木枝枯病	Cytospora personata Fr.	悬铃木	枝梢部	恩施

湖北省林业有害生物名录

续表

有害生物种类	病害名称	拉丁学名	寄主植物	危害部位	分布
松杉壳囊孢	马尾松叶枯病（湿地松叶枯病）	*Cytospora pinastri* Fr.	马尾松、湿地松、杉木	叶部、枝梢部	十堰、荆州、恩施
	柳杉叶枯病		柳杉、杉木	叶部	恩施
	柏木叶枯病		侧柏、柏木	叶部	十堰、恩施
槐壳囊孢	国槐烂皮病	*Cytospora sophorae* Bres.	槐	干部、枝梢部	恩施
	刺槐烂皮病		刺槐	干部、根部	恩施
双毛壳孢	杉木枯梢病	*Discosia artocreas* (Tode) Fr.; *Sphaeria artocreas* (Tode) Fr.	杉木	枝梢部、叶部	宜昌、荆州
茶双毛壳孢	茶褐斑病（茶叶斑病）	*Discosia theae* Cer.	茶	叶部	十堰、随州
聚生小穴壳菌	槐树腐烂病（国槐腐烂病）	*Dothiorella gregaria* Sacc.; *Dothiorella berengeriana* Sacc.; *Dothiorella populina* Thüm.; *Dothiorella ribis* Gross. et Duggar.; *Botryosphaeria berengeriana* de Not	槐	干部、根部、枝梢部	荆门、恩施
	杨树溃疡病（毛白杨水泡溃疡病）		杨	干部、枝梢部、叶部、根部	武汉、黄石、十堰、宜昌、襄阳、荆门、孝感、荆州、黄冈、咸宁、随州、恩施
	核桃溃疡病（枝干溃疡病）		核桃	干部、枝梢部	十堰、宜昌、恩施
散播烟霉	华山松煤污病（松树煤污病）	*Fumago vagans* Pers.	华山松	干部、枝梢部、叶部、根部	恩施、神农架
	桃树煤污病		桃	干部、叶部	宜昌、恩施
	杨树煤污病		杨	叶部	十堰、宜昌、荆门、荆州、恩施
	栎煤污病		栎	叶部	宜昌、恩施
	枫杨煤污病		枫杨	叶部、枝梢部	十堰、孝感、恩施
	榆树煤污病		榆	枝梢部、叶部	恩施

续表

有害生物种类	病害名称	拉丁学名	寄主植物	危害部位	分　布
烟霉一种	樟树煤污病	*Fumago* sp.	樟	叶部、枝梢部	荆门、荆州
核桃镰孢	核桃根腐病	*Fusarium juglandium* Perk.	核桃、核桃楸	根部	宜昌、恩施
串珠镰孢	竹杆基腐病	*Fusarium moniliforme* Sheld.	毛竹	干部	黄石、咸宁、恩施
尖镰孢	针叶树苗木猝倒病	*Fusarium oxysporum* Schlecht	马尾松、杉木、日本落叶松、华山松	叶部、干部、枝梢部、根部	宜昌、荆门、咸宁、恩施
尖镰孢	合欢枯萎病	*Fusarium oxysporum* Schlecht	合欢	叶部、枝梢部	武汉、恩施
尖镰孢	油桐枯萎病	*Fusarium oxysporum* Schlecht	油桐	根部	恩施
腐皮镰孢	花椒根腐病	*Fusarium solani* (Mart.) App. et Wollenw; *Nectria haematococca* Berk. et Br.	花椒	根部	恩施
腐皮镰孢	枸杞根腐病（立枯病）	*Fusarium solani* (Mart.) App. et Wollenw; *Nectria haematococca* Berk. et Br.	枸杞	根部	恩施
腐皮镰孢	刚竹秆褐腐病	*Fusarium solani* (Mart.) App. et Wollenw; *Nectria haematococca* Berk. et Br.	刚竹	干部	恩施
腐皮镰孢	牡丹根腐病（立枯病）	*Fusarium solani* (Mart.) App. et Wollenw; *Nectria haematococca* Berk. et Br.	牡丹	根部	襄阳
柿黑星孢	柿黑星病（柿树黑星病）	*Fusicladium kaki* Hori et Yosh	柿	枝梢部、叶部、种实	孝感
仁果粘壳孢	梨煤污病（仁果霉污病）	*Gloeodes pomigena* (Schw.) Colby	沙梨	叶部、种实、枝梢部	宜昌、恩施
悬铃木盘长孢	悬铃木褐斑病	*Gloeosporium gheas sinensis* Migake	悬铃木	叶部	恩施
坑状长蠕孢	刚竹斑枯病	*Helminthosporium foveolatum* Pat.	刚竹	叶部	荆门
拟棒束孢	葡萄褐斑病	*Isariopsis clavispara* Sacc.	葡萄	叶部	十堰
松针座盘孢	松针褐斑病	*Lecanosticta acicola* (Thüm.) Syd.; *Septoria acicola* (Thüm.) Sacc.; *Mycosphaerella deamessii* Barr.	马尾松、华山松、湿地松	叶部	黄石、十堰、宜昌、孝感、恩施
缝状小半壳孢	柏木叶斑病	*Leptostromella hysteriodes* (Fr.) Sacc.	柏木	枝梢部、叶部	荆门

湖北省林业有害生物名录

续表

有害生物种类	病害名称	拉丁学名	寄主植物	危害部位	分　布
枸骨大茎点菌	冬青叶斑病	*Macrophoma illicis-cornutae* Teng	冬青	叶部	十堰、宜昌
槐大茎点菌	刺槐叶斑病	*Macrophoma sophorae* Miyake	刺槐	叶部	十堰、恩施
杨大茎点菌	杨树枝瘤病（毛白杨根癌病）	*Macrophoma tumeifaciens* Shear；*Diplodia tumefaciens* (Shear) Zalasky	杨	枝梢部	十堰
菜豆壳球孢	水杉茎腐病	*Macrophomina phaseoli* (Maubl.) Ashby；*Macrophoma phaseoli* Maubl.；*Macrophomina phaseolina* (Tassi) Goid	水杉	根部	武汉、孝感、恩施
	泡桐茎腐病		泡桐、檫木	干部	恩施
杨褐盘二孢	杨树黑斑病（毛白杨黑斑病）	*Marssonina brunnea* (Ell. et Ev.) Sacc.；*Marssonina populicola* Miura；*Marssonina tremuloidis* Kleb.	杨	叶部、干部	武汉、黄石、十堰、宜昌、襄阳、荆门、孝感、荆州、黄冈、咸宁、恩施、仙桃、天门
胡桃盘二孢	核桃褐斑病	*Marssonina juglandis* (Lib.) Magn.	核桃、山核桃	叶部、种实、枝梢部	十堰、宜昌、恩施
杨盘二孢	杨黑斑病	*Marssonina populi* (Lib.) Magn.	杨	叶部、枝梢部	武汉、黄石、十堰、宜昌、襄阳、鄂州、荆门、孝感、荆州、黄冈、咸宁、随州、恩施、仙桃、天门
胡桃黑盘孢	核桃枝枯病（核桃枯枝病）	*Melanconium juglandinum* Kunze；*Melanconis juglandis* (Ell. et Ev.) Groves	山核桃、核桃、胡桃楸	干部、枝梢部	十堰、宜昌、恩施
胡桃微座孢	核桃粉霉病	*Microstroma juglandis* (Bereng.) Sacc.	桃、核桃、枫杨	叶部	十堰、恩施
	枫杨丛枝病		枫杨	枝梢部	恩施
卡氏盘单毛孢	板栗叶斑病（栗叶圆斑病）	*Monochaetia karstenii* (Sacc. et Syd.) Sutton	板栗、锥栗	叶部	宜昌、荆门、恩施
梨生菌绒孢	梨叶枯病	*Mycovellosiella pyricola* Guo, Chen et Zhang	沙梨	枝梢部	恩施

续表

有害生物种类	病害名称	拉丁学名	寄主植物	危害部位	分　布
冬青卫矛粉孢	大叶黄杨白粉病	*Oidium euonymi-japonici*（Are.）Sacc.；*Oidium euonymi-japonicae*（Are.）Sacc.	大叶黄杨、冬青卫矛	叶部、枝梢部	十堰、宜昌、恩施
蔷薇生钉孢	月季叶斑病	*Passalora rosicola*（Pass.）U. Braun；*Cerocospora rosicola* Pass.	月季	叶部	恩施
柳杉钉孢	柳杉赤枯病	*Passalora sequoiae*（Ell. et Ev.）Y. L. Guo et W. H. Hsieh；*Cercospora secoiae* Ell. et Ev.；*Cercospora cryptomeriae* Shirai	柳杉、水杉、池杉	叶部、枝梢部	宜昌、荆州、恩施
	水杉赤枯病		水杉	叶部、枝梢部	武汉、宜昌、荆门、黄冈、恩施、仙桃、天门
苏铁盘多毛孢	苏铁叶斑病	*Pestalotia cycadis* Allesch.	苏铁、银杏	叶部	十堰、宜昌、恩施
长毛盘多毛孢	华山松赤枯病	*Pestalotia macrochaeta*（Speg.）Guba	华山松	干部、枝梢部、叶部	十堰、恩施、神农架
罗汉松盘多毛孢	罗汉松叶枯病	*Pestalotia podocarpi* Laughton	罗汉松	枝梢部、叶部	十堰、宜昌、恩施
球果生盘多毛孢	松黑点枯叶病（黑松落针病）	*Pestalotia strobilicola* Speg.	黑松	叶部	恩施
枯斑拟盘多毛孢	雪松赤枯病（松柏赤枯病）	*Pestalotiopsis funerea*（Desm.）Stey.；*Pestalotia funerea* Desm.	湿地松、雪松	枝梢部	恩施
	马尾松赤枯病（松柏赤枯病）		马尾松、湿地松、杉木	叶部、枝梢部	武汉、黄石、十堰、宜昌、襄阳、荆门、孝感、荆州、黄冈、咸宁、随州、恩施
	杉木叶斑病		杉木	枝梢部、叶部	宜昌、恩施
	柏木赤枯病		柏木	枝梢部	恩施
斑污拟盘多毛孢	杉木缩顶病（茶叶斑病）	*Pestalotiopsis maculans*（A. C. J. Corda）T. R. Nag Raj；*Pestalotiopsis guepinii*（Desm.）Stey.	杉木、茶	枝梢部	恩施
石楠拟盘多毛孢	石楠轮纹病	*Pestalotiopsis photiniae*（Thüm.）Y. X. Chen；*Pestalotia photiniae* Thüm.	石楠	叶部	十堰、荆州

湖北省林业有害生物名录

续表

有害生物种类	病害名称	拉丁学名	寄主植物	危害部位	分布
白井拟盘多毛孢	杉木赤枯病	*Pestalotiopsis shiraiana* (P. Henn.) Y. X. Chen; *Pestalotia shiraiana* P. Henn	杉木、柳杉、马尾松	枝梢部、叶部、干部、根部	黄石、宜昌、荆门、咸宁、恩施
柿茎点霉	柿褐斑病	*Phoma diospyri* Sacc.	柿	叶部	恩施
桧柏拟茎点霉	铅笔柏枯梢病	*Phomopsis juniperovora* Höehn	铅笔柏	枝梢部	恩施
臭椿叶点霉	臭椿叶斑病	*Phyllosticta ailanthi* Sacc.	臭椿	叶部	十堰
小檗叶点霉	十大功劳叶斑病	*phyllosticta berberidis* Rabenh.	十大功劳、小檗、石楠	叶部	十堰、恩施
樟树叶点霉	樟树叶斑病	*Phyllosticta cinnamomi* Delacvoix.	樟	叶部	恩施
蓟叶点霉	樟树灰斑病	*Phyllosticta cirsii* Desm.	樟	叶部	宜昌
游散叶点霉	油茶褐斑病	*Phyllosticta erratica* Ell. et Ev.	油茶	叶部	恩施
栀子叶点霉	栀子叶斑病	*Phyllosticta gardeniae* Tassi	栀子	叶部	十堰、恩施
银杏叶点霉	银杏叶斑病	*Phyllosticta ginkgo* Brun.	银杏	叶部	十堰、宜昌、孝感、随州、恩施
胡桃叶点霉	核桃褐斑病	*Phyllosticta juglandis* (DC.) Sacc.	核桃	叶部	十堰、恩施
女贞小孢叶点霉	女贞褐斑病	*Phyllosticta ligustrina* Sacc.	女贞	叶部	十堰、恩施
木兰叶点霉	玉兰褐斑病（紫玉兰叶斑病）	*Phyllosticta magnoliae* Sacc.	紫玉兰	叶部	十堰、恩施
木犀生叶点霉	桂花叶枯病	*Phyllosticta osmanthicola* Trinchieri	桂花	叶部、干部、枝梢部	武汉、十堰、宜昌、荆门、荆州、恩施、仙桃
梨叶点霉	梨灰斑病（黄檀叶斑病）	*Phyllosticta pirina* Sacc.	沙梨、黄檀	叶部	荆州
杨叶点霉	杨叶斑病（柳叶斑病）	*Phyllosticta populina* Sacc.	垂柳	叶部	十堰、恩施

续表

有害生物种类	病害名称	拉丁学名	寄主植物	危害部位	分　布
李生叶点霉	枣褐斑病（杏叶斑病）	*Phyllosticta prunicola* Sacc.；*Phyllosticta persicae* Sacc.	枣、杏	叶部	恩施
枫杨叶点霉	枫杨叶斑病	*Phyllosticta pterocaryai* Thüm.	枫香、枫杨	叶部	孝感、咸宁、恩施
槐生叶点霉	槐树叶斑病	*Phyllosticta sophoricola* Hollò	槐	叶部	恩施
叶点霉一种	花椒白粉病	*Phyllactinia* sp.	花椒	枝梢部、叶部	恩施
茶生叶点霉	茶赤叶斑病（水杉叶斑病）	*Phyllosticta theicola* Petch	油茶、水杉	叶部	武汉、十堰、随州、恩施
油桐假尾孢	油桐叶斑病	*Pseudocercospora aleuritidis* (Miyake) Deighton；*Cercospora aleuritidis* Miyake	油桐	叶部	十堰、恩施
构树假尾孢	构树褐斑病	*Pseudocercospora broussonetiae* (Chupp et Linder) Liu et Guo；*Cercospora broussonetiae* Chupp et Linder	构	叶部	十堰
喜树假尾孢	喜树角斑病	*Pseudocercospora camptothecae* Liu et Guo	喜树	叶部	宜昌、恩施
紫荆假尾孢	紫荆角斑病（紫荆叶斑病）	*Pseudocercospora chionea* (Ell. et Ev.) Liu et Guo；*Cercospora chionea* Ell. et Ev.	紫荆	叶部	荆州、恩施
樟树假尾孢	樟树叶斑病	*Pseudocercospora cinnamomi* (Saw. et Kats.) Goh et Hsieh；*Cercospora cinnamomi* Saw. et Kats.	樟	叶部	十堰、恩施
核果假尾孢	樱花褐斑穿孔病（核果褐斑穿孔病）	*Pseudocercospora circumscissa* (Sacc.) Liu et Guo；*Cercospora circumscissa* Sacc.；*Mycosphaerella cerasella* Aderh.	樱花	叶部、枝梢部	武汉、宜昌、孝感、荆州、黄冈、仙桃、潜江
榅桲假尾孢	木瓜褐斑病	*Pseudocercospora cydoniae* (Ell. et Ev.) Guo et Liu；*Cercospora cydoniae* Ell. et Ev.	木瓜、海棠	叶部	宜昌、恩施
坏损假尾孢	大叶黄杨褐斑病（大叶黄杨叶斑病）	*Pseudocercospora destructiva* (Ravenal) Guo et Liu；*Cercospora destructiva* Ravenal	大叶黄杨、锦熟黄杨、瓜子黄杨、黄杨木	叶部	宜昌、孝感、荆州、恩施

湖北省林业有害生物名录

续表

有害生物种类	病害名称	拉丁学名	寄主植物	危害部位	分 布
枇杷假尾孢	枇杷叶斑病（灰斑病）	*Pseudocercospora eriobotryae* (Enjoji) Goh et Hsieh; *Cercospora eriobotryae* Enjoji	枇杷	叶部	荆州、恩施、潜江
	石楠红斑病（石楠叶斑病）		石楠	叶部	武汉、十堰、荆门、荆州、恩施、仙桃、潜江
杜仲假尾孢	杜仲褐斑病	*Pseudocercospora eucommiae* Guo et Liu	杜仲	叶部	十堰、恩施
杭州假尾孢	猕猴桃角斑病	*Pseudocercospora hangzhouensis* Liu et Guo; *Pseudocercospora actinidicola* Goh et Hsieh	中华猕猴桃	叶部	恩施
柿假尾孢	柿角斑病	*Pseudocercospora kaki* T. K. Goh et W. H. Hsieh; *Cercospora kaki* T. K. Goh et W. H. Hsieh	柿	叶部、种实	孝感、恩施
丁香假尾孢	丁香褐斑病	*Pseudocercospora lilacis* (Desmaz.) Deighton; *Cercospora lilacis* (Desmaz) Sacc.	丁香、山茶、茶	叶部	恩施
钓樟树生假尾孢	檫木叶斑病	*Pseudocercospora lindercola* (Yamam.) Goh et Hsieh; *Cercospora lindercola* Yamam.	檫木	叶部	恩施
千屈菜科假尾孢	紫薇褐斑病（叶斑病）	*Pseudocercospora lythracearum* (Heald et Wolf) Liu et Guo; *Cercospora lythracearum* Heald et Wolf	紫薇	叶部、枝梢部	荆门、恩施
木犀生假尾孢	桂花褐斑病	*Pseudocercospora osmanthicola* (P. K. Chi et Pai.) Liu et Guo; *Cercospora osmanthicola* P. K. Chi et Pai.	桂花	叶部	武汉、十堰、宜昌、襄阳、荆门、孝感
赤松假尾孢	松苗叶枯病	*Pseudocercospora pini-densiflorae* (Hori et Nambu) Deighton; *Cercospora pini-densiflorae* Hari. et Nambu	马尾松、华山松、湿地松	叶部、枝梢部	宜昌、孝感、恩施、神农架
枫杨假尾孢	核桃角斑病	*Pseudocercospora pterocaryae* Guo et W. Z. Zhao	核桃、枫杨	叶部	恩施

续表

有害生物种类	病害名称	拉丁学名	寄主植物	危害部位	分布
石榴假尾孢	石榴褐斑病（石榴黑斑病、石榴叶斑病）	*Pseudocercospora punicae* (P. Henn.) Deighton; *Cercospora punicae* P. Henn.	石榴	叶部、种实	恩施
柳假尾孢	杨树角斑病（叶斑病）	*Pseudocercospora salicina* (Ell. et Ev.) Deighton; *Cercospora populina* Ell. et Ev.	杨	叶部	恩施
球形假尾孢	榆树斑点病（叶斑病）	*Pseudocercospora sphaeriiformis* (Cooke) Guo et Liu; *Cercospora sphaeriiformis* Cooke	榆、榔榆	干部、枝梢部、叶部	荆门
	榉树叶斑病		榉树	叶部	荆门、荆州、潜江
茶假尾孢	油茶紫斑病（叶斑病）	*Pseudocercospora theae* (Cavara) Deighton; *Cercospora theae* (Cavara) Breda de Haan	油茶	枝梢部、叶部、种实	恩施
葡萄假尾孢	葡萄褐斑病	*Pseudocercospora vitis* (Lév.) Speg.; *Cercospora viticola* (Ces); *Phaeoisariopsis vitis* (Lév.) Sawada	葡萄	叶部	荆州、恩施
长孢壳棒孢	杨枝枯病	*Rhabdospora longispora* Ferr.	杨	干部、枝梢部	宜昌
立枯丝核菌	落叶松立枯病（松杉苗立枯病）	*Rhizoctonia solani* Kühn; *Rhizoctonia oryzae* Ryk. et Gooch; *Thanatephorus cucumeris* (Frank) Donk	杉木、马尾松、日本落叶松、杨、核桃、榆等多种林木	枝梢部、叶部、根部、干部	黄石、宜昌、荆州、恩施、神农架
	刺槐立枯病		刺槐	根部	恩施
齐整小核菌	水杉根腐病	*Sclerotium rolfsii* Sass.; *Pellicularia rolfsii* (Sacc.) West	水杉	根部	恩施
	香樟苗白绢病（樟树白绢病）		樟	枝梢部、叶部	恩施
	油茶白绢病		油茶	根部	恩施
	泡桐白绢病		泡桐	根部	恩施
短棒粘隔孢	山杨黑斑病	*Septogloeum rhopaloideum* Dean. et Bisby	杨	叶部	荆州
桑壳针孢	桑树叶斑病（桑叶斑病）	*Septoria mori* Hara	桑	叶部	恩施

湖北省林业有害生物名录

续表

有害生物种类	病害名称	拉丁学名	寄主植物	危害部位	分布
杨壳针孢	杨树叶大斑病	*Septoria populi* Desm.	杨	叶部	宜昌、荆州、恩施、潜江
杨生壳针孢	杨树褐斑病（杨树斑枯病）	*Septoria populicola* Peck.	杨	叶部	孝感、潜江
翅果壳针孢	鸡爪槭叶枯病	*Septoria samarae* Peck.	鸡爪槭、山拐枣	叶部	恩施
葡萄痂圆孢	葡萄黑痘病	*Sphaceloma ampelinum* de Bary; *Elsinoe ampelina* (de Bary) Shear	葡萄	种实、枝梢部、叶部	黄石、恩施
柑橘痂圆孢	柑橘疮痂病	*Sphaceloma fawcettii* Jenk.; *Sphaceloma citri* (Br. et Farn) Tanaka; *Elsinoe fawcettii* (Jenk.) Bitanc. et Jenk.	柑橘	种实、叶部	黄石、十堰、宜昌、荆门、荆州、咸宁、恩施
泡桐痂圆孢	泡桐黑痘病	*Sphaceloma paulowiae* Hara	泡桐	枝梢部、叶部	黄石、宜昌
石榴痂圆孢	石榴疮痂病	*Sphaceloma punicae* Bitanc. et Jenk.	石榴	叶部、种实	恩施
松球壳孢	松枯梢病	*Sphaeropsis sapinea* (Fr.;Fr.)Dyko et Sutton.; *Diplodia pinea* (Desm.) Kickx.	马尾松、湿地松	叶部、枝梢部	武汉、宜昌、孝感、随州
仁果环梗孢	苹果黑星病	*Spilocaea pomi* Fr.; *Fusicladium dendriticum* (Wallr.) Fuck.; *Venturia inaequalis* (Cooke) Wint.	苹果	叶部、种实	恩施
悬铃木叶斑孢	悬铃木霉斑病	*Stigmina platani* (Fckl.) Sacc.	悬铃木	叶部	宜昌、恩施
小瘤座孢	刺槐枝枯病	*Tubercularia minor* Link	刺槐	枝梢部	恩施
大丽花轮枝孢	黄栌枯萎病	*Verticillium dahliae* Kleb.	黄栌	叶部、干部、枝梢部	十堰、宜昌
鲜壳孢	石榴果腐病（石榴干腐病）	*Zythia versoniana* (=*Coniella granati*) Sacc.; *Nectriella versoniana* Sacc. et Penz.	石榴	种实	黄冈、恩施